사상사 속의 과학

히로시게 토오루, 이토 준타로, 무라카미 요우이치로 지음
남도현 옮김 | 고광윤(아주대학교 자연과학부 교수) 감수

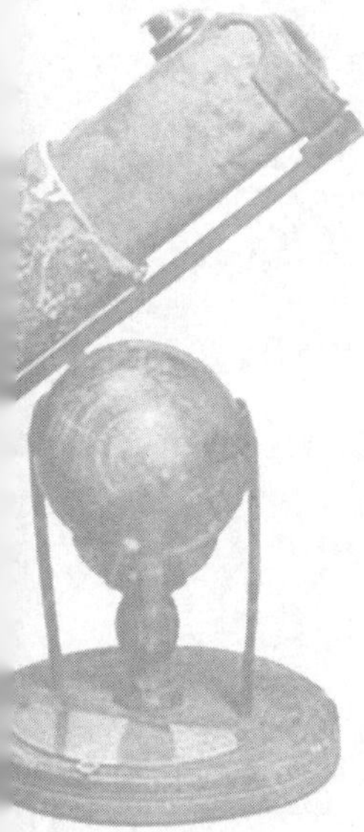

Publishing 다우

사상사 속의 과학

히로시게 토오루, 이토 준타로, 무라카미 요우이치로 지음
남도현 옮김 | 고광윤(아주대학교 자연과학부 교수) 감수

초판 1쇄 인쇄 2003. 10. 1. 초판 1쇄 발행 2003. 10. 5. | 발행인 고용석 | 발행처 다우출판사 | 편집 남미은, 박현혜 | 등록번호 제03-01192호 | 등록일자 1999. 7. 15. | 서울시 용산구 청파2가 71-14 3층 | 대표전화 02-701-3443 | 팩스 02-701-3442 | E-mail onbook@korea.com & yesbook@chollian.net | ISBN 89-88964-24-1 03400 * 파본은 구입하신 서점이나 본사에서 교환해드립니다. 책값은 뒤표지에 있습니다.

사상사 속의 과학

• 지은이의 글

이 책은 1974년 10월부터 1975년 3월까지, 76회에 걸쳐 방송되었던 NHK 대학 철학 강좌인 '사상사 속의 과학'을 텍스트로 하여 편집한 것이다. 그러한 이유로, 내용이 극히 응축되어 있고, 문제의 핵심만을 추출하는 형태로 정리되어 있다. 하지만, 세부적으로 분석되어 있지 못한 대신에 고대부터 현대에 이르기까지의 과학사상의 본질을 관통하는 흐름과 문제를 거시적으로 파악한다는 장점이 있다. 또한, 텍스트 속에서 논의하지 못한 논점은 좌담회를 통해 논의하였다.

이 책의 초판은 NHK 대학 강좌 방송이 끝난 그 다음 해(1975년)에 《사상사 속의 과학》이라는 제목으로 보쿠타쿠샤木鐸社에서 출판되었다. 그리고 1995년 타라키 노리오 교수에 의해 그 후 20년간의 과학 발전의 내용이 추가되어 레이타쿠 대학교麗澤大學校 출판부에서 개정신판이 나왔으며, 각종 색인도 이때 추가되었다.

이번에 레이타쿠 대학교 출판부의 개정판을 토대로 하여 '헤이본샤平凡社 라이브러리'에 첨가시키고 싶다는 뜻을 헤이본샤 편집부의 니노미야 요시히로二宮善宏 씨가 필자에게 전해왔다. 필자 또한, 이 책이 오늘날 다시 읽어도 '과학사상의 통사'를 다룬 책으로서 충분한 내용을 가졌을 뿐만 아니라, 이 책의 문제의식 역시 조금도 시대에 뒤떨어지지 않는다고 생각하였다. 그래서 공저자인 무라카미 요우이치로 교수의 동의를 얻어 재출간 요청에 응하기로 했다. 또 한 명의 공저자인 히로시게 토오루 교수는 이미 타계하여 안타까운 마음을 금할 수 없다. 하지만 히로시게 선생이 최후의 힘을 다해 쓴 이 유작은 너무나 귀중하다고 생각한다.

이번에도 개정신판 이후 새로이 알려진 사실을 토대로 최소한의 보정 · 첨가 · 삭제를 했다. 또한 타라키 교수에게도 추가 보정, 색인 · 연표 체크를 부탁했다. 협력에 감사드린다. 마지막으로 이 책의 초판 서문도 실어둔다. 거기에 이 책의 의도가 잘 나타나 있기 때문이다.

요즘처럼 '과학'에 대한 근본적인 질문이 제기된 때는 없었던 것 같다. 이제 과학은 현대 생활의 한가운데에 있고, 우리의 지적 세계를 구축할 뿐만 아니라 사회적 · 경제적으로도 커다란 현실적 영향을 미치고 있으며, 압도적인 힘으로 우리의 문명을 지지하거나 규정하고 있다. 프란시스 베이컨의 선언 이래, 과학은 인간에게 무한한 진보와 끝없는 복지 증진을 약속함으로써 우리에게 장밋빛 낙원을 그리게 했다.

실제로 과학은 지구상의 물질적 조건을 큰 폭으로 개선시켰으며, 인간에게 많은 편의를 제공해왔다. 그러나 그 이면에서는 공해와 핵무기 같은 나쁜 결과도 나타나고 있다. 과학기술의 진보가 오히려 인류의 파멸을 초래하는 마이너스 효과를 가져오고 있는 것이다. 인류의 미래는 과학을 어떻게 생각하고, 거기에 어떻게 대처하느냐에 따라 결정될 정도로 우리는 지금 하나의 역사적이고 운명적인 기로에 서 있다.

그렇다고 해서 성급한 반과학론이나 방관적인 낙관론에 동의해서는 안 된다. 그보다는 다시 한 번 역사를 되짚어보면서 '과학이라는 것' 에 대해 근본부터 재점검 · 재인식할 필요가 있다. 이를 위해 우선 과학의 발전을 학문사적으로 좇아보는 것도 매우 의미있는 일이 아닐까. 왜냐하면 현재야말로 과학의 '사상' 자체에 대한 문제가 제기되고 있는 시기이며, 과학과 '사회' 의 관계, 문명에 있어서의 과학의 위치가 중요시되고 있기 때문이다. 그래서 이러한 과학의 국면에 관심을 가진 공동 저자 세 명이 협력하여 고대부터 현대에 이르기까지 과학의 발달 과정을 살폈다. 특히 각각의 단계에서 의미 있는 성과를 이뤄낸 과학의 사상적 기반과 사회적 배경, 문명론적 의미 등을 고려해가면서 현대적인 전망과 문제의식을 제기하고 정리했다.

우리는 이러한 접근이 현대에 있어서의 '과학' 의 의미와 존재방식을 조금이라도 생각해보게 하는 실마리가 되기를 바란다.

우리 세 명의 저자는 과학을 사랑하고 있다. 앞으로의 과학이 인류나 지구에게 좋은 것이 되기를 기원하면서, 이 책을 다시 세상에 내보낸다.

이토 준타로

• 추천의 글

우리는 소위 과학과 기술의 시대에 살고 있다. 또한 언론을 통해 NT니, IT니, BT니 하는 말을 자주 듣게 된다. 우리 주변을 살펴보더라도, 실제 사용하는 물건 대부분이 10년 전까지만 해도 존재하지 않았던 것들이다. 예컨대, 고분자 재료로 만들어진 새로운 플라스틱, LCD, PDP, DVD 등의 영상기기, 의약품, 염료, 휴대전화 등을 들 수 있다. 이와 같이 인간의 의식주를 풍요롭게 해주는 현대 문명의 이기利器를 사용하면서도, 원전에서 나오는 핵폐기물의 저장 장소 선정이나 도시 쓰레기 소각장 설치 문제 등에 대해서는 국민적 합의가 이루어지지 않고 있다. 또한 유전자 변형 식품 등에 대한 일반 대중의 거부감에서도 알 수 있듯이, 과학과 기술에 대한 불신감은 날로 팽배해지고 있다.

이런 때일수록 과학이란 과연 무엇인지, 과학의 발전이 어떠한 과정을 통해 이루어졌는지를 일반인들에게 알려주는 책이 요구된다. 《사상사 속의 과학》은 과학사와 과학철학을 전공한 일본의 석학 세 명이 천문학, 물리학, 화학, 생물학 등의 자연과학의 역사를 서술하고 있다. 고대 오리엔트 문명에서부터 현대에 이르기까지 각 시기마다 자연과학이 사회, 문화, 사상 등과 어떠한 관계를 맺고, 서로 어떠한 영향을 끼쳤는지 역사적으로 추적한다. 아울러 베이컨의 정의, 즉 "자연 속에 내재하는 객관적이고 보편적인 법칙의 발견"을 목적으로 하는 과학이 당대 경제 · 사회 체제의 영향을 받을 수밖에 없는 '제도화된 과학' 으로 변하게 된 이유를 설명하고 있다.

이 책이 과학사를 다룬 기존의 책들과 다른 특장점은 이 책의 저자 3인의 좌담을 실은 프롤로그('과학이란 무엇인가')와 에필로그('현대 문명과 과학')에서 드러난다. 이 좌담 내용은 현재 우리 나라 실정에도 맞는 것이기 때문에 필자도 감명 깊게 읽었다. 특히 이 부분에서 심도있게 다루는 것은 과학기술 문명의 부정적인 측면만을 강조하는 반과학주의의 대두이다. 실제로 필자의 전공인 화학 분야에서도 '무조건 천연재료는 좋고, 화학재료는 나쁘다' 라는 식의 언론 보도를 자주 접하게 된다. 그러나 사실 모든 천연재료 역시 원자와 분자로 이루어진 화학재료이다. 이 책의 저자들은 이러한 반과학주의 운동에 대하여 '현대 문명의 부정적인 측면(환경오염과 같은)에 있어서 그 책임을 과학기술에만 전가하는 것' 은 무리라고 말하고 있다. 왜냐 하면, 문명civilization이란 인간이 자연을 도시화civilisatio하는 것이기 때문에, 필연적으로 자연의 상태를 변화시킬 수밖에 없다는 것이다(이 부분은 필자도 어느 정도 동의하는 바이다).

이 책의 또 다른 주제는 '과학의 제도화' 이다. 17세기 무렵 과학혁명이 일어날 당시만 해도, 과학은 오늘날 이른바 '과학자' 라고 불리는 사람들에 의해 연구된 것이 아니라 수소를 발견한 캐번디시(Henry Cavendish, 1731년~1810년)처럼 부유한 귀족이나, 화학반응에서 질량보존의 법칙을 성립한 라부아지에 같은 행정가에 의해 연구되었다. 지금의 관점에서 보면 아마추어에 가까운 사람에 의하여 연구된 셈이다. 또한 이들이 과학적 탐구를 하게 된 이유도 베이컨과 같은 것이었을 것이다. 그러나 제2차 세계대전 이후, 과학은 전문 과학자가 큰 액수의 연구비와 대규모의 연구 장비를 이용하여 수행하는 것으로 변질되었다. 이 책의 저자들은 이 이유를 현대 문명이 산업화 과정을 밟으면서, 과학이 경제 · 사회의 테두리에 예속되었기 때문이라고 보았다. 즉, 현대 과학의 존재 이유가 '자연의 진리 탐구' 라는 순수한 의미를 떠나 과학의 경제적 · 사회적 효과를 강조하는 측면으로 가고 있다는 것이다. 우리 나라의 경우, 몇 년 전 유행하였던 벤처 열풍에서 이런 사례를 찾아볼 수 있다(순수과학 분야에서도 연구 제안서를 통해 연구비를 신청하는데, 항상 연구 성과의 경제적 파급 효과를 기술하라는 항목이 있다). 오늘날의 과학과 기술은 경제 논리에 휘둘릴 수밖에 없기 때문에 외환 위기처럼 경기가 좋지 않으면, 우선 과학자들부터 직장을 잃게 되고, 이러한 측면이 현재 이슈가 되고 있는 '이공계 기피 현상' 으로 이어지고 있는 것이다. 기술의 경제적 측면에만 점점 더 관심을 기울이는 현실에서, 애초 베이컨이 과학에 대해 가졌던 보다 순수한 인식이 우리 사회에 필요하지 않은가 자문해본다.

고광윤

차례

CONTENTS

II. 과학혁명

III. 근대적 생명관의 형성

IV. 원자론의 계보

CONTENTS

CONTENTS

* 이 책은 세 사람의 저자(히로시게 토오루, 이토 준타로, 무라카미 요우이치로)가 공동 집필하였습니다. 그 중 프롤로그와 에필로그는 '과학 사상' 이라는 거시적 주제 아래 두 가지의 쟁점을 갖고 저자들이 대담한 내용을 옮긴 것이며, 서설과 저자의 말은 이토 준타로가 정리했습니다. 그리고 각 본문의 경우, 이토 준타로가 1, 2장을 집필했고, 무라카미 요우이치로가 3~8장과 12장을, 히로시게 토오루가 9~11장을 집필했습니다. 마지막 13장은 히로시게 토오루와 이토 준타로가 함께 집필, 정리했습니다.

PROLOGUE

[과학이란 무엇인가]

과학이란 무엇인가? 이 문제에 대한 역사적 예비 개념을 얻기 위해, 세 사람이 좌담회를 열었다. 이 자리에서는 '과학'이 결코 단일한 형태가 아니라 역사적으로 몇 단계의 변모를 거쳐 오늘날에 이르렀다는 점, 또 이런 과학 개념 변천의 근저에 존재하는 사상 변화의 내용은 무엇이며, 이런 변화의 영향을 받은 과학과 밀접하게 연관된 현대적 문제 등을 전망했다. 좌담에서 다룬 내용은 전체적인 스케치이기 때문에 구체적으로 언급하지 못한 내용이 많은데, 이런 부분들은 본문에서 다루고 있다.

무엇을 위한, 누구를 위한 과학인가

이토 준타로 ___ '과학이란 무엇인가'를 생각할 경우, 최소한 세 단계로 구분해야 한다고 생각해요. 그 첫 번째 단계로 보통 '그리스 과학'을 이야기하죠. 이 단계에서는 탈레스를 비롯하여 자연철학자라고 불리는 다양한 사람들이 출현합니다. 그리고 이것이 플라톤을 지나 아리스토텔레스에 의해 종합되면서 헬레니즘을 계승하는 과학으로 자리잡지요.

이런 전통에서 과학의 개념은, 아리스토텔레스의 말로 표현하면 '테오리아'예요. 테오리아란 말은, 'theory(이론)'라는 영어 단어의 어원인데, 원래는 '관찰하다'라는 의미로 우리 식으로는 관조觀照, 라틴어로는 '콘템프라치오'로 번역할 수 있겠죠. 즉 대상을 이론적 · 사변적으로 고찰하는 것을 뜻합니다. 역으로 말해, 그 대상에 실제로 어떤 수단을 가해서 조작하거나 그것을 통해 대상을 지배하겠다거나 하는 실천적인

> *그리스 과학을 관통하는 이념은 '테오리아', 즉 대상을 조작하거나 지배하는 실천적 의도를 배제한, 그저 이론적 · 사변적으로 '관조', '고찰' 하는 것이었지요.* -이토 준타로

의도를 배제한 채, 완전히 이론적이고 순수하게 지적 관심만을 통해 자연의 이해에 도달하고자 했던 것이죠. 이런 태도를 아리스토텔레스는 '테오리아' 란 말로 표현했는데, 이것이야말로 그리스 과학 전체를 관통하는 하나의 이념이었다고 생각합니다.

때문에 테오리아란 개념을 중시했던 그리스 과학의 경우, 과학을 현실에 적용하는 건 시급한 문제가 아니었어요. 당시에, 실제로 물건을 만든 주체는 그리스의 노예들이었고, 철학자라 불린 지식인들은 그런 일에 관여하는 것을 떳떳하게 생각지 않았어요. 오히려 그것이 지식인에겐 추락과 같은 의미로 여겨지는 분위기가 있었지요. 이런 사고방식은 플라톤에게서도 찾아볼 수가 있어요. 아르키메데스의 경우, 한편으로는 상당히 이론적인 작업을 진행하면서 역학 분야에서 특히 공리적인 체계를 구축했지만, 다른 한편으로는 양수기 같은 공학적 기계를 설계하는 등 실용적인 영역에 대한 관심도 있었죠. 하지만 아르키메데스 자신도, 그리스의 지식인으로서 그런 실용적인 행위들을 부끄럽게 생각했던 부분이 있습니다. 이렇듯 그리스 과학에는 지적인 분위기가 만연해 있었죠.

이런 분위기가 상당히 크게 변한 것이 제2단계 과학 시대입니다. 17세기, 이른바 '과학혁명' 으로 대변되는 시대에 새로운 개념의 과학이 형성된 거죠. 17세기 '과학혁명' 은 확실히 그리스의 합리적인 과학 유산을 물려받았습니다. 예를 들어 아르키메데스 역학, 유클리드 기하학, 프톨레마이오스 천문학 등과 같은 그리스 과학의 공리

적 · 연역적 체계를 이론적인 토대로 하고 있다는 점에서 그렇죠. 그러나 다른 한편에서는 이렇듯 원리를 설정하고 결론을 연역해내기만 하는 과학, 즉 순이론적으로 논리적 정합성整合性만을 문제삼고 실험에 의해 대상을 지배하지 않는 과학을 거부하기 시작했어요. 다시 말해 아리스토텔레스의 '테오리아' 중심의 이치만 따지는 과학이 아니라, 실제 사물 안에서 이론을 관철시켜야 한다고 생각했던 것이에요. 그리하여 그리스의 합리적 과학 유산을 실증하고, 특히 실험과 연결시켜 과학으로 현실을 조작하고 지배할 수 있는 돌파구를 연 것이죠.

이런 그리스 이래의 합리적 · 수학적 방법과 새로운 실험적 · 실증적 방법과의 결합은 이전 과학의 성격을 크게 변화시켜 새로운 근대 과학을 만들어냈다고 생각해요. 갈릴레이의 '신과학'은 이런 근대 과학의 성격을 보여주는 전형적인 사례라고 할 수 있습니다.

실험이 중요한 요소로 포함되면서, 이론 역시 단순히 머릿속 이론에 머무는 것이 아니라, 그 자체가 현실 속에 침투해서 현실을 지배할 수 있는 힘을 획득하게 되었지요. 이것이 그리스 과학과 17세기 근대 과학의 가장 큰 차이점일 겁니다. 그리스 과학이 철학자의 머릿속에서 정합적으로 납득 가능한 이론에 머물렀다면, 17세기 근대 과학은 대상을 지배하고, 그 지식을 이용하고, 현실을 변혁할 수 있는 힘을 갖게 되었지요. 이런 점을 특히 강조한 것이 프란시스 베이컨의 "아는 것이 힘이다(스키엔티아 포텐

"17세기의 '과학혁명'은 수학적 방법과 실증적 방법을 결합한 '정밀한 자연과학'으로 대표될 수 있습니다. 즉 기존의 과학과 같이 단순히 '자연을 이해'하는 것에 머무르지 않고 '자연을 지배'하는 것을 목표로 한 지식이었던 것입니다. 그리고 이런 자연지배의 이데아는 뒤에 산업혁명을 통해 공업적 기반을 획득한 후, 더욱 강력하게 현실에 반영되었지요." -이토 준타로

시아)"라는 말입니다. 여기서 '스키엔티아'라는 말은 요즘 우리가 쓰는 '과학Science'이라는 말의 어원으로 원래는 '알다'라는 의미를 갖고 있습니다. 그런데 이것은 단순히 그리스적 · 사변적인 앎을 의미하는 것이 아니지요. 그 지식을 실험과 실증을 통해 현실 속에 침투시켜 자연을 지배하고, 이를 통해 인간의 복지를 증대시킨다는 면이 중요한 요소로 새롭게 부각된 것입니다.

이런 점이 17세기 철학자와 과학자 들의 공통점이었다고 생각해요. 프란시스 베이컨은 물론이고 데카르트, 갈릴레이, 홉스 같은 인물도 역시 비슷한 생각을 갖고 있었지요. 결국 17세기의 '과학혁명'은 수학적 방법과 실증적 방법을 결합한 '정밀한 자연과학'으로 대표될 수 있습니다. 즉 기존의 과학과 같이 단순히 '자연을 이해'하는 것에 머무르지 않고 '자연을 지배'하는 것을 목표로 한 지식이었던 것입니다. 그리고 이런 자연지배의 이데아는 뒤에 산업혁명을 통해 공업적 기반을 획득한 후, 더욱 강력하게 현실에 반영되었지요.

하지만 오늘날 과학은 세 번째 단계에 들어선 것이 아닌가 생각합니다. 앞서 말했듯이, 지적인 내적 정합성을 중요시하는 테오리아 단계에서의 자연이해 수준을 넘어서서 자연을 지배하는 '힘으로서의 지知'라는 측면에 역점을 두면서 17세기 과학의 성격이 상당히 달라졌는데, 20세기로 접어들면서 과학의 성격은 또 한번 변한 것 같아요.

이것은 잠재적으로는 '산업혁명' 때부터 시작되었는데, 이때부터 과학은 사회 ·

경제와 상당히 밀접한 관련을 맺기 시작했지요. 즉 과학이 더는 과학자 개인의 지적 활동에 머물지 않고, 사회적 · 경제적 기구 속에 꽉 짜여 들어가게 되었다는 뜻이죠. 예를 들어, 빅 사이언스*1같은 하나의 현상을 보더라도 과학은 멈포드*2가 말한 거대한 메가머신mega machine 속에 확실히 편입된 것 같습니다. 17세기에서 19세기에 이르기까지 과학은, 비록 '학회' 같은 것이 존재하긴 했지만 본질적으로 어디까지나 개인의 지적 탐구였어요. 그렇지만 20세기 과학은(특히 제1차 세계대전 이후라고 생각하는데) 정치 · 경제 · 사회적인 면과 상당히 밀접한 관련을 맺게 됩니다. 좋든 싫든 이와 같은 영역들과 강한 상호작용을 하게 된 것이죠.

바로 이 점이 과학의 본질을 엄청나게 변화시킨 것이 아닌가 합니다. 프란시스 베이컨 등이 높이 내걸었던 근대 과학의 기치, '과학은 개인의 지적 탐구이며, 이런 의미에서 과학은 자유이다. 그러므로 과학의 진보는 절대적으로 선이다' 라는 대전제를 모토로 많은 과학자들이 연구를 계속해왔으나 이러한 시각에 대해 오늘날의 과학자들은 상당히 회의적인 생각을 가지고 있습니다. 즉 체제화된 과학 속에서, 진정으로 개인이 자유롭게 탐구하고 있는가, 또한 과학기술의 진보가 곧 선이라는 전제를 받아들이는 것이 좋은가 하는 회의가 생기기 시작한 것입니다. 인류의 복지 증대라는 베이컨의 이데아는 어느 정도 달성되었지만, 동시에 이것은 인류 전체의 파멸도 가능케 할 핵의 위협과 환경파괴를 초래했습니다.

*1 big science, 제2차 세계대전 이후에 출현한 거대과학. 즉 과거에는 개인이나 작은 집단에 의해서 연구가 수행되었는데 이제는 수십 수백 명의 과학자들이 연구팀을 짜서 연구하는 새로운 방식을 지칭함.

*2 Lewis Mumford, 1895년~1990년, 건축과 도시계획에 관한 저술을 통해 역사적으로 과학기술과 도시화가 인간 사회에 미친 영향을 비판적으로 분석해낸 도시사회학자 겸 문명비평가.

"프란시스 베이컨 등이 높이 내걸었던 근대 과학의 기치, '과학은 개인의 지적 탐구이며, 이런 의미에서 과학은 자유이다. 그러므로 과학의 진보는 절대적으로 선이다' 라는 대전제를 모토로 많은 과학자들이 연구를 계속해왔으나 이러한 시각에 대해 오늘날의 과학자들은 상당히 회의적인 생각을 가지고 있습니다. -이토 준타로"

17세기 이래 과학이 내포한 낙천적 · 진보주의적 영웅사관이 20세기 과학에서는 커다란 회의의 대상이 되고 있는데 이것은 현대에도 마찬가지입니다. 그리고 이것이, 이른바 최근의 '안티 사이언스', 즉 반反과학운동으로 일컬어지는 흐름의 근원이 되고 있어요. 요즘 젊은 사람들은 과학에 대해 예전처럼 무조건 좋은 것이라거나 이상적인 모습으로만 생각하지 않습니다. 이런 상황이 오늘날의 문제를 대변하는 것이 아닐까요.

히로시게 토오루 __ 현재의 과학을 구조(메커니즘), 조직, 혹은 체제라고 해도 좋을 것 같습니다. 체제에 의한, 체제를 위한, 체제의 과학이 되고 있다는 게 제 생각이에요.

이것은 앞서 이토 선생이 말한 자유의 문제와 관련되는데, 현대의 과학이 과학자 자신의 자유롭고 자연스러운 이니셔티브initiative에 의해 진행되고 있는가 하는 질문과 연결됩니다. 물론 개인적으로는 전혀 그렇지 못하다고 생각해요. 과학을 유지시키기 위해 엄청나게 강하고 거대한 메커니즘이 출현했고, 이런 메커니즘 자체의 자가운동 비슷한 것이 과학을 추진시키고 있습니다. 과학자 개개인은 자신의 진정한 발의로 자유롭게 연구를 하고 있다기보다, 메커니즘 때문에 싫지만 어쩔 수 없이 해야 하는 부분도 상당히 있다고, 저는 생각합니다. 따라서 어느 날 어떤 과학자가 연구에 염증을 느끼고 그만두어도, 그 뒤에 곧바로 다른 과학자가 그 자리를 채워서, 과학연구 자체는 변하지 않고 계속 이어집니다. 과학자가 구조의 일부분으로 전락하고 있지 않은가 하는 생각마저 듭니다.

과학의 거대한 메커니즘에 속해 있는 과학자는 제아무리 스스로 재미있는 것을 생각해내어 '자, 내일부터는 이런 걸 해볼까' 하고 결심하더라도 그걸 실행에 옮길 수 없지요. 우선은 엄청나게 거대한 설비를 만들기 위해 몇 년이 걸릴 것이고, 또… 한번 시작하려면 이것을 움직이기 위해서 큰 계획을 세워 작업을 진행시켜야 합니다. 어떤 일을 오늘 떠올려서 내일 당장 시작할 수는 없는 노릇이니까요. 한번 시작하고 나면 상태가 나쁘다 하더라도 그 배치를 바꾸기가 쉽지 않아요. 이렇게 되면, 과학자 자신들조차도 도대체 연구를 왜 하고 있는가라는 자문自問을 꽤 자주 할 것이라고 생각합니다. 그럼에도 불구하고 과학자는 내일이면 또다시 무엇인가를 계속 연구해야만 합니다. 그렇게 하지 않으면 더 이상 과학자가 아니기 때문이죠.

이토 __ 그런 요소가 상당히 강해지고 있는 게 사실이에요. 이것은 17세기 과학자 한사람 한사람이 갖고 있던 자유와는 근본적으로 다르다고 생각해요. 여기에 오늘날 과학의 한 가지 큰 문제가 있는 것이죠.

무라카미 요우이치로 __ 그런 의식은 과학자들 중에서도 특히 젊은 사람들, 말하자

"현재의 과학을 구조(메커니즘), 조직, 혹은 체제라고 해도 좋을 것 같습니다. 체제에 의한, 체제를 위한, 체제의 과학이 되고 있다는 게 제 생각이에요. 과학자 개개인은 자신의 진정한 발의로 자유롭게 연구를 하고 있다기보다, 메커니즘 때문에 싫지만 어쩔 수 없이 해야 하는 부분도 상당히 있다고, 저는 생각합니다. -히로시게 토오루"

면 과학 메커니즘의 말단에 속해 있는 신참 과학자층일수록 더 강하게 느낀다고 합니다. 즉, 이제 과학은 자신의 자유로운 영위도, 그 무엇도 아닌 것이죠. 무엇인가 결정된 것을 결정된 그대로 하는 것 이외에는 그 무엇도 할 수 없으니 재미가 없을 수밖에요. 무엇을 위해 내가 이런 걸 하고 있나 하는 생각이 드는 것입니다. 안티 사이언스가 등장하게 된 한 가지 원인이 바로 여기에 있는 것이지요.

이토 __ 그렇습니다. 하지만 오늘날 안티 사이언스 운동이 극도로 심정적이라는 것도 문제입니다. 이런 심정주의로는 역시 해결이 불가능하니까요. 과학 활동을 모두 그만두고, 소박한 원시시대로 돌아가 자연 속에 은거하는 방식을 예로 들어봅시다. 단지 한 개인 차원의 저항으로서는 좋을지 모르지만, 문명 전체로 보면 이런 역행은 불가능하죠. 그렇기 때문에, 단순히 심정적인 반항과 절규로 대항하는 것만으로는 아무런 의미가 없고, 오히려 마이너스에 마이너스를 겹치는 꼴이 되어버릴 우려가 있어요.

따라서 이런 문제는 과학에 대한 우리들의 사고방식과 과학과 사회 관계를 어떻게 변화시켜야 좋을지 이성적으로 질문하고 해답을 내는 것 외에는 방법이 없다고 생각합니다. 안티 사이언스는 자칫 잘못하면 이성을 완전히 내버리는 쪽으로 나갈 위험이 있으므로, 이런 점을 동시에 고려해야 한다고 생각합니다.

반과학이 아니라 과학 비판이다

히로시게__ 앞에서 나온 이야기인데, 저도 역시 현대 과학의 한 가지 문제로서(이 책의 마지막 부분에서 다뤄질 문제입니다만) '반과학과 과학 비판'이란 테마를 생각해보려고 합니다. 반과학은 상당히 현실적인 근거를 갖고 있기 때문에, "저건 당치도 않아"라든가 "저런 것은 가치가 없어"라고 무시할 수 없습니다. 그것은 상당히 현실적인 문제를 반영하고 있거든요. 그러나 그런 현실 문제를 극복하게 하는 것은 반과학이 아니라 역시 과학 비판이라고 생각합니다.

이토__ 확실히 그렇죠.

히로시게__ 그런 입장에서 '과학사'를 생각하지 않으면 안 될 겁니다.

이토__ 앞으로 인류가 해결해야 할 중요한 과제 중 하나는 확실히 과학사 혹은 과학철학 분야가 아닌가 생각합니다.

무라카미__ 두 분이 말씀하신 것과 완전히 반대되는 건 아닌데… 저는 때때로 '제도

“*과학자의 자유라는 것도 결국 시대의 의식이나 사상 안에서 상당히 아이디얼하게 결정되는 게 아닐까요? 만약 과학자의 자유를 '자신이 하고 싶은 것을 하는 것' 이라고 거칠게 정의하다면 말이죠. 결국 과학자 자신은 자유롭다고 느낄지 몰라도, 역시 역사적으로 보면 자유롭지 못한 것 같습니다. -무라카미 요우이치로*”

로서의 과학' 이란 말을 사용하고 있어요. 인스티튜셔널institutional한 과학, 다시 말해 과학이 제도화하고 있다는 것이죠. 그러나 여기에는 실제로 두 가지 의미가 포함되어 있습니다.

하나는 두 분이 지적한 것처럼, 사회 속에서 과학이 일종의 메커니즘으로 작용하고 있다는 의미에서의 인스티튜션institution입니다. 다른 하나는 조금 아이디얼한(관념적) 부분으로서의 인스티튜션이죠. 후자의 경우는 20세기 조금 이전부터 존재한 것이 아닌가 생각해요. 즉 과학이 사회 구조 속으로 완전히 편입된 것은 역시 20세기부터라고 할 수 있지만 이데아에 있던 과학이 인스티튜션이 된 것은 그보다는 조금 이전부터라고 봅니다.

앞에서 언급한 자유의 문제와도 관련이 있는 한 가지 질문을 드리고 싶습니다. 이와 같은 메커니즘 속에서 자유로운가, 그렇지 않은가 하는 문제도 있지만, 이데아 속에서 자유로운가 그렇지 않은가도 생각해봐야 한다고 생각합니다.

예를 하나 들어볼까요? 상당히 단순한 사례일 수는 있습니다만, 프랑스 혁명이 일어나기 전에 내추럴 히스토리natural history(박물학)가 유행했죠. 이러한 유행은 우리가 잘 알고 있는 훌륭한 인물들이 주도했는데, 뉴턴 역학에 대한 낭만주의의 반항이라든지, 메커니컬한 세계관에 대한 질풍노도 시대의 문학적 반동 등이 그것입니다. 그래서 이 시절의 대표 작가로 괴테의 이름도 자주 인용되고 있지요…….

이와 같은 다양한 흐름 속에서 박물지나 자연사 같은 것들, 즉 그리스 이래 17세기까지는 과학의 주류에 있지 못했던 것들이 융성해졌습니다. 이런 와중에서 라마르크나 다윈도 나오게 된 것이라고 생각해요. 반면에 그 시대의 유행하지 않은 부분은 역시 그때 자유가 없었다는 걸 말해주는 게 아닐까요. 물론 과학자가 스스로 깨닫지 못할 정도로 미세한 것이긴 했지만 역사적으로는 자유가 없었던 게 아닌가 생각합니다. 이런 상태가 되어버리면, 과학자의 자유라는 것도 결국 시대의 의식이나 사상 안에서 상당히 아이디얼하게 결정되는 게 아닐까요? 만약 과학자의 자유를 '자신이 하고 싶은 것을 하는 것' 이라고 거칠게 정의하다면 말이죠. 결국 과학자 자신은 자유롭다고 느낄지 몰라도, 역시 역사적으로 보면 자유롭지 못한 것 같습니다. 이렇게 말하는 것 자체가 넌센스일지도 모르지만… 아무래도 그런 것 같아요. 그렇다면 이런 측면을 어떤 방식으로 풀어나갈 것인가 하는 게 문제겠지만요.

히로시게 ___ 저는 현대라는 시점에서 생각해보려고 합니다. 역시 현대의 과학자들 사이에 상당히 강력하게 작용하는 사고방식 중의 하나가 '과학은 자유롭게 자신의 길을 갈 뿐, 이것을 어떻게 응용할 것인가 하는 것은 사회적 문제다' 라는 것이죠.

한 과학자가 지금 어떤 문제에 흥미를 느끼거나 중요하다고 깨닫고 자발적으로 연구한다는 것은, 속되게 말하자면 결국 그 문제에 지배당하고 있다는 것입니다. 그가

뜻밖에도 학문의 유행은 학문 내적인 논리라기보다는 외적인 요인에 의해 만들어지는 경우가 많은 게 사실입니다. 물론 그 밖의 요인으로 당대의 자연관이나 과학 사상의 영향도 크죠. –히로시게 토오루

어떤 과학 분야에 흥미를 갖거나 연구를 하고 싶다고 할 때, 그 동기나 원인 등을 살펴보면, 결국 외부로부터의 자극에 의한 경우가 많다고 생각해요. 외부로부터의 자극이란, 그 문제가 학계에서 활발하게 논의되고 있거나 매스컴에 화제가 되는 것을 들 수 있는데요. 과학자 입장에선 이것을 그냥 무시할 수가 없습니다.

개인적인 경험을 이야기하자면, 제가 학생이던 시절에 유카와 히데키湯川秀樹*3 선생이 노벨상을 받았습니다. 그때부터 전국 대학의 이학부에서는 이론물리학, 소립자론을 전공하려는 지원자가 증가했어요. 여기에 매스컴도 일본의 소립자론이 세계 최첨단을 걷고 있다는 식으로 소개를 해서 소립자론을 전공하면 그것만으로도 뭔가 대단한 것 같은 느낌이 들었죠. 이러한 동기로 소립자론을 연구하는 사람이 계속 늘었습니다. 그러나 지금은 소립자론이 학문적으로는 일종의 막다른 골목에 다다른 느낌도 들고, 과연 그것이 첨단 학문인지조차 의문인 상황이지만, 여전히 대학원 입학시험에선 소립자론을 전공하려는 지망자가 상당히 많습니다.

이런 건 그저 하나의 예에 불과하지만, 뜻밖에도 학문의 유행은 학문 내적인 논리라기보다는 외적인 요인에 의해 만들어지는 경우가 많은 게 사실입니다. 물론 그 밖의 요인으로 당대의 자연관이나 과학 사상의 영향도 크죠. 그러니까, 무엇이 학문의 유행을 만드는가라는 문제 자체를 학문적인 주제로 연구해도 좋을 것 같습니다.

*3 일본의 이론물리학자, 1949년에 '소립자' 연구로 노벨 물리학상 수상.

무라카미___ 그렇습니다.

히로시게___ 과거를 비추어볼 때, 과학적 접근이 어렵거나 곤란한 분야가 그렇지 않은 분야의 발전 과정을 따라가는 식으로는 이 문제가 해결될 것 같지 않습니다. 그런 정도라면 당시에 충분히 해결이 가능하지 않았겠어요? 그러고 보면 그 시기에는 전혀 문젯거리가 되지 못하다가, 한참 시간이 지나서야 탐구되는 예가 꽤 많은 것 같습니다.

무라카미___ 거꾸로 말하자면, 비슷한 영역이 서로 독립하는 것이나, 관계없는 분야가 비슷한 시기에 활발해진다든가, 전혀 상관없는 곳에서 예기치 않은 연구결과가 갑자기 튀어나오는 것도 그렇습니다. 산소의 발견도 이런 예의 하나라고 생각합니다. 그렇다면, 과학자의 자유에는 의식의 자유와 실제로 연구를 수행하기 위한 사회생활의 자유라는 두 가지 영역이 존재한다는 느낌이 들어요.

이토___ 과학이란 것도 역시 인간집단에서 만들어낸 것이기 때문에 인간이 처한 지적 · 사회적 환경과 떨어질 수 없죠. 진공상태 속의 과학이란 존재할 수 없는 겁니다. 따라서 무라카미 선생이 말씀하신 요소가 분명히 존재합니다. 그 중 하나가 독일어로

17~18세기에 문제가 된 과학의 제도화는 주로 지적 제도의 영역에서입니다. 과학이 시대의 사고방식이나 풍조에 지배당하는 것은 그리스 시대에서 현대에 이르기까지 어느 시대를 막론하고 존재해왔어요.그런데 오늘날, 과학의 제도화 측면에서 특히 주목해야 할 것은 사회 · 경제적인 영역이 강력해지고 있다는 점입니다. 과학의 거대화, 구조화도 이것과 밀접한 관련이 있죠.
–이토 준타로

'시대정신Zeit Geist'이라고 표현되는 것이지요. 혹은 과학적인 '패러다임 공간'이라고 할 만한 것에 영향을 받습니다. 이 영역에서 문제가 선택 · 결정되고, 해결 방법이나 방향도 그 안에서 결정됩니다. 이것은 지적 제도 내지는 배경이라고 할 수 있습니다.

또 다른 하나는 사회 · 경제적 제도 내지는 배경이죠. 이것은 그 시대의 어떤 사회적 요인이 그런 과학연구를 촉진시켰는가, 또는 어떤 경제적인 요구가 그런 과학연구를 출현시켰는가 하는 것, 즉 현실의 사회적 관계에서 과학의 문제가 선택된다는 것이지요. 그리고 17~18세기에 문제가 된 과학의 제도화는 주로 지적 제도의 영역에서입니다. 과학이 시대의 사고방식이나 풍조에 지배당하는 것은 그리스 시대에서 현대에 이르기까지 어느 시대를 막론하고 존재해왔어요. 그런데 오늘날, 과학의 체제화라는 측면에서 특히 주목해야 할 것은 사회 · 경제적인 영역이 강력해지고 있다는 점입니다. 과학의 거대화, 구조화도 이것과 밀접한 관련이 있죠.

무라카미___ 앞서 히로시게 선생도 말씀하셨듯이 17, 18세기 혹은 19세기까지의 과학자들(소위 '과학자'라고 불린 사람들)은 꽉 짜여진 메커니즘에 얽매여 제한적인 연구만을 수행했지요. 그들과 비교해볼 때, 오늘날의 과학자는 그 존재 의미가 상당히 달라졌다고 할 수 있습니다.

이토___ 그래서 제가 세 번째 단계를 말할 때 굳이 그 부분을 언급한 거죠.

무라카미___ 따라서 현대의 과학자를 종래와 같은 개념으로 부를 것인지 말 것인지…….

이토___ 17세기에서 19세기까지 소위 과학자라고 불린 사람들을 현재에도 과학자라고 부르고 있으니 일단은, 그렇게 부르는 게 좋지 않을까요?

그리스 이래 '과학'으로 불리던 것을 모두 동일하게 생각하는 것은 문제가 있습니다만, 저는 적어도 세 단계 정도로는 구별해야 한다고 생각합니다. 제1단계인 그리스 과학과 제2단계인 근대 과학의 차이점은, 두 단계에 상당한 시간차가 있기 때문에 우리가 명확히 알 수 있습니다. 그러나 제3단계인 현대 과학의 경우에는 현재 진행중인 과정 속에 우리들 자신이 포함돼 있기 때문에 그 변화를 제대로 느끼지 못하고 또 객관적으로 보지도 못하는 것 같습니다. 그러므로 어떤 사람이 현대 과학이 17세기의 과학과 조금도 다르지 않다고 말한다고 해서 그를 이상하게 여기지는 않습니다. 하지만 저는 그래도 변했다고 생각하는 쪽입니다.

히로시게___ 근대 과학은 스스로 하나의 이미지를 만들어냈다고 생각해요. 과학의

현재 사회 · 경제적인 영역의 과학을 둘러싼 문제가 부각되고 있습니다. 누가 보더라도 명확해 보이는 문제이긴 하지만, 단지 사회 · 경제적인 측면에서만 정리될 수는 없다고 생각합니다. 그것은 이토 선생이 언급한 17세기 이래 제3단계의 과학을 지탱해온 지적 구조, 그 자체의 문제이기도 하거든요. –히로시게 토오루

존재 의의는 자연 속에 내재된 객관적이고 보편적인 법칙을 발견하는 것이라고 하죠. 만약 그렇다면, 다소 늦어지거나 빨라질 수는 있다 하더라도, 분명 다른 영역으로부터 독립해 자유롭게 자기 영역을 구축해가는 것이 진정한 과학이라고 생각해요.

이토___ 그렇습니다.

히로시게___ 현재 사회 · 경제적인 영역의 과학을 둘러싼 문제가 부각되고 있습니다. 누가 보더라도 명확해 보이는 문제이긴 하지만, 단지 사회 · 경제적인 측면에서만 정리될 수는 없다고 생각합니다. 그것은 이토 선생이 언급한 17세기 이래 제3단계의 과학을 지탱해온 지적 구조, 그 자체의 문제이기도 하거든요.

앞에서 과학이 객관적이며 보편적인 것이고, 그래서 사회와 경제, 인간으로부터 독립하여 이들과 앞서거니 뒤서거니 하면서 자율적으로 전개되고 있기 때문에 과학은 그 자체로 유일하고 절대적인 것이라고 이야기했지요. 그러면 결국 문제는 과학을 선용하지 않은 사회 · 경제의 메커니즘에 있습니다. 따라서 문제가 발생하면 그 메커니즘만 바꾸면 되는 거죠. 구조가 바뀌면 다른 모든 것은 따라서 좋아지게 될 테니, 과학은 그저 지금까지 해왔던 대로만 하면 된다는 식으로 어떤 낙관주의가 형성될 것입니다. 하지만 그 반대의 경우를 생각해보면 어떨까요? 나쁜 것은 오히려 과학이 되지요.

그런데 과학이란 것이 거대한 한덩어리의 학문이기 때문에, 이 문제에 대한 해결책은 과학 자체를 그만두는 것 말고는 없다고 생각해버리지 않겠어요? 결국 과학을 얽어매는 사회 · 경제적 환경도 문제이고, 이 환경 속에 처한 인간이 하는 일로서 과학 그 자체가 가진 역사적 한계 역시 문제인 것입니다. 과학이란 유일하고 절대적인 것이 아니라 언제든 변할 수 있는 것이죠.

이토 ___ 저도 동의합니다.

히로시게 ___ 네. 이런 점을 충분히 고려하지 않으면, 일방적인 반과학주의가 된다고 생각합니다.

이토 ___ 그렇게 되면 상당히 파괴적인 논의밖에 이루어지지 않을 것입니다. 따라서 그런 방향이 아니라 과학의 본질을 파악하고, 과학에 대한 정확한 평가와 재검토가 수반되어야 한다고 생각해요. 그럼 이쯤에서, 이 문제를 '과학사상' 속으로 이동시켜 볼까요.

그리스인의 자연인식 대상은 바로 자연 그 자체였습니다. 그것은 생겨나고, 성장하고, 쇠퇴하고, 죽는, 말하자면 생명적인 것을 가리키죠. 이런 것을 퓌지스라고 이해하면 될 듯합니다. –이토 준타로

인간과 자연의 분리

히로시게 ___ 앞서 이토 선생의 이야기를 들으며 생각한 것은 그리스의 테오리아, 즉 '관상觀想' 입니다. 구체적으로 '본다' 는 것에 있어서 그 대상을 말하죠. 우리는 무언가를 '본다' 고 할 때, 그 대상이 우리의 경험적 사실에서 비롯되거나, 자연처럼 원래부터 결정되어 있는 것이라고 생각합니다. 하지만 그리스인들에게는 어땠을까요? 근대 과학을 하는 우리들의 생각과 과연 같았을까요?

이토 ___ 그리스 시대에, 사람들의 '보는' 눈은 어떤 대상을 향하고 있었을까요. 그 대상을 가리켜 그리스어로는 '퓌지스'[*4]라고 하는데, 그 뜻에 관해서는 여러 가지 설이 있습니다만 '퓌오마이phyomai(생겨나다)' 란 말에서 유래했다는 설이 가장 설득력을 얻고 있습니다. 즉 그리스인의 자연인식 대상은 바로 자연 그 자체였습니다. 그것은 생겨나고, 성장하고, 쇠퇴하고, 죽는, 말하자면 생명적인 것을 가리키죠. 이런 것을 퓌지스라고 이해하면 될 듯합니다.

아리스토텔레스는 '자연' 을 '자기 자신 안에 운동의 원리를 가진 것' 으로 규정하였는데 이것은 근대 과학하의 관성의 원리에서 규정한 자연 개념과는 차이가 있습니다. 아리스토텔레스의 자연은 생물학적인데다, 하나의 텔로스(목적)를 가지고 있어서

[*4] Physis ; 살아 있는 자연의 질서.

'형상' 이란 목표를 실현하기 위해서 자기 내부에 운동원리를 가지고 있었지요.

이렇듯 그리스인이 '보고' 있던 자연은 물활론적인 자연*5으로, 그 자체가 생명을 갖고 있습니다. 쉽게 말하자면 생기론적 자연*6이라고 할 수 있겠지요. 이것이 그리스인의 자연관이었다고 생각합니다.

탈레스는 만물의 근원을 물水이라고 하였는데, 이것 역시 물활론의 일종입니다. 물 자체에 생명력이 있기 때문에 그런 변화가 가능하다는 것이죠. 이런 관점 역시 근대 과학과 상당히 다릅니다. 따라서 이런 그리스인의 눈으로 사물을 보지 않는다면, 그 대상에 대한 사고방식이 완전히 달라지게 되므로 상당히 오해의 소지가 있습니다.

무라카미__ 매크로 코스모스macro cosmos, 마이크로 코스모스micro cosmos라는 것도 역시 그런 사고방식의 한 표현인 거죠.

이토__ '우주' 라는 매크로 코스모스를 '인간' 이란 마이크로 코스모스에 유비類比*7 시켜 받아들였다는 것은 우주를 살아 있는 것으로 생각했기 때문이었을 겁니다.

무라카미__ 의인주의anthropomorphism란 원래 그리스에서 신과 인간이 같은 모습을 하고 있다는 뜻도 있지만, 다른 의미도 있습니다. 말하자면 자연현상과 인간의 마음에

*5 모든 물질은 그 자체로 살아 있거나 세계 영혼의 작용 또는 그와 비슷한 원리의 작용에 참여함으로써 살아 있다고 보는 자연관.

*6 무생물체에서는 볼 수 없고 생명체에서만 볼 수 있는 특별한 생명력에 의해 생명현상이 나타난다고 보는 자연관.

*7 하나의 유類에 속하는 종種이나 개체個體에 적용할 수 있는 명제命題는 같은 유에 속하는 다른 종이나 개체에도 적용할 수 있다는 것.

"의인주의란 원래 그리스에서 신과 인간이 같은 모습을 하고 있다는 뜻도 있지만, 다른 의미도 있습니다. 말하자면 자연현상과 인간의 마음에서 일어나는 현상이 서로 겹치는 부분이 있다는 것이죠……. -무라카미 요우이치로"

서 일어나는 현상이 서로 겹치는 부분이 있다는 것이죠…….

이토___ 그렇죠, 겹치는 것이죠. 즉 자연과 인간은 일체이고, 자연의 일부로서 인간이 존재하는 거죠. 신도 '퓌지스'인 자연 속에 존재하는 것이고, 그래서 그런 거대한 틀 안에서 신과 인간이 일체가 되는 것이지요.

저는 이 모든 것이 다 퓌지스라는 뜻에서 '판퓌지즘'*8이라는 말을 쓰곤 합니다. 신, 인간, 자연이 모두 퓌지스로서 똑같은 본성을 지닌 하나라는 것이죠. 이렇게 되면 무라카미 선생이 말한 것처럼, 당연히 인간과 자연 사이에는 아무런 벽도 없죠. '동등한 것을 가지고, 동등한 것을 볼' 뿐이에요. 또 한 예로 목적론이란 게 있어요. 이것은 본래 인간에게만 적용되던 개념이었습니다. 인간이 목적을 지향하고 살아간다는 그런 의미였지요. 하지만 이것이 자연 쪽으로도 확장되어 모든 자연이 일정한 목적을 갖고 운동하고 있다는 식으로 이해되었지요. 이것은 말할 것도 없이 근대 자연과학이 배제排除시킨 것이죠. 근대 자연과학은 오로지 자연현상에 대한 기계론적 설명에만 쏠렸는데, 이것은 작용인에 대한 관심이며, 이에 따라 자연스럽게 목적인을 배제하게 되는 거죠.

그리스인이 본 대상은 '퓌지스'였는데, 이것을 그들은 어떻게 인식했느냐 하면 자연의 다양한 '에이도스eidos', 즉 형상으로 인식했지요. 플라톤식으로 말하면 참된 실

*8 범자연주의 ; 모든 것이 퓌지스라는 뜻.

재인 이데아의 인식을 목표로 했던 것이지요. '에이도스' 나 '이데아' 는 본래 '보여진 것' 이라는 의미의 '형形' 을 가리킵니다. 여기서 '형' 이란 비유적인 뜻이 강한데 실은 '본질' 을 의미합니다.

자, 여기 한 개의 찻잔이 있다고 가정해보겠습니다. 그 찻잔이 가진 찻잔으로서의 본질은 가운데가 깊게 파여 있고, 주위가 둥글게 둘러싸여진 형태입니다. 그리고 이 안에 차나 물을 담아 마시면 됩니다. 이런 '형' 이 그 본질을 결정하는 것입니다. 이것이 나무로 만들어진 것인가, 흙으로 만들어진 것인가 하는 소재는 문제가 되지 않는 거예요. 찻잔을 찻잔이게 하는 근거를 만드는 것은 바로 '형' 일 뿐이죠.

이런 의미에서 '형' 은 본질과 연결되는데, 형상으로서의 본질을 내적 직관에 의해 파악하는 것이 그리스의 인식방법입니다. 이것은 실험적 방법에 의해 외적으로 양적 분석을 수행하고, 그 수학적 · 인과적 관계를 현상론적으로 확정하는 근대 과학적 인식방법과는 상당한 차이가 있죠. 근대 과학에서는 현상의 배후에 있는 '본질' 이 아니라, 현상 그 자체의 수학적 · 양적 관계로서 자연법칙을 수립하려는 것이 문제가 되는 것입니다.

무라카미 ___ 법칙이란 문제가 나왔군요. 그리스인들도 자연 속에 어떤 질서가 존재한다고 생각했는데, 그것이 바로 '코스모스' 입니다. 그런데 이러한 질서 개념이 어떤

"*형상으로서의 본질을 내적 직관에 의해 파악하는 것이 그리스의 인식방법입니다. 이것은 실험적 방법에 의해 외적으로 양적 분석을 수행하고, 그 수학적 · 인과적 관계를 현상론적으로 확정하는 근대 과학적 인식방법과는 상당한 차이가 있죠. –이토 준타로*"

경로를 거쳐 법칙 개념으로 변화되었을까요?

이토__ 무라카미 선생의 말대로 코스모스는 어떤 의미로는 '질서'를 뜻합니다. 그러니까 이것이 어떻게 근대적인 의미의 '법칙'으로 변화했느냐 하는 질문인 듯하군요.

무라카미__ 제 이야기는, 자연 속에 어떤 법칙이 관통하고 있다는 것이죠. 저는 이런 가설을 하나 세웠습니다. "기독교에서는 신이 하나의 명령order을 내렸고, 이 '명령'은 '질서order'가 되었다." 이런 설정을 독일어로 '게제츠Gesetz'라고 하는데 바로 법칙이란 뜻이죠. 영어의 '로우law'라는 것도 과거분사형 동사 '레이lay(설정하다)'에서 온 것입니다. 신이 설정한 이러한 개념이, 자연이 어떻게 설치되었는지에 관한 사고방식의 기초가 되지 않았나 합니다.

이토__ 확실히 거기에는 중세 기독교의 자연관이 매개되어 있어요. 그 관점은 자연에는 우연성의 여지가 없고, 법칙적인 질서만이 있다는 사고방식인데, 확실히 이것은 그리스의 코스모스 개념과 기독교의 영향을 동시에 받은 거죠. 즉 신이 자연을 창조하고, 이 세계에 엄밀한 법칙을 부여했다는 것입니다. 이것은 17세기의 과학자들에게는 한치의 흔들림도 없는 신념이었습니다. 그러나 이런 신념은 그러한 배경을 경험하지 않은 동양인에게는 결코 당연한 것이 아니었죠. 소박하게 보면, 우리는 자연이란 원래 애매한 것이라고 해도 무방하다고 생각했지만 서양인들은 절대 그렇게 생각하지 않았습니다. 그들은 자연에 확실한 수학적 법칙이 있다고 여겼어요. 이것은 하나의 특정한 신념이고, 그 배후에서는 그리스 사상과 중세 기독교에 나타나는 '신에 의한 창조' 란 개념이 동시에 작동하고 있는 것이죠. 따라서 근대 과학의 법칙 개념은 중세 시기 신법神法의 불변성 · 절대성이 자연법의 불변성 · 절대성으로 이동한 것이라고 할 수 있습니다.

또 하나 중세 기독교 세계관에서 중요한 것은 자연과 인간이 분리되었다는 점입니다. 앞서 말한 것처럼, 그리스에서의 신, 인간, 자연은 '퓌지스' 로서 일체를 이루었죠. 그러나 점차 '판퓌지즘' 이 파괴되고, 신-인간-자연의 계층적 질서가 생겨났습니다. 즉 인간은 신을 위해 존재하고, 자연은 인간을 위해 존재하는 것이 되었지요. 바로 이 지점에서 인간은 자연과의 일체에서 벗어나, 자연을 지배할 수 있는 존재가 될 여지가 생겨나기 시작한 것입니다.

신이 인간과 자연을 독립적으로 만들었다고 생각했기 때문에 인간과 자연 사이에 오갈 수 있는 다리가 사라지고, 자연은 인간에게 이질적인 타자가 된 셈이죠. 따라서 인간은 자연을 동질자로서 내부로부터 직관할 수 있는 존재가 아니라 외부에서 실험이라는 고문을 통해 조작해야 하는 존재로 여기게 되었습니다. 여기에 근대 과학의

앞서 말한 것처럼, 그리스에서의 신, 인간, 자연은 '퓌지스'로서 일체를 이루었죠. 그러나 점차 '판퓌지즘'이 파괴되고, 신–인간–자연의 계층적 질서가 생겨났습니다. 즉 인간은 신을 위해 존재하고, 자연은 인간을 위해 존재하는 것이 되었지요. 바로 이 지점에서 인간은 자연과의 일체에서 벗어나, 자연을 지배할 수 있는 존재가 될 여지가 생겨나기 시작한 것입니다.
–이토 준타로

실증주의를 탄생시킨 사상적 원천이 있다고 생각해요. 즉, 자연은 신이 인간과는 전혀 별개의 존재로서 만들어낸 것이죠. 여기서 중요한 것은, 인간이 이질적인 제3자가 되었다는 점입니다.

무라카미___ 그렇다면 이성적 존재는 신과 인간밖에 없다고 할 수 있겠네요.

이토___ 그 결과, 먼저 자연의 비인간화라는 것이 진행되었죠. 즉, 자연은 인간과의 어떤 아날로지analogy도 허용되지 않는 독립적인 것, 즉 그 속을 알 수 없는 타자인 것입니다. 자연에서 인간적인 속성을 제거한다는 것은 자연을 목적도, 의식도, 생명도 없는… 그러니까 일체의 질적 차원이 결여된, 단순히 기하학적 연장으로만 보는 것이죠. '형태', '크기', '운동'이라는 기하학적이고 양적인 관계만을 가진 대상으로 자연을 이해한 것입니다.

무라카미___ 자연을 시공간 구조 내에서 파악하는 것이네요.

이토___ 그렇죠. 이것을 가장 철저하게 시도한 인물이 데카르트입니다. 여하튼 이런 의미에서, 근대 과학이란 기독교적인 자연관 속에 잠재해 있던 것을 확실하게 끄집어내, 그것을 철학적 원리로까지 끌어올린 것이라고 이해할 수 있습니다.

그러므로 그리스와 중세를 비슷하게 연결시키고, 근대는 그 시대와 달리 새롭다고 말하기보다는, 오히려 그리스와 중세 사이의 깊은 골을 짚어볼 필요가 있지 않을까요? 중세와 근대 사이에 물론 차이가 많긴 했지만, 본질적으로는 연결되는 부분이 있다고 보는 편이 맞지 않을까 생각합니다.

히로시게 __ 앞에서 자연과 인간의 분리 문제, 법칙의 문제가 나왔습니다. 기독교의 전통에 대해 말할 때 이런 문제와 분리해서 생각할 수는 없죠. 그리고 이토 선생이, 오히려 고대와 중세 사이에 틈이 있다고 말씀하셨습니다. 만약 이러한 인식이 좀더 빨리 있었더라면, 아마 현재의 과학은 중세 시기의 연장선상에서 점진적으로 이어져왔을지도 모르겠습니다. 하지만 그와 달리, 근대 과학은 17세기 어느 시점에서 갑자기 등장했죠. 어째서 이렇게 되었을까요? 잠재적이던 것을 현재화시킨 계기는 무엇이었을까요? 단순히 그렇게 된 것이 아니라 거기에 무엇인가가 새롭게 첨부된 것은 아닌가 싶습니다.

이토 선생이, 오히려 고대와 중세 사이에 틈이 있다고 말씀하셨습니다. 만약 이러한 인식이 좀 더 빨리 있었더라면, 아마 현재의 과학은 중세 시기의 연장선상에서 점진적으로 이어져왔을지도 모르겠습니다. 하지만 그와 달리, 근대 과학은 17세기 어느 시점에서 갑자기 등장했죠. 어째서 이렇게 되었을까요? 잠재적이던 것을 현재화시킨 계기는 무엇이었을까요?-히로시게 토오루

'지적 관습'을 넘어서서

이토 __ 단순히 사상사적 접근만으로는 그것을 해명할 열쇠를 찾기가 어려울 것 같습니다. 그런 문제야말로 사회·경제적인 것을 아울러서 보지 않으면 안 되죠.

우선 '근대 시민사회의 형성'을 들 수 있습니다. 이 점은 상당히 중요한데, 서구 근대 시민사회의 성립은 근대 과학의 성립에 강력한 배경이 되었기 때문이죠. 근대 시민사회가 가진 사회적 활력은 대항해시대大航海時代 이후 서구가 더욱 확대된 데서 잘 드러나고 있어요.

이것은 신항로의 발견, 아프리카 항해의 개시라는 양상으로 나타났습니다. 서구인에 의한 아프리카 항해의 개시는 당시 항해의 주도권을 장악하고 있던 아라비아를 결정적으로 붕괴시키는 원인이 되었죠. 즉 동서 중계무역에 의해 축적한 아라비아의 부가 한순간에 사라져버린 것입니다. 이로 인해 아라비아에서 서구로 문화적 활력이 옮겨졌지요.

질셀*9이 언급한 것처럼 이러한 새로운 활력을 배경으로 성립하기 시작한 근대 시민사회는, 종래에 사회 계층적으로 분리돼 있었던 학자와 직인職人 사이의 장벽을 없애버렸죠. 그리스에서 철학자와 노예는 연결될 수 있는 접점이 없었습니다. 이론을 만드는 사람과 실제 물건을 취급하는 사람 사이에 어떤 공유점도 없었던 거죠. 중세

*9 Edgar Zilsel, 1891년~1944년, 주요 논문으로는 〈과학의 사회학적 근원The Sociological Roots of Science〉이 있다.

에도 역시 이런 계층적 분리가 있었어요. 즉 이론을 다루는 승려 계층과 실제 물건을 만들거나 다루는, 교육받지 못한 직인 계층으로 나뉘었던 것입니다.

무라카미__ 중세 이래의 개념에 이른바 '자유 7과'*10라는 것이 있었는데, 이 말 자체가 어떤 면에서 중세가 그리스를 계승했음을 보여주는 게 아닌가 합니다. 즉 일과 노동에서 자유로운 학문이라고 하는…….

이토__ 여기서 자유는 '노예적 노동으로부터의 자유'라는 뜻입니다. 이것은 오로지 성직자 · 지식인들에게만 해당되었죠. 이들과 달리 직인들은 이것과는 완전히 다른 영역에서 직접 몸으로 부딪쳐 자신들의 경험을 축적했습니다. 따라서 하루하루 수행하는 작업이 난관에 봉착했을 때 배우게 되는 실증적 태도, 혹은 실험의 맹아랄까 하는 것이 존재했지만, 그들은 이것을 그리스의 이론적 유산과 결부시켜 갈릴레이처럼 완전히 새로운 과학을 창출해내지 못했지요. 중세에서는 이런 융합이 충분히 이루어질 수 없었어요.

근대 시민사회에 이르러서야 이런 식의 계층적 분리를 제거하고, 각각의 학자적 전통과 직인적 전통을 같은 시민의 입장에서, 한 사회라는 용광로 속에 집어넣을 수 있게 되었죠. 그리하여 이 시대에는, 갈릴레이도 학자이자 한 사람의 시민이었고, 베네

*10 고대 그리스 · 로마 시대에 행해졌던 전통적인 교육과정 및 중세의 일반교양 교과목으로 문법文法 · 수사학修辭學 · 변증법辨證法 · 산술算術 · 기하幾何 · 음악音樂 · 천문天文의 칠과七科를 가리킨다.

> *우선 '근대 시민사회의 형성'을 들 수 있습니다. 이 점은 상당히 중요한데, 서구 근대 시민사회의 성립은 근대 과학의 성립에 강력한 배경이 되었기 때문이죠. 근대 시민사회가 가진 사회적 활력은 대항해시대 이후 서구가 더욱 확대된 데서 잘 드러나고 있어요.* -이토 준타로

치아의 공장에서 '우두머리'라고 불리며 일하던 직인도 한 사람의 시민이었기 때문에 평등한 입장에서 토론이 가능했던 것입니다. 또한 직인 중에서도 이른바 '고급 직인'이 출현했고, 이 사람들이 실제로는 근대 과학을 형성하는 데 상당히 중요한 역할을 담당했죠. 그 대표적인 인물이 레오나르도 다빈치예요.

레오나르도 다빈치는 그리스적인 교양을 습득하면서, 시민으로서도 공부를 열심히 했고, 학자들과의 교류도 지속하였습니다. 그는 상당히 높은 식견을 갖고 있었기 때문에 그런 사람들과도 충분히 지적 교류를 할 수 있었고, 이런 과정을 겪으면서 그리스 과학의 유산을 받아들였습니다. 또한 그는 개인적으로 아틀리에 같은 실험실을 가지고 있으면서, 이곳에서 실험을 통해 어떤 물건을 만들기도 하는 직인이었지요. 머리와 손을 함께 사용하는 근대 과학자의 원형이 바로 여기에 있었던 거죠.

한편 갈릴레이 같은 학자도, "자신은 베네치아의 '우두머리'에게서 진정한 과학을 배웠노라" 하는 태도가 있었어요. 프란시스 베이컨이나 보일 같은 사람에게서도 이와 비슷한 모습을 찾아볼 수 있지요. 많은 사람들이 데카르트를 합리주의자의 전형이라고 생각하고 있지만, 그는 단지 직인적 실천에 주목했던 것이죠. 그리하여 에콜 폴리테크니크[*11]와 유사한 것을 만들어낸 것입니다.

무라카미___ 본래 데카르트는 임상의臨床醫로도 활동했었죠.

[*11] École Polytechnique ; 프랑스 대혁명 5년 후인 1794년에 당시 가장 유명했던 학자들이 새로운 학식을 바탕으로 과학기술의 엘리트를 모집하고 양성하기 위해 창설한 학교.

이토 __ 그는 직인적 실천에 있어 수공적이고 매뉴얼적인 것에 상당히 주목했습니다. 이런 영역에 스콜라적인 사변보다 실제로 더 유익한 지식이 있다는 사고방식을 갖고 있었죠. 그 당시에는 대개의 사고방식이 이랬기 때문에 심지어 라블레*12가 쓴 글에서도 이런 태도를 찾아볼 수 있어요.

무라카미 __ '필로소피'*13라는 말이 현재는 '사이언스'*14의 반대 의미로 쓰이고 있습니다. 예를 들어 요즘 사람들은 데카르트를 '필로소퍼'*15라고 부르지요. 그런 표현은 팔걸이 의자에 앉아 무언가를 관조하는 듯한 이미지를 연상시키구요……. 그러나 실제로 그 당시엔 그렇지 않았습니다. 철학자와 과학자는 같은 존재라고 생각했어요.

이토 __ 17세기 이후 점차 양자가 분리되기 시작했지만, 17세기에는 양자가 완전히 같은 것이었죠. 근대 과학의 기초는 이렇듯 새로운, 실천적이고 이론적인 필로소피를 만들면서 형성되었고, 이 바탕 위에 근대 과학이 형성되었죠.

앞에서 말씀하셨듯이 중세 속에 잠재적으로 근대 과학을 만들어낸 사상적 뿌리가 자라고 있었다 하더라도, 왜 근대 과학이 17세기에 나타나게 되었는가는 결국 사회적인 요인에 기인한 것이라고 생각해요.

인도와 중국에서는 근대 과학이 왜 성립하지 못했는가 하는 문제가 이런 논점과

*12 François Rabelais, 1494년~1553년, 프랑스의 작가 · 의사 · 인문주의 학자.
*13 philosophy ; 철학.
*14 science ; 과학.
*15 philosopher ; 철학자.

'필로소피' 라는 말이 현재는 '사이언스' 의 반대 의미로 쓰이고 있습니다. 예를 들어 요즘 사람들은 데카르트를 '필로소퍼' 라고 부르지요. 그런 표현은 팔걸이 의자에 앉아 무언가를 관조하는 듯한 이미지를 연상시키구요……. 그러나 실제로 그 당시엔 그렇지 않았습니다. 철학자와 과학자는 같은 존재라고 생각했어요. -무라카미 요우이치로

연결된다고 봅니다. 즉 인도에서는 카스트 제도가 지식인 계급과 직인 계급의 연결을 막았다고 생각합니다. 중국에 있어서의 문제는 제가 아직 자세히 검토해보지 못했습니다만…….

히로시게__ 저도 중국의 경우는 완전히 파악하지 못했습니다만, '강력한 관료제官僚制' 라는 요소가 상당히 크게 작용하지 않았을까요?

이토__ 저도 그렇게 생각합니다. 중국의 관료제는 사대부에 의해 성립됐죠. 사대부란 계층은 사서오경四書五經을 배우고, 과거시험을 통해 관료제도 속으로 들어가 공무원이 되는 것입니다. 이것이 중국 지식인의 원형이자 이상이었지요. 사서오경을 배운다는 것은 문자 안에 그들의 지적 에너지가 갇혀버리는 결과를 낳았는데, 이는 몸소 터득할 수 있는 직인의 실천과 연결될 수 있는 기회가 거의 없었음을 의미합니다.

무라카미__ 앞에서 17세기의 급격한 변화를 '사상사' 라는 측면에서만 보기는 좀 어렵다고 말씀하셨지요. 이와 관련해서 시민사회의 형성, 즉 '계급제도가 파괴된 것' 을 이념적인 측면에서 살펴보자면, 아무래도 세속화secularization라는 문제로 다루어야 할 것 같습니다. 세속화가 매우 전반적으로 진행되고 있었으니까요.

학문은 일반 시민사회 안에서 세속화되었고, 신-인간-자연의 관계도 마찬가지였습니다. 급기야 신은 점점 무시되어 장식물로 전락해버렸지요. 말하자면 신성에서 세속으로 이행한 것입니다. 해부학도 이런 맥락과 관련이 있죠. 하지만 이런 분위기를 세속화 현상이라는 형식으로 사상사 안에서 다루기는 좀 어렵지 않을까 생각합니다. 즉 이 시대에는 모든 장면을 분할해보는 것[schnitt]이 가능했던 것 같습니다. 예를 들면, 아토미즘atomism(원자론)이 등장한 것도 이런 시민사회의 원리에 상당히 근접해 있었기 때문일 거예요.

히로시게__ 그렇습니다.

이토__ 홉스라는 인물에 의해 시민사회와 원자론의 연결이 상당히 선명하게 드러나고 있어요. 그리고 원자론에 실체적인 기초를 부여한 것이 데카르트의 '연장'이고, 이것을 토막토막 절단한 것이 미립자입니다. 미립자의 다양한 연결에서 이 세계의 모든 현상을 해석하는 것이죠. 여기서 '실체형상'이란, 자연 속에 있는 혼적混積을 모두 제거해서 하나의 '연장'으로 환원시켜두고, 모든 것을 미립자의 이합집산으로 설명하는 것입니다. 이른바 근대의 '기계론적 자연관'이 출현하게 된 것이죠.

우리들이 현재 가지고 있는 과학적인 개념틀은 결코 절대적이고 확고부동한 것이 아니라 역사의 한 시점에서 누군가에 의해 만들어진 것이죠. 그리고 우리들은 그냥 그것을 따르는 것에 지나지 않습니다. 과학사상사에서 중요한 것은, 그것이 틀렸다고 할 때 다시 생각해서 고쳐야 한다는 사고방식이죠.-이토 준타로

무라카미___ 이러한 방식으로 모든 것을 '연장'으로 환원시키면, 심리학과 생물학이 문제가 됩니다.

이토___ 기계론적 자연관에 입각한 심리학과 생물학은 어떻게 될까요? 근원을 밝히기 위해 입자와 입자가 연결되고, 이것이 특정한 곳에 배치될 경우에 생명현상이 출현하게 됩니다. 특정한 미립자가 뇌에 특정하게 배치될 경우 의식현상, 심리현상이 발생한다고 하는…….

무라카미___ 그것에 전부 환원reduce되죠.

이토___ 결국 원자, 분자의 이합집산으로 문제가 환원되는 거죠. 그 때문에 같은 자연이라고 하더라도 자연 개념이 크게 바뀌었습니다. 라틴어로 '나투라'는 그리스어로 '퓌지스'와 같은 의미의 단어에서 유래된 것이지만 현재는 생명적인 함축을 잃어버린 무기적인 원자, 분자라는 뜻으로 생명과 의식이 거기에서 재구성되는 것으로 되어 버렸죠. 이것은 어떤 의미에서는 지금도 계속되고 있는 근대인의 근본적인 신념이 아닐까요.

무라카미___ 그렇지요.

이토___ 그런 신념이 바로 데카르트에서부터 시작한 거죠. 우리는 그 이데아를 오늘날까지도 그대로 받아들이고 있는 거구요.

무라카미___ 앞에서부터 지적한 '과학이란 무엇인가' 란 물음에 대해 좀더 드라마틱하게 대답하자면 이렇게 말할 수 있습니다. 즉, "이것이 과학적인 것이다. 따라서 이것에서 벗어나는 것은 비과학적인 것이다" 하는, 한마디로 이런 지적 관습이 생겨나게 된 거죠.

이토___ 그런 지적 관습이 생겨났으나, 절대적으로 타당하진 않아요. 그것은 어떤 역사의 한 시점에서 일정한 지적 상황, 내지는 사회적 상황으로부터 생겨났을 뿐이에요.

무라카미___ 바로 그런 이해방식이 지금까지는 너무 적었던 게 문제죠.

히로시게___ 그래요. 심리학이나 과학에서도 그런 이해방식을 찾기 어려워요.

> "*그런데 최근의 자연과학 분야에서 가장 두드러지게 발전하고 있는 학문이, 제가 보기에는 분자생물학입니다. 데카르트의 사상을 기반으로 하면서도, 한편으로는 대단히 성공을 거둔 학문 분야기도 하죠. 분자생물학자들과 이야기를 해보면, 이 분야의 중요한 특징 중 하나가 '생명이란 무엇인가' 라는 질문의 무의미함을 강조하는 것임을 알 수 있습니다.* -히로시게 토오루"

이토 __ 맞습니다. 우리들이 현재 가지고 있는 과학적인 개념틀은 결코 절대적이고 확고부동한 것이 아니라 역사의 한 시점에서 누군가에 의해 만들어진 것이죠. 그리고 우리들은 그냥 그것을 따르는 것에 지나지 않습니다. 과학사상사에서 중요한 것은, 그것이 틀렸다고 할 때 다시 생각해서 고쳐야 한다는 사고방식이죠.

분석주의의 한계에 대하여

히로시게 __ 그런데 최근의 자연과학 분야에서 가장 두드러지게 발전하고 있는 학문이, 제가 보기에는 분자생물학입니다. 데카르트의 사상을 기반으로 하면서도, 한편으로는 대단히 성공을 거둔 학문 분야기도 하죠. 분자생물학자들과 이야기를 해보면, 이 분야의 중요한 특징 중 하나가 '생명이란 무엇인가' 라는 질문의 무의미함을 강조하는 것임을 알 수 있습니다.

분자생물학이 대성공을 거뒀다고는 하지만, 그 성공은 결국 유전현상을 밝혀냈기 때문입니다. 유전현상의 수학적인 법칙이 DNA와 같은 분자(생체분자)와 연결되어, 운동(시간적인 연속)으로 정확한 설명을 할 수 있게 된 거죠. 이러한 성공에 힘입어, 이제 생물학의 목표는 생명과 동일한 행동을 보이는 시스템을 만드는 것입니다. 이것이 생물을 이해하는 것이라고 생각하는 분위기죠. 이러한 분위기는 17세기의 사고방식,

그러니까 자연법칙을 이해해서 물건을 만든다는 생각이 계속 진행된 결과라고 할 수 있습니다. 이와 같이 자연과학의 기본적인 사고방식은 이것이 가장 처음 도출된 사회 기반 속으로 편입되어 들어가는 것을 가능하게 하죠.

이토___ 17세기 이래의 기계론적 자연관은 이런 요소 분석을 철저히 추진할 것을 요구했습니다. 한편에서는 그런 방법에 의해 큰 성공을 거두었다고 생각한 반면, 다른 한편에서는 이런 식의 방법론적 낙관주의가 반성되고 있었습니다. 생명현상을 시작으로 자연과학의 다양한 영역에서, 대상을 요소로 분석하여 그것이 충족되면 된다는 식의 분석가산주의가 팽배했지만 이제는 하향곡선을 그리고 있는 것 같습니다.

이 부분에 대해서는 좀더 상세하게 논증되어야 하겠지만, 일종의 전체론-부분과 부분의 관계, 그리고 이러한 시스템의 존재방식을 전체적으로 보려고 하는 유기적인 관점이 다양한 영역에서 요구되고 있는 것이 아닐까요. 환경파괴를 비롯한 여러 현상들은 결국 자연계를 분석한답시고 모든 것을 한 점으로 분할한 데서 발생한 것이기 때문에 그보다는 상호 시스템 관계를 충분히 생각할 필요가 있습니다.

무라카미___ 앞에서도 말했지만, 심리학이 때에 따라서는 대뇌생리학에 환원되는 형식으로 계속해서 환원주의가 진행됩니다. 뿐만 아니라 심리현상이나 생명현상도 전

근대 과학의 목적은 마음을 가능한 한 배제하는 것입니다. 의인적인 것을 가능한 한 배제한다는 것은 인간에게도 의인주의는 성립하지 않는다는 것입니다. 이것은 어의모순으로 다소 납득하기 힘들지만, 아무튼 인간을 인간으로 취급하는 것이 비과학적인 일이 되어버린 거예요. 즉 의인주의를 배제한다는 것은 인간으로부터 인간다움을 배제한다는 것입니다. -무라카미 요우이치로

부 대뇌생리학으로 환원되어버리죠. 히로시게 선생께서 말씀하신 것처럼, 오늘날 계속해서 환원이 진행되면서 큰 성과를 거두고 있습니다. 결코 대뇌생리학이 무의미하지 않다는 것을 보여주기도 하죠. 그렇지만 마음이란 것을 이런 형식으로 환원했을 때, 과연 그 환원만으로 문제가 해결될까요.

근대 과학의 목적은 마음을 가능한 한 배제하는 것입니다. 의인적인 것을 가능한 한 배제한다는 것은 인간에게도 의인주의는 성립하지 않는다는 것입니다. 이것은 어의모순으로 다소 납득하기 힘들지만, 아무튼 인간을 인간으로 취급하는 것이 비과학적인 일이 되어버린 거예요. 즉 의인주의를 배제한다는 것은 인간으로부터 인간다움을 배제한다는 것입니다.

역시 의학과 심리학의 문제 중에서는 이 문제가 가장 심각하다고 생각해요. 곧잘 회자되는 의학의 당면 문제는 고통을 제거하는 것, 즉 그리스어로 "'파테마(고통)'를 제거하는 것이 의학이다"라는 히포크라테스 이래의 서양의학의 대전제로부터 출발하는 것이 아닐까요. 그렇지만 이것이 앞서 말한 형태의 환원주의가 되어버린 지금 단계에서는 결국 그 고통이라는 것도 어떤 대상을 병리학적으로 분석한 결과일 뿐인 거죠. 즉 X선을 통해 육안으로도 병을 볼 수 있다거나, 간이나 백혈구가 어떻다는 식의 분석적 · 원자론적 결과로 병의 유무를 판단하게 되는 것입니다. 진단 결과, 병이 없다고 하더라도 고통이 있다면 환자는 실제로 고통스러운 것이고, 진단 결과 병이 있다고 하더라도 고통이 없다면 고통은 없는 것이죠. 실제적인 문제에서 도대체 병은 어디에 있는 것인가 하는 물음이 한 인간을 매개로 해서 처음으로 의학이라는 형태로 성립한 것입니다. 결국 장기이식 같은 문제를 포함하여, 서구적인 분석주의가 내포하고 있는 한계는 상당히 심각한 문제로 나타나고 있습니다.

이토___ 그런 한계가 드러난 게 사실이죠.

무라카미___ 이것은 현대 의학만의 문제가 아닙니다. 실제 현장에서는 더 심각하리라고 생각해요. 이런 문제 역시 현대의 문제로 다뤄야만 한다고 생각합니다.

이토___ 병을 치료했는데도 인간은 죽는, 이상한 상황이 벌어지는 것이죠.

무라카미___ 그렇습니다.

이토___ 앞서 의인주의가 문제라고 하셨는데, 오늘날의 문제는 오히려 의서주의擬鼠主義가 아닌가 합니다. 쥐 같은 것에 인간을 견주어 생각하는 거죠.

“과학 자체에 한계가 있듯이, 다른 영역에도 각각 그 자체의 한계가 있는 것이고, 동시에 과학의 사회적 존재방식에 영향을 미치는 이 시대의 구조에도 앞서 말씀하신 것과 같은 한계가 생기고 있는 것이라고 생각해요.” -히로시게 토오루

무라카미__ 그렇습니다.

이토__ 이런 상황이 벌어지고 있는 것은 어딘가 분명 비정상적인 느낌입니다. 역시 분석환원주의의 과잉과 한계에서 기인한 것이겠죠?

히로시게__ 과학 자체에 한계가 있듯이, 다른 영역에도 각각 그 자체의 한계가 있는 것이고, 동시에 과학의 사회적 존재방식에 영향을 미치는 이 시대의 구조에도 앞서 말씀하신 것과 같은 한계가 생기고 있는 것이라고 생각해요.

무라카미__ 결국 내재적인 측면과 외재적인 측면, 이 모든 측면에서 한계가 드러나고 있는 것입니다.

[인류사의 거시적 조망]

인류의 발생 이래 현대에 이르기까지 인간문명의 발전을 다섯 단계로 나누어 조망한다.

과학기술의 발달을 인간문명의 발전 속에 위치지우기 위해 먼저 인류사를 거시적으로 조망해본다. 인류문명의 발전 역사는 다음과 같은 다섯 단계의 큰 변혁기(혁명)를 거쳐 현재에 이르고 있다.

• 인류혁명	• 농업혁명	• 도시혁명	• 철학혁명	• 과학혁명

인류혁명 __ 첫 번째 혁명인 '인류혁명'은 인류가 유인원에서 인간이 되기까지의 변혁기를 의미한다. 이 시기는 인류가 확실하게 '인간'이 된 전환점이기 때문에, 이것을 인류사의 출발점을 형성해낸 제1의 혁명이라고 해도 이의는 없을 것이다. 그러나 유인원과 인간의 차이점을 말할 때 무엇을 기준으로 각각의 특성을 규정할 것인가는 논란의 여지가 있다. 인류학자들 사이에 의견이 일치하고 있는 부분은 인류의 '직립보행'을 기본으로 해서, 그 이후의 '도구 제작'과 '언어 형성'을 인간과 다른 영장류의 구별

징표로 삼는다는 점이다.

그리고 에티오피아에서 발견된 350만 년 전의 '아파르원인猿人'과 420만 년 전의 '아남원인猿人' 등을 인류의 선조라고 생각하고 있으나, 최근 발견된 '밀레니엄 앤세스터'까지 포함하면, 이 '인류혁명'은 지금으로부터 약 500만 년 내지 600만 년 전에 동아프리카에서 먼저 일어난 것으로 알려져 있다. 이 원초적인 '원인猿人'이 후에 나타나는 '북경원인原人'이나 '자바원인原人'과 어떤 관계를 갖고 있는가는 나중에 아프리카와 동아시아를 연결한 지역의 갱신세인류[*1]를 발굴조사하는 과정을 통해 명확히 밝혀질 것으로 기대한다. 또 최근의 DNA 분석 성과에 따르면 '원인原人'에서 진화한 '구인舊人'이 10만 년~15만 년 전에 아프리카에서 출현한 '신인新人'에 의해 대체되고, 이들이 세계 각지로 확산됐다는 설이 가장 유력해 보인다.[*2]

이렇게 해서 인류는 이 '신인'의 단계에서 몽고로이드[*3], 코카소이드[*4], 네그로이드[*5], 오스트라로이드[*6]의 네 가지 인종으로 분화되었다. 그들은 각 지역에서 다양한 원시기술—이것은 각 지역에서 발견된 석기유물에 의해 세상에 알려졌다—을 개발하고, 다음 단계인 '농업혁명'에 이르기까지 한결같이 수렵과 채집 혹은 어로에 의존하여 식량을 획득하는 생활을 계속했다. 인류사의 99%는 이와 같이 흘러가버렸는데, 이것이 고고학에서는 '구석기시대'에 해당한다.

농업혁명 ___ 제2의 혁명인 '농업혁명'은 인류가 최초로 농경과 목축을 발견하고, 야생식물 재배와 야생동물 사육을 하게 되면서, 식량의 능동적 생산을 시작한 전환기를 의미한다.

일반적으로 진정한 의미에서 인간의 문화적 활동은 안정된 식량의 확

*1 更新世人類; 플라이스토세 · 홍적세洪積世 · 최신세最新世 인류라고도 한다. 지금으로부터 약 200만 년 전에 시작되어 약 1만 년에 끝난 갱신세 시기에 나타난 인류의 조상을 지칭한다.

*2 인류의 진화단계를 원인猿人 · 원인原人 · 구인舊人 · 신인新人으로 분류하였을 경우에, 원인猿人은 가장 원시적인 화석인류인 오스트랄로피테쿠스류類를 가리킨다. 원인原人은, 화석인류 가운데에서 피테칸트로푸스의 동류同類에 대한 총칭으로 북경원인과 자바원인이 여기에 해당한다. 구인舊人은 화석인류 중에서 네안데르탈인과 동류를 총칭하는 명칭이며, 신인新人은 인류진화상에서 최종 단계의 인류로 현생인류現生人類라고도 하며, 학명은 '호모사피엔스사피엔스'이다.

*3 몽골인종 · 황색인종이라고도 하며, 인도에서 동아시아 대륙, 태평양 제도諸島 및 아메리카 대륙에 분포한 인종.

*4 '코카서스'라는 유럽의 조그마한 지방의 명칭에서 유래하는 카프카스 인종이라는 말로써 전全 백인종을 가리킨다.

*5 흑색인종이라고도 하며, 몽고로이드 · 코카소이드와 함께 인류의 3대 인종군을 이룬다.

*6 오스트레일리아 원주민과 그 유연인종類緣人種을 가리킨다. 백인白人의 조상으로서 코카소이드(백색인종)에 포함하기도 하고 독자적인 인종 계통에 넣기도 한다.

보 없이는 불가능하기 때문에, '경작cultus'은 그 문자의 의미 그대로 '문화culture'의 기반이 되었다. 이 시기부터 인류의 일부는 수렵 · 채집 · 어로를 하지 않고, 일정한 장소에 머물러 살면서 문화를 축적하는 것이 최초로 가능하게 되었다.

이전까지 이 '농업혁명'은 메소포타미아 지역에서만 일어났다가 전 세계 각지로 전파된 것으로 알려져왔다. 그러나 오늘날 새로운 연구에 의하면, 농업혁명은 기원전 1만 년에서 기원전 6000년에 걸쳐, 동남아시아*7, 팔레스타인 · 메소포타미아*8, 남중국*9, 서아프리카*10, 아메리카 대륙*11의 다섯 지역에서 독립적으로 일어났다고 한다. 이 다섯 지역에서 농경의 아이디어와 기술이 다른 지역으로 전달된 것으로 파악하고 있다.

이 '농업혁명'에서, 다음의 '도시혁명'에 이르는 시기는 고고학에서 말하는 '신석기시대'와 대체로 일치하며, 특징 있는 간석기 외에도 고고학적 유산이라고 할 만한 토기와 주거지가 발견되었고, 직물을 짠 흔적도 있다. 이 농업혁명의 시기에 인간의 의식주가 확립된 것이다.

*7 반도의 주변 녹지대, 감자를 주로 재배.
*8 밀을 주로 재배.
*9 장강 유역, 벼를 주로 재배.
*10 나일강 유역, 잡곡을 주로 재배.
*11 중미 지역, 옥수수를 주로 재배.

도시혁명 ___ 제3의 혁명인 '도시혁명'은 앞선 '농업혁명'의 성공 속에서 진전되었다. 인류는 차츰차츰 큰 강의 주변으로 이동해서, 그곳에서 대규모 관개농업을 발전시켰고, 그에 따라 풍부한 잉여농산물이 축적되어 직접 농경에 종사하지 않아도 되는 '사회잉여'가 발생했다. 이러한 잉여에 의해 '도시'가 형성된 변혁기라는 것이 '도시혁명'이 갖는 의미이다.

이 시기에는 대규모 관개사업을 통솔하는 왕을 중심으로 농경에 관련된 의례 · 관리 · 분배 · 기록 등을 담당한 승려와 서기계급, 축적된 농작물을 주위의 이민족에게 빼앗기지 않도록 지키는 전사계급, 그리고 이렇게 축적된 부를 가지고 교역에 종사하는 상인계급 등의 '시민'이 성벽으로 둘러싸인 도시 안에 거주했다. 그리하여 이전까지의 농경문화와는 확연히 구별되는 도시문명을 만들어낸 것이다. 승려와 서기 등의 지식계급의 분화와 더불어 '문자'가 발명되었고 수학, 도량학, 천문학(점성술), 역학, 의학 등의 기초적인 과학지식이 형성되면서 그것을 기록할 수 있게 되었다. 정신문화적 측면에서는, 새로운 정신적 통합을 위한 영역으로 종교가 등장했고 신화의 체계가 형성되었다. 물질문화의 측면에서는, 석기시대에서 금속시대로 이행했다.

이 '도시혁명'은 기원전 3500년에서 기원전 1500년에 걸쳐 수확률이 높아 대규모 관개가 가능했던 구대륙의 4대 강 유역, 즉 티그리스 · 유프라테스 강 유역의 메소포타미아, 나일 강 유역의 이집트, 인더스 강 유역의 서인도*[12], 황하 유역의 북중국*[13]에서 일어나 세계의 각 지역으로 파급됐다. 또 중국에서는 북의 은 문명보다 1000년 앞서는 도시문명이 남쪽 장강 유역에 발달하지 않았을까 하는 연구가 최근 진행되고 있다. 신대륙에서는 기원전 700년경부터 서기 200년경에 걸쳐 아메리카와 안데스 지역에 독자적인 도시문명이 성립됐다. '문명civilization'의 의미는 원래 '도시화civilisatio'이기 때문에, '도시문명' 이후에야 인간은 좁은 의미의 '문명' 영역으로 들어갔다고 해도 좋을 것이다.

*[12] 인더스 문명.
*[13] 은 문명殷文明.

철학혁명___ 제4의 혁명인 '철학혁명'은 야스퍼스*[14]가 "축의 시대"*[15]라 부른 시기에 일어난 인류의 위대한 정신적 각성을 가리키는 것으로, '정신혁명'이라 불러도 좋다. '철학혁명'이란 '정신혁명' 중에서도 종교적인 측면보다는 지적 변혁의 측면에 더 주목한 명칭이다. 이것은 성공적으로 개화한 도시문명을 배경으로 하며, 기원전 6세기에서 기원전 4세기에 걸쳐 그리스, 인도, 중국에서 체계적인 철학사상이 탄생한 변혁

*[14] Karl Theodor Jaspers, 1883년~1969년, 독일의 철학자.
*[15] axial age ; 기원전 800년에서 200년 사이를 가리키는 것으로, 이 시대에 붓다, 소크라테스, 공자, 노자 등 인류의 위대한 성인이 나타나 정신문명의 패러다임을 바꾸었다고 하는 생각에 기반한 시기 개념.

기이다.

그리스에서는 탈레스를 비롯한 밀레토스 학파가 생겨났고, 피타고라스, 파르메니데스, 데모크리토스와 그 이후에는 소크라테스, 플라톤을 거쳐 아리스토텔레스에 이르는 위대한 철학자들이 배출됐다. 인도에서는 정통 우파니샤드 철학을 시작으로 '아지타케사캄발라', '파구타카자야나', '푸라나카사파', '마칼리고살라', '산자야벨라지푸타', '니간타나타푸타'라는 이른바 육사외도六師外道의 철학*16과 붓다의 불교가 탄생했다. 중국에서는 공자를 비롯한 노자, 열자, 묵자, 순자, 한비자*17 등의 이른바 '제자백가諸子百家'가 등장했다.

이 세 철학은 각각 성격이 다르다. 그리스 철학은 이론적이고, 인도철학은 형이상학적이며, 중국철학은 실천적이다. 그러나 이전의 신화적 · 주술적 세계관을 극복하고, 합리적 사색에 철저하며 동시에 일상적 · 개별적인 것을 넘어 보편적인 것*18을 지향한다는 점, 그리고 이 세계 전체를 통일적 · 체계적으로 파악하고 그 안에서 인간의 위치를 자각하려 했다는 점에서는 같았다.

그리스 철학은 그 후 기독교와 더불어 서구 문명 안에 흡수되었고, 이 시대에 수립된 인도철학과 중국철학은 현재 동양 정신문명의 중심축이 되었다는 점에 주목해야 한다. 또 경험적 · 개별적으로 일상화된 지知에 머물지 않고, 합리적이고 체계적인 하나의 이론으로서의 과학이 '철학혁명' 속에서 지적 운동의 일환으로서 생겨났다는 점도 중요하다.

*16 인도의 우파니샤드 철학에서 생겨난 사상과 학설 중 세력이 큰 여섯 유파를 이르는 말이다. 이 유파들은 기원전 5세기~기원전 3세기에 형성되었다.

*17 韓非子, 기원전 280년경~기원전 233년.

*18 그리스에서는 '로고스logos', 인도에서는 '다르마Dharma. 중국에서는 '도道'.

과학혁명 ___ 제5의 혁명, '과학혁명'은 근대 과학의 탄생을 의미하는 변혁기인 17세기에 서구에서 발생했다. 그때까지의 '농업혁명', '도시혁명', '철학혁명'이 세계의 몇몇 지역에서 병행해서 일어난 데 반해, 과학혁명은 서구에서만 진행됐다. 물론 그 충격은 이윽고 전지역에 파급됐고, 세계의 지적 · 물질적 구조를 완전히 변화시켜 이후 '서구의 우위'를 결정짓는 데 커다란 역할을 했다. 이른바 서구 중심의 '근대'는 이 '과학혁명' 이후의 시대를 가리킨다. '과학혁명'의 내용과 의의에 관해서는 나중에 상세히 서술하겠지만, 일단 여기서 간단하게 정리하자면 이렇다.

과학혁명은 그리스에서 '철학혁명'이 일어난 이후 2000년간 서양 사상을 지배했던 아리스토텔레스적인 세계상을 근저에서부터 파괴하고, 합리적 · 체계적일 뿐만 아니라, 동시에 실증적 · 실험적인 '과학의 태도'를 산출해냈다. 그리고 그리스의 수학적인 합리주의 유산을 근대의 정량적 · 실험적인 방법과 연결시켜, 이런 태도에 입각하여 대상을 지배한다는 식의 '힘으로서의 지'를 실현했다. 이렇게 과학과 기술을 필연적으로 연결하여 마침내 '산업혁명'을 이뤄냈고, 이것이 근대 공업문명을 만들어냈다.

'현대'라는 변환기___ 그리고 오늘날 우리는 '우주시대', '원자력시대', '정보시대'에 돌입했다. 제2차 산업혁명이 추진되고 있는 것과 더불어, 거대한 과학기술시대 속에서 과학 · 기술은 그 세력이 더욱 강해져서 인간의 의미를 크게 변화시켰고, 결국 인류는 또 하나의 변혁기에 직면해 있다. 이것은 17세기 이래 근대 과학 문명이 갈 수 있는 곳까지 가버렸다는 것, 즉 일종의 한계점에 도달했다는 뜻이며, 그래서 인간은 새로운 문명을 위한 출구를 모색하고 있는 중이다. 이것을 볼딩*19은 "문명 이후의 사회", 다니엘 벨*20은 "공업화 이후의 문명"이라 칭했고, 멈포드는 "역사 이후의 시대"라고 불렀다. 어느 쪽이든 간에, 우리는 '과학혁명' 이후 제6의 변혁기 속에 살고 있다는 점을 자각해야 할 것이다.

*19 Kenneth Ewart Boulding, 1910년~, 미국의 이론경제학자 · 사회철학자.

*20 Daniel Bell, 1919년~, 미국의 사회학자, 저널리스트.

과학 역사의 시작___ '과학'이란 것을 우리의 환경에 대한 어떠한 지적 활동으로 이해한다면, 과학의 역사는 기술사를 포함하는 광의의 의미로서, 제1변혁기, 즉 '도구 제작'이 있었던 '인류혁명'에서부터 시작된 것으로 봐야 할 것이다. 아니면 적어도 상당히 고도화된 기술을 구사했던 '농업혁명'의 단계까지 거슬러올라가지 않으면 안 된다. 그러나 '과학'을 그렇게, 자연에 대한 인간의 행동양식으로서가 아니라, 어디까지나 확실히 정식화된 지식으로서 다룬다면, 문자가 발명된 '도시혁명' 이후부터가 고찰의 대상이 된다. 이 시기에 수학과 천문학, 의학 등 제반 과학의 맹아가 그러한 기록을 담은 문서와 함께 출현했기 때문이다. 그러나 보다 좁혀서, '과학'을 이 세계를 통일적으로 이해하기 위해 체계화한 이론이라는 의미에서 본다면, 이것은 제4의 변혁기, '철학혁명' 이후가 된다. 나아가 과학의 개념을 더욱 엄밀하게 본다면, 즉 오늘날 우리들이 소유하고 있는 근대 과학만이 '과학'이라고 본다면, 결국 '과학혁명' 이후의 발전에 한정될 것이다.

이 책에서는 인간의 초기 기술사를 제외한다. 그리고 지식으로서의 과학의 의미를 좀더 폭넓게 고찰하기 위해, 제1단계인 '인류혁명'과 제2단계인 '농업혁명'에 관해 설명하는 대신 제3단계부터 서술을 시작하기로 한다. 즉 '도시혁명'에 해당하는 고대 오리엔트의 과학부터 시작해서 '과학혁명'의 소산으로서 인도, 중국, 그리스의 과학을 함께 다룬 다음, 그리스 과학을 계승한 중세 이슬람 과학과 중세 라틴 과학의 계보를 추적한다. 그 성과 위에서 환골탈태한 근대 과학을 만들어낸 '과학혁명'에서는 그 발전과 그것이 가진 사상적 기반을 상세하게 분석하고, 이어서 현대 과학이 직면한 제반 문제를 짚어보도록 하겠다.

CHAPTER I

과학혁명 이전의 과학

과학혁명 이전의 과학은 어떤 것들이 있고, 어떤 특징을 갖고 있는가?
그 다양한 사상의 기반과 흐름을 살펴본다.

고대 오리엔트 과학

'도시혁명'에 따른 '원시기' 과학의 대표로서 고대 오리엔트(메소포타미아, 이집트)의 과학을 예로 들어 그 특질을 생각해본다.

원시기의 과학 __인류 최초의 도시문명에 해당하는 메소포타미아, 이집트, 인더스, 은殷, 마야 등 제반 문명의 과학을 고찰하면 좋겠지만, 이들이 대체로 동일한 단계, 비슷한 특질을 가진 과학을 창출해냈으므로, 여기서는 이들 문명 가운데 가장 앞섰고, 그 내용도 가장 잘 알려진 메소포타미아와 이집트의 과학을 살펴보도록 하겠다.

메소포타미아 과학 __기원전 3500년 전 수메르인들은 티그리스 · 유프라테스 강 하류에서 대규모 관개에 성공, 가장 선구적인 '도시혁명'을 이뤄냈다. 이들에 의해 메소포타미아 남부에는 많은 도시국가가 성립되었다. 도시문명의 형성에 따라 새로운 경제체제가 필요하게 되자, 이것을 관리하는 승려 · 서기 계급이 생겨나 그들에 의해 문자, 기수법, 도량형, 역법 등이 정리되었고, 수학과 천문학의 기초 지식도 확보되었다. 그들은 60진법을 채용했고, 태음력을 사용했다.

이와 같이 수메르인의 문화를 이어받은 바빌로니아인은 점토판에 설형문자楔形文字로 그들의 과학지식을 남겨두었다. 그 기록은 세 시기에 집중되어 있다. 함무라비 왕조를 포함한 '고바빌로니아기(기원전 1900년~기원전 1600년)'와 아슈르바니팔[*1] 시대를 포함한 '아시리아기(기원전 700년~기원전 600년)', 그리고 알렉산더 대왕의 동방원정 이후의 '셀레우코스기(기원전 323년~기원전 75년)'이다. 소위 바빌로니아 수학과 관련된 대부분의 사료는 '고바빌로니아기'에 속하고, '아시리아기'에서는 많은 수표數表와 조직적 관측의 기록을 볼 수 있다. 그리고 계단함수[*2]를 포함한 고도의 바빌로니아 천문학 지식은 모두 최후의 '셀레우코스기'에서 나타난다. 이 시기에 피타고라스 정리를 비롯하여 유클리드의 《원론》에 포함돼 있는 다양한 기하학 지식, 1 · 2차 대수방정식의 해법, 황도의 발견과 십이궁의 확정, 그리고 무엇보다도, 행성의 운행運行과 일월식 등 장기간에 걸친 천문 관측 결과가 기록되었는데, 이 기록들이 헬레니즘 과학을 형성하는 데 중요한 소재를 제공한 것은 의심의 여지가 없다.

[*1] Ashurbanipal, 재위 기원전 668년~기원전 626년, 아시리아의 왕.

[*2] step function ; 그래프로 나타냈을 때 계단 모양이 되는 함수.

이집트 과학___ 이집트의 도시혁명은 '게르제기(기원전 3500년~기원전 3000년)'에 메소포타미아로부터 영향을 받아, 기원전 3000년경 나일강의 상류와 하류 지역을 통일하면서 성립됐다. 초기에는 메소포타미아에서 다양한 문화 요소를 받아들였지만, 결과적으로는 이집트 독자적인 것들이 상당히 많다. 문자도 독특한 상형문자이며, 기수법도 십진법이고, 계산 방법도 이른바 '가법원리加法原理'에 따른 것이었다. 역법도 태음력을 썼던 메소포타미아와는 대조적으로 태양력을 썼다.

이미 '제1왕조기(기원전 3100년~기원전 2890년)'에 수학, 천문학의 기초 지식이 확립된 것으로 생각되는데, 과학사 안에서 중요한 것은 고왕국의 '제4왕조(기원전 2613년~기원전 2494년)'와 중왕국의 '제12왕조(기원전 1991년~기원전 1786년)'이다. 제4왕조기는 우리가 잘 아는 그 '피라미드' 시대로, 일찍부터 발전된 수준 높은 수학, 천문학 지식이 나타난다. 피라미드의 네 변이 정확하게 동서남북으로 향하게 한다든지, 피라미드의 경사를 일정하게 하기 위해 '세케도'라 일컬어지는 삼각법 관련 지식을 이용하였다든지 하는 게 그 실례이다. 그러나 파피루스에 집중적으로 정리되어 오늘날까지 잘 남아 있는 이집트 과학지식은 제12왕조기의 기록이다. 또한 제2중간기인 기원전 1650년에 편집된 유명한 린드 파피루스Rhind Papyrus에는 원의 면적을 구하는 수준 높은 문제도 포함되어 있는데, 이것은 직경에서 9분의 1을 줄이면 그 결과의 2승이 된다는 것으로, 이 식으로 원주율을 계산해보면 파이(π=3.1604……)가 된다. 오늘날의 계산과 상당히 근사치라고 할 수 있다. 그러나 이것도 잘 살펴보면, 어떤 문제에 대한 근사近似적인 실용적 처방을 보여주는 것으로 결코 이론적인 근거로부터 도출된 것은 아니다. 일반적으로 이와 같은 계산방법은 한결같이 오리엔트 전제정치의 실용적 · 실제적 요구에 대응해 개개의 지식을 집적한 것으로, 체계적 · 논증적 지식은 되지 못하였다.

오리엔트 과학의 특질 ___ 고대 오리엔트 과학은 일반적으로 기술 수준이 어느 정도 높이에 도달했다고 할 수 있다. 특히 메소포타미아의 과학에 있어 통계적 조작의 정교함은 그리스 과학을 능가하는 부분도 있었다. 그러나 메소포타미아 과학이나 이집트 과학은 각 지역에서 발생한 '도시혁명'의 결과 새로운 정치 · 경제적 요구에 의해 형성되었다는 점에서 한계가 있었다. 때문에 무엇보다도 실용적 · 실제적인 성격이 짙다. 요컨대 도시생활의 관리와 운영에 일정한 역할을 했던 개개의 사실과 경험에 대해 확실하게 기록하고 있긴 하지만, 이것을 합리적 · 체계적으로 '설명'하지는 않았다. 단지 '이것과 저것을 위해서는 이렇게 저렇게 하라'는 실천적인 처방전만 가득 차 있다. 이처럼 개개의 단편적 · 실용적 지식이 '수집(물론 이것이 분명 '과학'의 시작이긴 하지만)'에 머물러 있다는 것이 이 단계 과학의 특징이다.

그들이 경험적 사실을 전혀 '설명'하지 않았다는 것을 옳다고 볼 수는 없을 것이다. 그러나 그들은 아마도 그리스의 합리적인 설명과는 다른 방법, 즉 '신화'에 몸을 맡긴 것이 아닌가 싶다. 예컨대 이집트인들은 일식이 왜 일어날까 하는 물음에 대해 그것은 태양신 '라'가 배를 타고 하늘을 운행하는 도중 큰 뱀이 배를 전복시키면서 태양을 삼켜버렸기 때문이라고 생각했다. 또한 메소포타미아에서 그토록 열심히 천체를 관측한 까닭도, 천체관측을 통해 하늘의 의지를 읽어내 지상의 정치를 보다 효과적으로 하기 위한 것에 불과했다.

결국 그들은 자연법칙을 있는 그대로 받아들이는 방식의 과학적 태도를 가진 것이 아니라, '주술'을 통해 신들의 힘을 제어하려 했던 것이다. 이런 세계관은 비단 메소포타미아, 이집트에만 한정된 것이 아니라 인더스와 은, 마야 등 '도시혁명'에 의해 생겨난, 같은 단계의 다른 문명권에서도 흔히 나타나는 공통점이다.

그리스 과학

'철학혁명'의 결과 '고전기'의 과학이 발생했다. 서구에서는 이와 같은 과학을 '그리스 과학'이라고 한다. 이 과학은 먼저 이오니아의 식민지에서 오리엔트의 신화적 · 주술적 세계를 넘어, 세계를 통일적인 원리에 의해 합리적 · 체계적으로 설명하려는 지적 활동으로 시작되었다. 그러면서 아테네에 계승되었고, 알렉산드리아의 헬레니즘 과학에서 정점에 도달했다.

미케네 문명 ___ 그리스의 폴리스 사회 이전에 존재했던 미케네 사회는 이집트, 바빌로니아와 완전히 똑같은 오리엔트 문명의 일부에 불과했다. 그러나 기원전 12세기에 도리아인이 발칸 반도로 남하해서 미케네 문명을 파괴한, 이른바 '암흑시대' 이후 그리스 세계는 근본적인 변모를 겪었다. 이전까지 '신왕神王'을 중심으로 했던 오리엔트적인 전제군주정치는 소멸했고, 기원전 8세기에서 기원전 7세기에 걸쳐, 평등한 개인으로 구성된 다수의 폴리스적 도시국가가 탄생하여 서로 부와 지식을 경쟁하게 되었다. 특히 소아시아의 이오니아 식민도시에서는 미케네 이래로 낡은 승려 · 관리 계급은 존재하지 않게 되었고, 자유롭고 활발한 상업활동을 통해 과거의 종교적 집단 표상으로부터 탈피하려는 지적知的 운동이 일어났다. 우선 이 지역에서는 오리엔트의 전통적인 신화적 · 주술적 세계를 넘어서서, 통일적 원리에 의해 합리적 · 체계적으로 설명하려는 새로운 개인의 철학적 사색이 시작되었는데 이때 사상을 표현하는 고유명사가 최초로 사용되었다. 그리스 철학혁명의 발단이 된 인물은 밀레토스 학파의 탈레스*3였다.

*3 Thales of Miletus, 기원전 624년경~기원전 546년경, 그리스 최초의 철학자, 7인의 현인賢人 중 일인자.

밀레토스 학파 ___ 탈레스는 만물의 근원(아르케arche)을 '물'이라고 단정짓고, 모든 것을 이 물이 천변만화千變萬化한 것으로 설명했다. 탈레스의 '물'은 오리엔트의 물의 신 '티아맛Tiamat'과 '눈nun'이라는 신화적 표상이 완전히 제거된 단순히 물질적인 물이다. 인류는 여기서 최초로 신화(뮈토스mythos)의 세계에서 이성(로고스logos)의 세계로 나갔다. 밀레토스 학파의 '근원'은 '무한한 것(아페이론apeiron)', '공기(프네우마pneuma)' 혹은 '불'이었다. 그러나 그 근원이 무엇이든 간에, 통일적인 원리로서의 하나의 '근원'이, 다양하게 변화하는 모든 현상을 설명한다는 점에서는 공통된다. 한편 밀레토스 학파에 의한 생성변화의 일원론적 자연학은 '존재하는 것은 존재하고, 존재하지 않는 것은 존재하지 않는다'라는 자동률에 의거한다. 그러나 이것은 파르메니데스*4를 비롯하여, "존재(에온aeon)는 생성변화하지 않는다"고 주장한 엘레아 학파에게 비판을 받았다.

엘레아 학파 ___ 이성의 눈으로 보면 절대적으로 확실한 자동률이 가진 '변화'를 인정할 수 없고, 생성변화가 있다는 것 역시 감각의 착각으로 인한 억견(독사doxa)일 뿐 진리는 아니라는 것이 엘레아 학파의 생각이었다. 한편 엘레아 학파의 비판을 용인하면서, 다른 한편으로 밀레토스 학파가 문제시한 '생성변화'를 살리려는 시도도 일어났는데, 그것이 이른바 '다원론자'의 출현이다. 예를 들어 엠페도클레스*5는 땅地, 물水, 불火, 공기空氣의 네 가지 원소를 인정했는데, 이 같은 4원소는 파르메니데스의 '에온'처럼 불변하는 것이다. 이 불변의 요소들이 다양하게 이합집산하면서 변화가 생겨나는 것이다. 또 아낙사고라스*6는 질을 다르게 만드는 무한한 수를 그 요소로 생각했다. 이러한 다원론의 독특한 형태로서 데모크리토스*7의 '원자론'도 등장했다. 이것은 질은 같고 형과 크기는 다른 무

*4 Parmenides, 기원전 515년경~기원전 445년경, 고대 그리스의 철학자이자 엘레아 학파의 시조.

*5 Empedocles, 기원전 490년경~기원전 430년경, 고대 그리스의 철학자.

*6 Anaxagoras, 기원전 500년경~기원전 428년경, 고대 그리스의 철학자.

*7 Demokritos, 기원전 460년경~기원전 370년경, 고대 그리스의 자연철학자.

한수無限數의 '원자(아톰atom)'가 있어서, 이것이 '진공(케논kanon)' 속을 운동하며 다양하게 이합집산하는 과정에서 현상적으로 여러 가지 변화를 일으킨다는 것이다. 이오니아 자연학의 가장 완성도 높은 귀결에 해당하는 데모크리토스의 원자론은 귀중한 유산이 되어 이후 근대 과학 사상에 접목된다.

피타고라스 학파___ 피타고라스 학파는 그들 학파 고유의 특성인 '혼의 정화(카타르시스)'를 위해 음악을 중시했는데, 음악 연구 과정에서 이후의 과학연구에 중요한 의미를 갖게 될 하나의 발견에 도달했다. 그것은 다름 아닌 '협화음정協和音程'의 수학적 구조이다. 즉, 세 가지의 협화음정(8도, 5도, 4도)을 만들어내는 현의 길이의 비율이, 1대 2, 2대 3, 3대 4라는 간단한 정수비로 성립된다는 것이다. 그들은 이 발견을 확장시켜 '만물은 수에 의해 규정된다'는 테제에 이르렀다.

여기서 주목할 점은, 이전까지는 물物이 만들어질 때의 소재가 '무엇'인가를 중시했는데, 이제는 그것이 만들어진 구조가 '어떠한' 것인가 하는 수학적 질서를 문제시하고 있다는 점이다. 즉, 피타고라스 학파는 밀레토스 학파 이래의 '질료' 입장에 대응하는 '형상'의 문제를 발견한 것이다. 피타고라스 학파의 경우, 이 '형상'은 수학적 · 기하학적으로 두드러지게 드러나며, 이후 이것은 서양의 자연 이론을 관통하는 전통적인 '수학적 자연관'의 근거가 된다.

플라톤[*8]의 《티마이오스Timaios》에선, 이런 수학적 자연학이 한층 구체화되어 자연학이 기하학으로 환원되어버린다. 이와 동시에 이오니아의 진화론적 목적론에 대항하여 세계는 창조주(데미우르고스demiurgos)에 의해 '이데아'의 범형範型에 따라 제작되었다고 하는 창조론적 자연관이 최초

[*8] Platon, 기원전 429년경~기원전 347년.

로 등장하는데, 이것이 이후 근대 서구의 구성주의적 자연관과 연결된다는 점도 놓쳐서는 안 된다.

아리스토텔레스 ___ 피타고라스와 플라톤이 동일하게 가졌던 '형상'에 대한 입장과 밀레토스 학파 이래의 '질료'의 입장을 종합하여 그리스 자연학을 최종적으로 마무리한 인물이 아리스토텔레스*9이다. 그는 모든 개별적 대상을 '형상'과 '질료'*10의 결합으로 파악했는데, 이런 정적인 대칭 개념을, 생물학적 발전이란 생각을 매개로 하여 동적인 '현실태'와 '가능태'란 대칭 개념으로 전환시켰다. 현실태는 '목적'으로서 형상을 실현한 상태이고, 가능태는 그것을 아직 잠재적으로 숨겨놓고 있는 상태이다. 이렇게 해서 모든 자연의 운동변화는 가능태에서 현실태로 이행하는 것이 된다.

또 그는 수학자이자 천문학자인 에우독소스*11의 '동심천구설同心天球說'을 취해 천동설에 입각한 독자적인 우주상을 만들어 냈다. 이것에 따르면, 지구는 우주의 중심에 정지해 있고, 그 주위를 물, 공기, 불 같은 원소가 순차적으로 층을 이루며, 그 바깥쪽은 달에서 항성에 이르는 많은 천구가 둘러싸고 있

[아리스토텔레스의 우주관]
(출처 : P. Aipan, Cosmographia, 1539, *Courtesy of the British Museum*)

*9 Aristoteles, 기원전 384년~기원전 322년.

*10 형상과 질료 ; 아리스토텔레스 철학의 기본 용어이다. 사물의 생성은 사물을 한정시켜 형성하는 요소(형상)와 이 한정을 받아들이는 요소(질료)에 의한 것으로 생각할 수 있다. 아폴론의 조상彫像을 예로 들자면, 아폴론의 모습은 형상이며 석재石材 또는 청동재青銅材는 질료에 해당한다.

*11 Eudoxos of Cnidos, 기원전 408년경~기원전 355년경.

는 것이다. 이 유한한 지구 중심의 우주관과 더불어 아리스토텔레스의 사상은 그 후 고대와 중세를 지나 16세기에 이르기까지 서구 세계의 자연관을 결정했다.

알렉산드리아의 과학 __ 기원전 334년에 시작된 알렉산더 대왕의 동방 원정에 의해, 그리스 문명은 오리엔트 문명과 융합된다. 이때 그리스 과학도 좁은 폴리스의 울타리를 넘어 보다 광범위한 헬레니즘 과학으로 발전하게 된다. 이런 과학 문화의 중심은 프톨레마이오스 왕조하에 있던 이집트의 알렉산드리아였는데, 이곳에 학문연구 센터 '무세이온'이 건립되자 뛰어난 학자들이 많이 모여들었다. 무세이온의 학자들은 종래 그리스의 합리주의적 전통을 흡수 · 발전시키는 동시에 오리엔트의 풍부한 실증적 지식까지 섭취하여, 그리스 과학은 그야말로 절정기를 맞이하였다. 이를 통해 과학은 종전의 총체적인 철학이 아니라, 다양한 특수 과학으로 분화, 정밀화되었다.

먼저 유클리드*[12]는 《원론Stoikheia》 전13권을 엮어 그리스의 논증적 수학을 집대성해냈고, 아폴로니오스*[13]는 《원추곡선론圓錐曲線論》이라는 수준 높은 수학책을 저술했다. 아르키메데스*[14]는 '귀류법'*[15]을 교묘하게 사용함으로써 여러 도형의 정확한 면적을 구하는 데 성공했고, 평형과 중심의 문제를 엄밀한 수학적 방법에 의해 해명했으며, 부력의 문제에 있어서는 유명한 일화로 잘 알려진 '아르키메데스의 원리'를 확립했다. 또 프톨레마이오스*[16]는 그리스의 이론천문학의 유산과 오리엔트의 관측자료를 종합해서, 정밀한 수리천문학의 체계 《알마게스트Almagest》를 완성했다. 이 모두가 그리스 정밀과학의 높은 수준을 보여주는 것으로, 이것은 일단 아라비아에 전해졌다가 이후 12세기에 서구 세계로 유입되어, 그 후

*[12] Euclid, 기원전 300년경 활약한 그리스의 수학자.

*[13] Apollonios. 기원전 262년경~기원전 190년경, 그리스의 수학자.

*[14] Archimedes, 기원전 290년경~기원전 212년, 고대 그리스의 학자 · 발명가.

*[15] 어떤 명제가 참임을 증명할 때 그 명제의 결론을 부정함으로써 가정假定 또는 공리公理의 모순을 드러내 간접적으로 그 결론이 성립한다는 것을 증명하는 방법.

*[16] Claudius Ptolemaeos, 127년에서부터 145년까지 활동한 고대 그리스의 천문학자 · 지리학자 · 수학자.

근대 과학의 이론 형성에 창조적인 역할을 담당했다.

그러면 이제, 그리스 과학의 이후 행방을 추적하기에 앞서, 동양의 '철학혁명' 에 의해 탄생한 인도와 중국의 과학 사상을 살펴보도록 한다.

인도의 과학

인더스 문명을 멸망시킨 아리아인은 갠지스 강 상류로 이동해 그리스와 같은 '철학혁명' 을 수행했고, 일관된 원리로 세계의 현상을 설명하려 했다.

인더스 문명 ___ 기원전 2500년경, 메소포타미아 문명의 영향을 받은 모헨조다로와 하라파를 중심으로 인더스 강 하류 지역에 인더스 문명이 성립됐다. 이 문명의 실질적 내용에 관해서는 아직까지 그 문자가 해독되지 않아 확실하지 않지만, 고고학적 유물만을 보더라도 상당히 성숙한 도시문명이었다는 것은 짐작할 수 있다. 또한 '도시혁명' 에 의해 생겨난 다른 문명과의 공통점도 갖고 있었다.

그러나 이 문명은 환경파괴의 영향으로 쇠약해져 기원전 1500년경 돌연 아리아 민족의 침입에 의해 멸망하였다. 아리아인은 인더스 문명의 유산을 일부 계승하면서도, 자민족의 독자적인 종교적 전통을 중시하였다. 이들은 갠지스 강 상류 지역의 비옥한 평원으로 이동해 네 가지 계급*17으로 나뉘는 카스트 제도를 확립하였다. 이들은 기원전 1200년경부터 기원전 200년경에 《리그베다聖歌經典》를 시작으로, 각종 바라문 경전을 만들었다. 이 가운데서도 특히 주석서인 브라흐마나Brāhmana 문헌 속에 이미 자연질서의 개념, 자연법칙의 맹아라 할 수 있는 '리타'*18 개념이 있었다

*17 바라문 또는 브라만神官, 크샤트리아武士, 바이샤庶民, 수드라奴婢.

*18 원래는 '자연' 을 뜻하는 말로, 하늘의 법칙을 말함.

는 점에 주목해야 한다. 리타에 의해 별의 운행과 계절의 순환 등 우주의 진행이 이루어진다고 하는 이 개념은 이후 인도사상의 근본 개념의 하나인 '다르마', 즉 우주, 사회, 인간을 관통하는 '법法' 개념으로 발전한다.

'우파니샤드'의 시대 __ 갠지스 강 상류 지역에 머물던 아리아인은 차츰차츰 그 중류 지역으로 이주했고, 여기서 풍부한 잉여농산물을 축적하여 그것을 토대로 '코사라'나 '마가다' 같은 많은 도시국가를 수립하였다. 이 도시국가들은 경제적 교류를 통해 서로 부와 지식, 그리고 힘을 경합하였다. 이 과정 속에서 낡은 사회의 집단 표상에서 벗어나 자유로운 개인의 철학적 사색이 개시되고, 당시 만연되어 있던 신화적 · 주술적 세계관을 넘어 일관된 원리에 의해 이 세계의 현상을 통일적 · 합리적으로 설명하는 움직임이 일기 시작했다. 이것이 바로 인도에서의 '철학혁명' 단계이다.

이미 '우파니샤드' 시대(기원전 8세기~기원전 5세기)에 '인도철학의 아버지'로 불리던 마히다사 아이타레야Mahidasa Aitareya는 철학의 임무를 '경험의 설명'으로 간주했는데, 여기서 경험이란 물질적 세계 전체를 의미한다. 그는 이런 물질적 세계를 근본 원리로부터 파악하려 했는데, 물질세계를 구성하는 다섯 가지의 원소(5대 원소)로 땅地, 물水, 불火, 바람風, 공空을 설정하고 여기에 '생기'를 더하는 방식을 고안해서 물질세계 전체를 설명하고자 시도했다. 이것은 이오니아 자연학의 '아르케(근원)'와 비견될 수 있으며, 또한 그가 다섯 원소 중에서도 특히 '물水'을 제1근원으로 생각한 것은 탈레스와 비교할 때 매우 흥미롭다. 게다가 그는 '뿌리'와 '새싹'의 개념을 통해 세계의 자연적 발전을 이해했는데, 이 '발전'을 숨기고 있는 잠재적인 것에서 활동적인 것으로 전화轉化한다는 발상이 아리스토텔레스의 '가능태'와 '현실태'의 개념과 유사한 점도 흥미롭다. 그는 이 전화의 원인을, 수동성을 원리로 하는 물질 내부가 아니라 물질을 넘어서 있는 '실재의 실재'인 신에게서 찾고 있다. 주의할 점은, 마히다사의 신神 개념은 그리스 철학자들의 신 개념과 비슷하게 물질적 존재의 궁극적인 통일자, 원동자原動者를 의미하는 식으로 합리화되었다는 것이다. 따라서 그 이전의 신화적 · 주술적 신 개념과는 다르다.

'육사외도六師外道'와 불교 ___ 이런 합리화의 방향은 기원전 500년에 육사외도의 철학이 성립하면서 한층 철저해진다. '육사'는 기원전 5세기에서 기원전 4세기에 걸쳐, 당시 도시국가에서 활약하던 상공업자들의 정치적 · 경제적 원조를 기반으로 탄생한 6인의 반反 베다적인 자유사상가이다. '진력하다'라는 뜻의 사마나로 불리던 육사 중에 아지타케사캄발라AjitaKesakambalin는 땅地, 물水, 불火, 바람風의 4대 요소를 진정한 실재로 보고, 이 4대 원소와 이것이 활동하는 장소인 '허공'을 통해 모든 것을 설명하려 했다. 인간도 이런 4원소로 이루어졌기 때문에, 죽으면 불火의 원소는 불의 집합에, 물水은 물의 집합으로 돌아간다는 것이다. 이렇게 해서 인간의 사후는 무無가 되고, 따라서 죽음 이후까지 지속하는 영혼 따위는 존재하지 않는다. 데모크리토스의 유물론을 떠올리게 하는 대목이다.

사상운동의 일환으로 생겨난 마하비라[*19]의 자이나교와 불교의 '설일체유부說一切有部'의 원자론적인 설명 등도 자연학 사상으로서 매우 흥미롭다. 그러나 인도의 원자론은 데모크리토스처럼 원자의 질을 모두 똑같이 생각지 않고 다양하다고 생각했기 때문에, 오히려 엠페도클레스와 아낙사고라스의 입장과 가깝다고 할 수 있다.

[*19] Mahāvira, 기원전 599년경~기원전 527년경, 자이나교를 일으킨 245인의 티르탕카라(완전히 깨달은 스승) 가운데 마지막 인물.

또 기원전 2세기경의 '0의 발견' 은 특기할 만한 것이다. 이것이 인도의 '공空' 의 사상과 관계가 있는지에 대해서는 논의되고 있는 중이다. 0과 아홉 개의 기호를 사용하는 우리의 십진기수법은 인도인의 독창성에 의해 탄생한 것이며, 음수의 개념도 인도에서는 일찍부터 사용되었다. 미지수를 문자로 나타낸 것도 인도인이 최초였다. 그리스인들이 기하학에 밝았다면, 인도인들은 대수적 계산에서 일찍부터 독창적인 재능을 발휘했다.

'바이세시카' 와 '니아야'___ 게다가 3세기경에는 바라문 교전教典을 발전시킨 육파六派 철학이 출현하였다. 이 가운데 과학 사상적 입장에서 특히 중요한 것은 독특한 원자론을 기반으로 인도 최대의 자연철학을 만들어낸 '바이셰시카 학파(승론파勝論派)' 와, 같은 원자론적 세계관에 기초를 두었지만 논리적 사고를 잘 분석한 '니아야 학파(정리파正理派)' 다. '바이셰시카' 의 운동론에서 '베가' 의 개념은 투사체의 운동을 설명하는 '관성' 인데, 이것은 6세기경 알렉산드리아에서 활약했던 필로포노스와 중세 라틴 세계의 '임페투스impetus(추진력)' 와 매우 닮은 성질을 갖고 있었다.

그러나 인도의 여러 학파는 자연을 대상으로 하는 과학적 문제를 다루더라도, 그것을 독립된 자연학으로 보지 않고, 고차원적인 인도사상 특유의 '깨달음' 과 '해탈' 의 문제와 관계지어 보았다는 것이 큰 특징이다. 그 후에도 불교철학, 육파철학 내에서는 계속해서 많은 연구가 이어졌지만, 13세기에 이슬람이 침입한 이후에는 쇠퇴했다.

중국의 과학

은殷 문명의 주술적 세계관을 넘어서는 중국의 '철학혁명'은 춘추전국시대春秋戰國時代에 수행되었는데, 특히 제자백가의 활약이 중국사상의 원형을 형성하였다. 이러한 흐름 속에서 중국의 과학 사상은 더 크게 발전했고 독특한 발달을 이루어냈다.

은 문명 ___ 기원전 1600년경 그 이전에 존재했던 양소*20 및 용산*21의 농경문화를 기반으로 해서, 황하 유역에 '은'이라는 도시문명이 성립됐다. 대표적인 유적지로 정주鄭洲와 안양安陽을 들 수 있는데, 이 지역에는 보통 성벽으로 둘러싸인 도시가 형성되어, 왕을 중심으로 한 계급분화가 진행되었다. 뿐만 아니라 정교한 청동기가 등장했으며, 갑골문甲骨文이 출현했다. 그들은 갑골문자로 쓰인 복사*22를 독해하기도 했으며, 이미 태양력과 태음력을 사용하고 있었다. 또한 노몬[髀]이라고 불리는 막대기를 수직으로 세운 일종의 해시계에 의해 하지와 동지를 관측했다. 특히 한대에 만들어졌다고 하는 '19년 7윤의 법'도 이미 이 시대부터 존재했다고 주장하는 학자도 있다. 그런데 도시국가 중의 하나인 주周가 위수渭水 부근에 성립되어 점점 힘을 키웠고, 마침내 은을 멸망시켰다. 그러나 주 왕조도 후기가 되면 제후의 권력이 강해져서 각각의 다양한 도시국가로 독립되었다. 이 도시국가들은 상공업을 발달시켰고, 이를 통해 얻은 부와 힘, 지식을 서로 경쟁하였다.

제자백가의 시대 ___ 춘추전국시대는 기원전 8세기부터 기원전 3세기에 이르는 중국 고대의 변혁기로, 중국의 '철학혁명기'라고 할 수 있다. 인

*20 양사오仰韶 ; 중국 허난성河南省에 있는 향鄕. 이 지역의 신석기 문화를 '양사오 문화'라 한다.

*21 룽산龍山 ; 중국 산동성山東省 역성현歷城縣 용산진龍山鎭. 이 지역을 표준유적으로 하는 신석기시대 후기의 문화.

*22 卜辭 ; 중국 최초의 문자 기록으로, 고대 중국에서는 점을 칠 때 거북껍질이나 소뼈에 구멍을 뚫거나 불로 지져 거기에 생기는 갈라짐을 보고 길흉吉凶을 판단했다.

도, 그리스와 거의 같은 시기에 중국에서도 '제자백가'라고 일컬어지는 다양한 개인 사상이 꽃을 피워, 은 시대 이래의 신화적 · 주술적인 세계를 넘어서서 세계 전체를 통일적인 원리에 의해 합리적으로 설명하려는 철학적 운동이 일어났다. 하늘天에 대해 "괴력난신을 말하지 말라"*[23]던 공자*[24]의 유교도 이런 합리주의의 한 표현이다.

자연에 대한 중국사상의 공통적인 입장은 음양이원론적 원리의 대립과 조화를 통해 모든 현상을 보려고 하였다는 것이다. 이미 《역경譯經》에 이러한 사상의 원형이 나타나고 있는데, 이후 여기에 목木, 화火, 토土, 금金, 수水의 오행설을 더해, 중국사상의 전통적인 '음양오행설'을 정리한 인물이 추연鄒衍이다. 또 묵자는 그 당시 기술자 직인집단職人集團의 이데올로기를 대표하였는데, 여기에는 당대의 기술과 수학, 광학, 역학 등에 대한 독특한 시각이 드러나 있어서 주목할 만하다. 한편 노자의 사상 속에는 자연의 질서로서의 '도道'라는 개념이 있었다. 노자사상은 간명하게 말하자면 자연의 법칙을 인정하고 그것을 따르라는 것인데, 이후 이 사상은 도가의 방사*[25]들이 자연에 대한 다양한 태도를 갖는 데 원천이 되어주었다. 제자백가에 의해 그리스에 필적할 만한 다양한 사상들이 등장했다고 할 수 있지만, 한 가지 이상한 것은 그 사상에 원자론이 결여되어 있다는 점이다. 이것은 아마도 중국사상이, 기계론적인 분석의 사고를 취하지 않고 천지가 감응하는 전체적 · 유기적 관계를 직관적으로 파악하려고 했기 때문인 것 같다.

과학고전이 집대성된 한나라 시대 ___ 그런데 진秦 · 한漢 제국의 성립에 의해 관료국가가 정비되고 그 토대 위에 유교가 정통화되면서, 다른 다양한 사상들은 자연히 억압되고, 다만 오경五經 연구만이 중심이 되었다.

*23 괴이한 것과 용력勇力한 것과 패란悖亂한 것과 귀신스러운 것은 말하지 말라라는 뜻.

*24 孔子, 기원전 552년 혹은 551년~기원전 479년.

*25 方士 ; 신선의 술법을 닦는 사람.

그러나 《구장산술九章算術》, 《주비산경周髀算經》, 《황제내경黃帝內經》같은 다양한 과학문헌들이 집대성, 경전화된 것 또한 이 시기에 이뤄진 일이다. 그 중에서 《구장산술》은 그리스의 유클리드 《원론》에 비교할 수 있는 중국 최고의 수학서인데, 그 내용은 상당히 다르다. 《구장산술》에서는, 공리에서 출발하는 기하학적 연역체계가 아니라 면적 및 부피의 계산과 산술 · 대수가 중심이다. 또한 그리스의 저술에 비해 논증적으로는 열세이지만 이미 음수의 계산이 나타난다는 점에서는 주목할 만하고, 더욱이 계산기술 면에서는 그리스의 수준을 능가하고 있다. 이런 중국 수학은 유휘*26와 조충지*27에 의해 더욱 발전되었다. 최고의 천문서인 《주비산경》은 주나라 시대에 노몬이라 불리는 8척 막대기로 천지를 측정 · 산출했다는 뜻에서 연유한 제목으로, 이 책 안에는 천원지방*28의 '개천설蓋天說'에 기초한 상당히 수준 높은 이론천문학이 기술되어 있다. 최고의 의학서로 알려진 《황제내경》은 '소문素問'과 '영추靈樞'로 구분되어 있다. 먼저 '소문'은 인체의 생리 · 병리를 다루는 부분으로서 이른바 '오장육부'에 대한 내용을 음양오행설에 의해 설명하고 있다. 즉 병病이 음기와 양기의 부조화에 의해 생겨난다고 파악했던 것이다. '영추'에서는 중국 의학의 특색인 침구술鍼灸術을 상술하고 있다.

*26 劉徽, 3세기에 활동.
*27 祖冲之, 429년~500년.
*28 天圓地方 ; 중국 주나라 때의 우주관이 집약된 표현, 땅은 정사각형이고 하늘은 원형이라는 생각이 담겨 있다.

육조 이후 ___ 그 후 육조六朝에서 수隋 · 당唐 시대에 걸쳐서 도교와 불교가 융성했는데, 과학 사상도 여기에 큰 영향을 받았다. 특히 도교의 방사에 의해 시작된 연단술鍊丹術은 서구의 연금술과 비교할 수 있는데, 여기서는 귀금속을 만들어내는 것보다는 불로불사不老不死의 신약을 얻으려는 것이 본래의 목적이었다. 갈홍*29의 《포박자抱朴子》는 이 방면의 대표적인 저작이다. 그 후 송대宋代가 되면 유학이 송학宋學으로 다시 부활하였고,

*29 葛洪, 283년경~343년. 중국에서 가장 유명한 도교 연금술사.

자연과학 사상도 크게 고양되었다. 그것은 두 사람의 정자[*30]와 주자가 제창한 이기설에 의해 체계화된 '격물궁리格物窮理'의 학[*31]으로서 여기서 뛰어난 자연철학이 전개되었다. 원대元代에 이슬람 과학이 들어왔는데, 중국의 과학에 실질적으로 큰 영향을 끼치지는 않았다. 그러다가 명말明末에서 청대에 이르러 서구 과학이 이입되면서 중국의 전통과학은 근본적인 변화를 겪어야만 했다.

중국 과학의 특색__ 일반적으로 중국의 과학 사상은 '자연학' 분야로서 독립되어 있지 않고, 늘 인간의 윤리와 연결되어 있었다. 자연과 인간은 분리될 수 없고, 자연의 법칙이 동시에 인륜의 법리이며 그 역 또한 진실이라고 생각했다. 즉 자연에 대한 인간의 고찰은 현 세계에 대한 윤리적 고찰과 분리될 수 없는 것이었다. 또한 '스스로 그러한 것'이라는 말뜻을 가진 '자연自然' 개념은 세밀하고 분석적인 이론을 그다지 중시하지 않았다. 오히려 중국인들은 직관적으로 전체를 파악하고 다양한 시행착오를 통해 경험적 지식을 쌓아가면서 과학기술을 발전시켰다. 따라서 추상적인 이론의 측면에서는 서구보다 부족한 부분이 있었지만, 실천적이면서 기술적인 지식에 있어서는 확실히 서구 과학을 능가했다고 말할 수 있다. 이것은 서구의 르네상스를 가능하게 했던 '3대 발명'[*32]이 모두 7세기에서 11세기에 걸쳐 중국인에게서 비롯된 것임을 보면 충분히 알 수 있다.

중세의 과학

동아시아의 중세는 문명의 난숙기爛熟期였다. 서구권의 중세도 결코 '암

*30 정호程顥, 정이程頤.

*31 궁리란 이른바 격물치지格物致知로, 주자는 격물치지를 모든 사물의 이치理致를 끝까지 파고들어가면 앎에 도달하는 것으로 해석했다.

*32 화약, 나침반, 인쇄술의 발명.

흑시대'는 아니었다. 그리스 과학을 수용한 아라비아 과학의 융성한 발전이 있었고, 또 그 과학을 이어받은 라틴 세계에서는 '갈릴레이의 선구자들'이라 불린 사람들이 큰 지적知的 공헌을 했다.

그리스 과학의 행방__ 알렉산드리아에서 최고조에 달했던 그리스의 정밀과학은 그 후 로마 시대로 접어들면서 발전이 멈춰버렸다. 로마인은 토목, 수도, 도로 등의 공학기술에 있어서는 큰 재능을 발휘했으나, 그리스인이 가진 고도의 이론 과학을 계승하기에는 역부족이었다. 게다가 4세기경부터 시작된 게르만족의 대이동은 그리스·로마 문화의 진행을 일시적으로 중단시켰다. 그 후 서구 라틴 세계의 과학적 지식은 플리니우스[*33]의 《박물지Historia Naturalis》와 이시도루스[*34]의 《어원사전Etymologiarum seu Originum libri XX》 같은 이류 백과사전들만을 남겼다. 한편 그리스 과학의 핵심은 오히려 동비잔틴 세계에서 계승하였고, 8세기 이후에는 서아시아와 지중해의 패권을 장악한 아라비아 세계에서 받아들였다.

아라비아 과학__ 서아시아의 헬레니즘화化는 이미 알렉산더 대왕의 동방원정 때 시작되었다. 특히 5세기 이후 동방정교회에서 쫓겨난 네스토리우스파와 단성론자單性論者 등 이단 기독교도들이 메소포타미아로 이주하면서 그리스 과학을 시리아에 전해주었다. 그 중에서도 호스로우 1세[*35] 치하의 준디 샤프르는 시리아 과학의 중심지가 되었다.

750년 '아바스 혁명'에 의해 아바스 왕조가 열리면서 아라비아의 지식세계는 전통 페르시아의 문화적 능력에 압도당해 급속히 흡수되었고, 이 과정에서 그리스 과학도 정력적으로 받아들여졌다. 765년에 바그다드를 수도로 정한 초대 왕조의 칼리프[*36] 알 만수르[*37]는 준디 샤프르의 그리스

[*33] Gaius Plinius Secundus, 23년~79년, 고대 로마의 정치가·군인·학자로 나폴리 만의 해군 제독으로 재임중에 79년 베수비오 화산 대폭발로 현지에서 죽었다. 그의 저서 《박물지》는 티투스 황제에게 바친 37권짜리 대백과전서로 100명의 저술가를 동원하여 2만 항목을 수록한 당시의 예술, 과학, 문명에 관한 정보의 보고寶庫이다.

[*34] Isidorus Hispalensis, 560년경~636년, 에스파냐 세비야의 대주교, 가톨릭의 성인.

[*35] Khosrow I, 재위 531년~579년, 사산 제국을 통치한 페르시아의 왕.

[*36] caliph ; 이슬람 제국 주권자의 칭호로서 '대행자'라는 뜻.

[*37] al-Mansūr, 714년경~775년.

과학을 도입했고, 특히 《천일야화千一夜話》로 유명한 칼리프인 하룬 알라시드*38와 그의 아들 알 마문*39은 알렉산드리아의 '무세이온'에 필적하는 '지혜의 집Bayt al-Hikmah'을 건립하는 등 과학연구를 크게 진척시켰다. 이 '지혜의 집'에서 활동했던 후나인 이븐 이스하크*40와 동시대의 사비트 이븐 쿠라*41는 그리스 과학의 제1급 서적들을 속속 그리스어에서 아라비아어로 번역했다. 이와 같이 그리스 과학을 소화해낸 아바스 왕조 시대에는 뛰어난 과학자들이 많이 배출되었는데, 철학자 알 킨디*42, 수학자 알 화리즈미*43, 천문학자인 알 바타니*44, 의사인 알 라지*45 등이 대표적 인물이다.

요컨대 아라비아 과학은, 8세기에서 9세기에 걸쳐 그리스 과학을 도입함으로써 바그다드를 중심으로 급속히 발전했으며, 10세기에는 스페인의 후後 우마이야 왕조 시대와 이집트의 파티마 왕조 시대에 과학연구가 크게 진흥했다. 이때가 바로 아라비아 과학의 황금시대인 것이다. 이때 활약했던 사람 가운데, 동東 사만 왕조의 이븐 시나*46는 아라비아 최대의 철학자이자 의사이다. 그의 명저인 《의학정전醫學正典》은 16세기 서구에서까지 그 권위를 인정받았다. 또 남南 파티마 왕조의 이븐 알 하이삼*47은 수학적 엄밀성과 실증적 정신을 융합한 이슬람 최고의 물리학자로서, 고도의 수학을 구사한 그의 저서 《광학光學》은 특히 유명하다. 서西 안달루시아의 이븐 루슈드*48는 아리스토텔레스에 대한 많은 주석註釋을 써서, 이후 서구 라틴 세계가 르네상스를 겪을 때 '아베로에스 파Averoës派'*49라는 학파의 사상적 흐름을 생성하는 데 영향을 주었다. 그리하여 근대의 과학 사상을 이룩하는 데 큰 공헌을 했다. 그러나 그 후 알 가잘리*50의 정통 신학 노선이 이슬람 세계를 지배하게 되자 그리스적 합리주의 사상은 쇠퇴하였다.

*38 Hārūn ar-Rashid, 766년경~809년.

*39 al-M'mūn, 786~833년.

*40 Hunayn ibn Ishāq, 808년~873년, 아라비아의 역사학자 · 전승학자로 톨레미와 유클리드의 저서를 번역하였다.

*41 Thābit ibn Qurrah, 836년~901년, 아라비아의 자연과학자로 갈렌의 의학문서와 톨레미의 천문학 책을 번역하였다.

*42 al-Kindi, 801년~866년경.

*43 al-Khwārizmi, 780년경~850년경.

*44 al-Battānm, 858년경~929년.

*45 ar-Rāzī, 865년~925년.

*46 ibn Sinā, 980년~1037년.

*47 ibn al-Haytham, 965년경~1039년.

*48 ibn Rushd, 1126년~1198년, 중세 이슬람의 종교 철학자.

*49 아베로에스는 이븐 루슈드의 중세 라틴어 이름. 그는 방대한 아리스토텔레스 주석작업을 했으며, 그의 이 주석은 서유럽 세계에 새로운 철학적 사색의 기반을 부여했다. 또 13세기 이후 라틴 세계에 아베로에스 파라는 학파를 탄생시켰다.

*50 al-Ghazāli, 1058년~1111년, 아라비아의 철학자로, 역사상 가장 정밀한 아리스토텔레스 주석을 완성하여 아라비아 철학의 합리주의를 마지막으로 빛냈다.

서구 라틴 과학__ 서구 라틴 세계가 진정한 의미에서 과학적 활동을 하게 된 것은 '12세기 르네상스'를 경험한 후의 일이다. 즉 톨레도와 시칠리아에서 그리스와 아라비아의 뛰어난 과학서가 대량 라틴어로 번역되면서 서구 세계에 받아들여진 뒤였다. 이런 번역활동을 활발하게 한 인물은 바스의 애덜라드*51와 크레모나의 제라드*52였다.

12세기 이후 신지식의 유입을 배경으로 13세기 서구에서는 먼저 과학 방법론의 커다란 변혁이 초래됐다. 이것은 그 후 서구 과학의 전통이 된 '수학적 합리성'과 '실험적 실증성'을 융합한 새로운 과학방법론으로서, 로버트 그로스테스테*53가 아리스토텔레스의 《분석론후서分析論後書》를 유클리드의 《원론》과 아라비아의 실험과학의 개념으로 재해석하면서 시작되었다. 이런 과학방법론은 로저 베이컨*54에게 계승되어 더욱 큰 발전을 이루었다. 1277년에 파리의 주교 탕피에*55가 아리스토텔레스 자연학의 종교적 이단성을 실증하는 작업을 시작했고, 14세기에 들어와서는 아리스토텔레스의 운동론을 혁신하자는 기운이 갑자기 높아져서 이른바 '갈릴레이의 선구자들'의 시대를 맞게 되었다.

아리스토텔레스 운동론을 개혁하는 흐름은 크게 토마스 브래드워딘*56을 중심으로 한 옥스퍼드 학파와 뷔리당*57을 중심으로 한 파리 학파로 나누어졌다. 옥스퍼드 학파는 아리스토텔레스의 운동방정식을 재검토하여 불합리한 점을 수학적으로 제거하려 했고, 파리 학파는 아리스토텔레스 운동론이 가진 자연학적 문제를 '임페투스 이론'*58을 통해 개선하려고 하였다. 이런 중세 말기의 운동론자들은 근대 역학의 형성에 필요한 다양한 개념 장비들을 갈릴레이나 데카르트*59보다 앞서서 준비했던 것이다. 중세는 결코 잠자고 있었던 것이 아니다.

*51 Adelardo of Bath, 12세기 초에 활동한 영국의 스콜라 철학자.

*52 Gerard of Cremona, 1114년경~1187년.

*53 Robert Grosseteste, 1175년경~1253년, 영국의 학자로 옥스퍼드 대학에서 교육을 받았다. 물리학, 광학, 빛, 운동, 색깔, 수학, 천문학 등 다방면에 걸쳐 글을 남겼다.

*54 Roger Bacon, 1220년경~1292년, 영국의 중세 신학자·철학자.

*55 Étienne Tempier, 기독교 교리와 위배되는 구체적인 사항으로 "최초의 인간도 없고 최후의 인간도 없다" 혹은 "영혼은 소멸된다" 등을 들었다.

*56 Thomas Bradwardine, 1290년경~1349년.

*57 Jean Buridan, 1300년~1358년.

*58 아리스토텔레스의 역학을 비판하고 나온 역학으로, 공간은 무한하며 진공일지 모른다는 생각과 '중심 없는 우주' 개념을 핵심으로 하고 있다.

*59 Rene Descartes, 1596년~1650년.

르네상스

르네상스에서 '과학혁명'이 시작돼 '근대modern period'의 과학이 준비되었다. 이것은 근대 과학의 탄생과 어떤 관계가 있을까. 과학사에 있어서 르네상스의 의의는 무엇이고, 서구에서 근대 과학이 성립한 이유는 무엇인가.

르네상스의 의의 __ 르네상스는 과학사적으로 어떤 의의를 갖고 있을까. 과학 이론 자체의 발전에서만 보면, 이 시기는 이전처럼 높이 평가할 수 없다. 오히려 '두 창조적 시대의 사이'라고 하는 것이 좋을 것 같다. 즉 뷔리당과 오렘*60 등 '갈릴레이의 선구자들'이 활동했던 14세기와 갈릴레이, 뉴턴*61이 활약했던 17세기 '과학혁명' 사이에 가로놓인 일종의 휴지기인 셈이다. 실제로 이 시기에는 코페르니쿠스*62 외에, 일급 수준의 '이론적' 작업을 행한 과학자는 없었다. 에라스무스와 같은 '인문주의자'는 새로운 과학의 발전에 기여한 바가 전혀 없고, 종래의 스콜라 이론을 뒤흔들었던 텔레시오*63 같은 '자연과학자'의 열광은 근대 과학과는 이질적인 것이었다.

르네상스는 서구 문명의 세계적 확대와 그 사회적 변동을 배경으로 해서 일체의 구질서를 타파하고, 새로운 것이 탄생할 수 있도록 준비한 일종의 태동기이자 발효기였다. 이 변환기가 가진 실제적 의의는, 다양한 의미에서 그때까지의 서구 세계의 지적 · 사회적 · 경제적 상황을 크게 변화시켜 다음에 이어진 '과학혁명'에 의해 서구의 새로운 지적 창조를 가능케 한 사상적 · 사회적 기반을 형성했다는 점에 있다. 그렇다면 이런 르네상스를 만든 여러 조건들은 무엇일까.

*60 Nicole d' Oresme, 1325년경~1382년, 프랑스의 과학자.

*61 Isaac Newton, 1642년~1727년.

*62 Nicolaus Copernicus, 1473년~1543년.

*63 Bernardino Telesio, 1509년~1588년, 이탈리아의 철학자.

르네상스의 조건 ___ 우리는 프롤로그를 통해 중세 기독교의 자연관 속에 근대 과학을 생성시킨 계기가 '잠재적'으로 존재하고 있었다고 지적한 바 있다. 그러나 초월적 창조신의 존재가 곧바로 근대 과학을 출현시킨 것은 아니다. 즉 신이라는 존재는 근대 과학을 성립시키는 데 필요조건이지, 충분조건은 아니었다는 것이다. '현실적'으로는, 근대 과학이 등장하기 위해 다양한 지적·사회적 조건이 르네상스기를 통해 준비되지 않으면 안 되었다. 이 점을 분석하면 왜 '과학혁명'이 17세기에 서구에서 발생했는가가 해명된다.

• 제1조건—서구 문명의 세계적 확대는 르네상스 시기에 시작되었다. 1418년 이래 대략 1세기에 걸친 '대항해시대'를 통해 그때까지 세계사의 주변부에 불과했던 서구가 최초로 세계 진출의 계기를 마련한 것이다. 특히 인도 항로의 확립은, 동서 중계무역의 독점으로 축적한 아라비아의 부를 서구인의 손에 빼앗기게 만들었다. 이것은 이슬람 세계의 추락을 의미하는 동시에, 서구 세계의 번영을 보증하는 것이었다. 또한 이 세계적 시야권의 확립에 의해 다양한 신지식이 나타났고, 종래 서구의 지적 폐쇄성을 타파하고, 모든 것을 고정관념 없이 자유로운 눈으로 보자는 새로운 바람이 일어났다.

• 제2조건—이 시대에는 많은 그리스 과학 고전의 원본과 번역물이 당시 서구의 인쇄술에 의해 책으로 만들어져 널리 보급되었다. 이렇듯 서구가 그리스 과학, 특히 알렉산드리아의 정밀과학—유클리드, 아르키메데스, 프톨레마이우스—을 받아들인 것은 '과학혁명'의 성패를 결정한 매우 중요한 하나의 조건이 되었다. 물론 12세기에서 13세기에 걸쳐 이미 그리스 과학문헌이 서구 세계에 전해졌지만, 구텐베르크의 인쇄술 발명(1440년경) 이전에는 필사본의 형태로 일부 성직자나 대학 관계자들

정도에게만 유포되었기 때문에 일반인에게 보급되지는 못했다.

• 제3조건—사상적으로는 '신플라톤주의', 아르키메데스의 '수학적 자연관', 데모크리토스의 '원자론'이 이 시기에 부활되었다. '신플라톤주의'는 피렌체의 플라톤 학원을 중심으로 피치노[*64]에 의해 정력적으로 확산되었는데, 이것은 종래의 '아리스토텔레스=스콜라'라는 세계관을 크게 뒤흔들었고, 특히 지구 중심의 유한한 우주관을 태양을 중심으로 한 동적이고 무한한 우주관으로 새롭게 전환시키는 데 공헌했다. 코페르니쿠스와 브루노[*65]의 새로운 세계상은 이런 사상적 계보를 잇는다. 또 1543년에는 타르탈리아[*66]에 의해 아르키메데스의 저작이 라틴어로 번역되어 나왔다. 이후 르네상스의 기술과학자들 사이에서는 자연을 보다 엄밀하게 분석하려는 '수학적 자연관'이 확산되었고, 이윽고 갈릴레이는 '자연을 수학의 언어로 기록한다'는 입장을 탄생시켰다. 게다가 1473년에 브레시아의 페르난데스[*67]에 의해 최초로 루크레티우스[*68]의 저작이 간행되었고, 뒤이어 가생디[*69]에 의해 에피쿠로스 원자론[*70]이 소개되었다. 가생디에 의해 기독교와 조화된 '데모크리토스=에피쿠로스' 원자론은 '과학혁명' 시대의 존재론이 되었다. 데카르트, 갈릴레이, 뉴턴, 보일[*71] 등도 이런 원자론적 자연관의 입장을 갖고 있었다. 한편 이 시기 동양에서는 '수학적 자연관'과 '원자론적 자연관'이 충분하게 발달하지 않은 상태였다.

• 제4조건—네 번째는 사회사적인 측면이다. 이 시기, 이탈리아를 중심으로 한 자유도시에서는 최초로 근대 '시민사회'가 형성되었다. 이 시기의 '시민사회'에서는 학자와 기술자를 분리하던 사회적 장벽이 제거되어, 양자의 전통이 융합할 수 있는 기회가 주어졌다. 이를 통해 그리스 이래 학자들이 가진 합리적인 이론과 르네상스 기술자들이 갖고 있던 수

*64 Marsilio Ficino, 1433년~1499년, 르네상스기 이탈리아의 지도적 플라톤주의 철학자.

*65 Giordano Bruno, 1548년~1600년, 르네상스 사상을 대표하는 이탈리아의 철학자.

*66 Niccolò Fontana Tartaglia, 1499년~1557년, 이탈리아의 수학자, 물리학자.

*67 Fernández of Brescia, 15세기에 활동.

*68 Titus Carus Lucretius, 기원전 기원전 1세기에 활동한 고대 로마의 시인이자 유물론 철학자로 《만물의 본성에 대하여De rerum natura》가 유일한 저작으로 전해진다.

*69 Pierre Gassendi, 1592년~1655년.

*70 Epicouros, 기원전 341년경~기원전 270년, 그는 참된 실재實在는 원자(아톰)와 공허(케논) 두 개뿐이며, 원자는 분할이 불가능한 궁극적 실체이고 공허는 원자가 운동하는 장소로 보았다. 인간이나 신神들이나 모두 원자의 결합물에 지나지 않다고 주장했다.

*71 Robert Boyle, 1627년~1691년, 영국의 화학자 · 물리학자.

공업적이고 실증적인 실천이 연결되어, 합리적이면서도 실증적인 근대 과학이 탄생할 수 있는 기반이 구축되었다. 또한 수학적 방법과 실증적 방법의 결합이라고 하는, '과학혁명' 특유의 방법론적 소산도 이 양자가 접근 융합을 통해 이뤄낸 결과물이다. 이미 13세기에 수학적 방법과 실험적 방법을 연결시킨 방법론적 논의가 있었지만, 특정 영역을 제외하고는 현실에서 수행되지 않았다. 이것이 현실적으로 수행되기 시작한 것은 르네상스 시기 학자 계층과 기술자 계층이 '시민사회' 라고 하는 같은 영역 안에서 만난 다음부터이다.

레오나르도 다빈치*[72]와 알브레히트 뒤러*[73]는 학자들의 지적 전통에 접근한 르네상스 '고급 기술자' 의 전형적인 예이며, 반면 알베르티*[74], 아그리콜라*[75], 베살리우스*[76]는 기술자의 실증적 · 수공업적 전통에 접근한 지식인들이었다. 데카르트, 베이컨, 갈릴레이, 보일 같은 근대 과학의 창시자들도 기술자들의 기술적 실천을 높이 평가하고, 여기에서 많은 것을 배울 것을 권장했다. 그리스의 순수 이론 중심의 관조 이론이 실천적 · 실증적 · 실험적인 근대 과학으로 전환된 배경에는 이 시민사회가 있었던 것이다.

이와 같은 여러 가지 조건은 모두 서구의 르네상스기에 특수하게 준비되었으며 이후 '과학혁명' 을 이 지역에서 탄생시킨 원인을 제공했다.

*[72] Leonardo da Vinci, 1452년~1519년.
*[73] Albrecht Dürer, 1471년~1528년.
*[74] Leon Battista Alberti, 1404년~1472년.
*[75] Georgius Agricola, 1494년~1555년.
*[76] Andreas Vesalius, 1514년~1564년.

CHAPTER II

[과학혁명]

근대 과학을 창출한 과학혁명의 특징은 무엇이고, 구체적으로 어떤 과정을 거쳐 진행되었는가? 그리고 과학혁명의 사상적 기반은 무엇인가?

과학혁명의 특질

17세기 서구에서 발생한 '과학혁명'은 세계사에 있어서 근대의 근원을 형성한 획기적인 사건이다. '철학혁명' 이래 동서 문명은 대체로 나란히 발전해왔지만, '과학혁명'을 거치면서는 서구 세계가 중국, 인도, 아리비아 등 다른 문명권을 능가했고, 근대에 이르러서는 '서구의 우위'를 확립했다. 그 후 인류의 지적 · 물질적 조건은 크게 바뀌어 오늘날의 과학기술시대와 통하는 길이 열렸고, 마침내 인류사에 있어 네 가지 큰 변환이 초래되었다. 그렇다면 일반적으로 '과학혁명'에 의해 어떤 일이 발생했는지를 먼저 살펴보자.

기존 세계관의 붕괴 __ 첫 번째로 '아리스토텔레스적 세계관의 붕괴'가 일어났다. 그리스의 '철학혁명'에서 완성된 아리스토텔레스의 세계상은 그 후 서양의 고대 ·

중세를 통해서 다양한 변화를 거치면서도 본질적으로는 16세기까지 계승되어 그 당시 사람들의 세계관과 인생관의 기초가 되었다. 형태적으로 지구 중심의 우주관이던 이것은 코페르니쿠스의 지동설에 의해 전복되었다. 이 세계관의 내용적인 특징은 일정한 '형상' 의 실현을 추구하는 목적론적 성격을 가진 생기론적 세계관*[1]이었는데, '실체형상' 을 부정하는 데카르트의 기계론적 세계관*[2]에 의해 철저하게 비판받고, 그것으로 대체되었다.

*1 자연현상이 비물질적인 생명력이나, 자연법칙으로는 파악할 수 없는 원리에 의해 지배되고 있다고 보는 세계 인식 태도.

*2 모든 현상을 기계적 운동으로 환원해서 설명하려는 입장.

*3 어떤 가설을 검증하기 위해 목적에 부합되는 조건을 한정해서 행하는 실험.

'과학적 방법' 의 확립 ___ 두 번째로, 오늘날 우리가 말하는 '과학적 방법' 이란 것이 이 시기에 처음으로 확립되었다. 이 방법은 단순히 관찰과는 구별되는 구성적 실험*[3]을 의미하는 것이 아니다. 또한 현상의 배후에 있는 본질과 실체를 파악하는 것만도 아니다. 실험을 통해 드러난 양적 함수를 수학적으로 파악해서 그 인과적 · 수학적 관계를 자연법칙으로 수립함으로써, 공허한 사변을 실증적으로 검증 가능한 이론과 구별하는 것이다. '과학적 방법' 은 갈릴레이에 의해 가장 자각적이고도 성공적으로 수행되었다. 14세기 '갈릴레이의 선구자들' 도 갈릴레이의 개념과 수학적 정식화를 상당 부분 선취했지만, 이것이 '실험에 입각한 양의 측정' 으로 연결되지는 못했다. 또 근대 과학의 특질인 현상주의에도 철저하지 못해, 여전히 아리스토텔레스 존재론의 구조 안에 머물러 있었다.

지식의 축적 ___ 세 번째 특질은 이때 최초로 과학지식이 축적될 수 있는 기반이 조성되었다는 점이다. 즉 이후의 과학지식을 계속 쌓아올릴 수 있는 지식체계가 확실히 설정된 것이다. 천문학에 있어서는 코페르니쿠스를 이어받은 케플러*[4]가, 역학에서는 갈릴레이를 이은 뉴턴이, 화학에서는 보일을 잇는 라부아지에*[5]가 다양한 기본 구도를 구축했고, 그리하

*4 Johannes Kepler, 1571년~1630년, 독일의 천문학자.

*5 Antoine-Laurent Lavoisier, 1743년~1794년, 프랑스의 화학자.

여 그 위에 새로운 지식들이 계속 축적될 수 있었다. 그 이전에도 아리스토텔레스의 역학원리를 인정하고 거기에 다른 관찰을 덧붙인다거나, 프톨레마이오스의 천동설에 입각해서 관측을 계속한다거나 하는 일은 있었다. 또 연금술의 기본 가정을 근거로 몇 가지 실험적 사실을 추가하곤 했다. 그러나 그러한 과학지식은 잘못 해석되어 타당한 지식으로 축적되기 어려웠다. 이러한 개개의 연구결과들이 과학지식으로 바르게 위치지워지는 구조로 전환되고 나서야 비로소 지식의 올바른 축적이 가능해졌다. '과학혁명'은 이렇게 자연에 대한 인식을 '근대적으로 확정된 구조*6'로 설정하는 데 성공했고, 이때부터 근대 과학은 쉼 없는 전진을 계속했다.

*6 지식을 원리에 입각해서 축적, 체계화하는 것.

과학지식의 급속한 진보 ___이와 같이 지식이 축적되는 데 필요한 성립조건이 정비되자, 이때부터 과학지식은 가속성을 갖고 진보하기 시작했다. 실제 인류의 지식과 기술의 진보를 그래프화해서 살펴보면, 17세기까

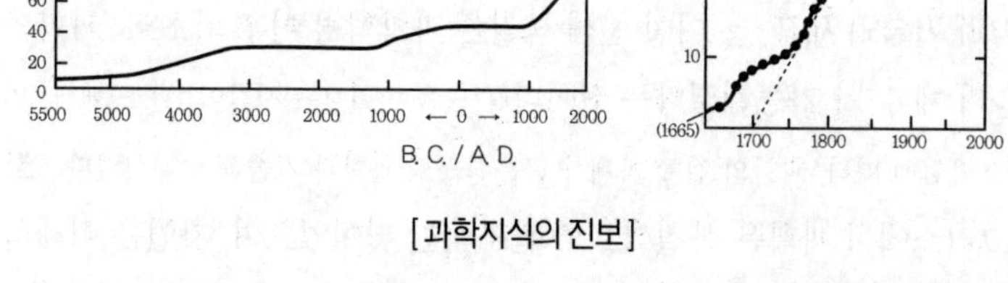

[과학지식의 진보]

출처: (왼쪽) S. 릴리, 《인류와 기계의 역사》
(오른쪽) D. J. 프라이스, 《바빌론 시대 이래의 과학》

지는 수평적으로 완만하게 상승하지만, 17세기 중반부터는 수직적인 상승곡선을 그리는 것을 볼 수 있다. 이 상승곡선을 다양한 데이터로 분석해보면, 약 15년 동안 기존의 지식보다 무려 두 배나 급속하게 성장했다는 것을 알 수 있다. 이런 급속한 지식의 진보를 오늘날 우리는 상당히 절실하게 느끼고 있지만, 사실 이런 변화는 '과학혁명' 이후에 일어나기 시작한 것이다.

제도 과학의 성립 ___ 다섯 번째로는 '제도institution로서 과학의 성립'을 들 수 있다. 동서양을 불문하고 고대 · 중세에는 학파와 유파는 존재했어도 과학연구를 중점적으로 다루는, 이를테면 '학회' 같은 열린 조직은 없없다. 그런데 16, 17세기의 서구에서는 평등한 개인 연구자들에 의해 여러 종류의 과학학회가 만들어졌다. 대표적으로 이탈리아의 '아카데미아 나시오날 데이 린케이*7' 와 '아카데미아 델 치멘토*8', 그리고 영국의 '왕립협회*9' 와 프랑스의 '과학 아카데미*10' 등을 들 수 있다. 이러한 학회를 통해 과학자들은 신속하게 정보를 교환하고, 정기간행물 발행을 통해 공식적으로 논문을 발표할 수 있는 기회를 부여받는 등 제도로서의 과학연구를 확립했다. '과학혁명'의 커다란 소산 중 하나인 이러한 활동이 이후 근대적 과학연구의 존재방식을 규정했다.

*7 Accademia nationale dei Lincei, 1603년 갈릴레오 갈릴레이가 속한 과학자들의 집단.

*8 Accademia del Cimento, 1657년~1667년, 이탈리아에 설립된 최초의 과학 학사원科學學士院.

*9 Royal Society, 1662년.

*10 Acadé des Sciences, 1666년.

과학과 기술의 제휴 ___ 여섯 번째 특질은 과학혁명 이후 최초로 '과학과 기술의 제휴'가 가능해졌다는 점이다(과학을 바라보는 시각이 '관조'에서 '지배'로 바뀜에 따라, 과학의 전제 자체가 근본적으로 과학과 기술을 연결시켰다). 고대 그리스에서 과학은 본질적으로 관조적인 것이었으며, 자연은 이해의 대상이었을 뿐 지배의 대상은 아니었다. 동양에서도 자연의 일부로서 인간이 자연에 몰입하는 경우는 있었어도, 그것을 타자로서 지배하거나 정복하려는 사고는 거의 없었다. 그러나 '과학혁명' 시기 이 운동의 주창자 중 한 사람이었던 프란시스 베이컨[*11]은 '아는 것이 힘이다' 라고 표방하고, '자연의 해부' 를 통해 자연을 지배, 정복하려 했다(베이컨의 자연지배 이념에 관한 사상적 기반에 관해서는 나중에 좀더 자세히 설명할 것이다). 즉 베이컨은 아리스토텔레스 이래 주류를 형성해온 '관조적 과학' 에 대하여 '조작적 과학' 의 중요성을 지적했다. 이러한 관점에 따라 자연을 조작하는 '기계적 기술' 이 중시되었고, 과학지식의 실현에 있어서도 유효성이 강조되었다. 이로써 과학과 기술은 밀접하게 연결되었다. 베이컨식의 이러한 이데아는 영국 '왕립협회' 에 계승되어, 버밍엄과 맨체스터 학회에 파급되었고 '산업혁명' 으로까지 연결되었다.

[*11] Francis Bacon, 1561년~1626년, 영국의 철학자 · 정치가.

사회에 대한 과학의 영향력 ___ 일곱 번째 특질인 '사회에 대한 과학의 영향력' 이라는 것도 이때부터 생겨났다. '철학혁명' 이래 다양한 문화권에서 '이론 과학' 이란 것이 나타나긴 했지만, 이때만 해도 이것은 일부 지식인의 이론적 욕구를 만족시키는 것에 불과했기 때문에 사회에 그다지 현실적인 영향력을 끼치지 못했다. 그러다가 '과학혁명' 에 의해 서구 과학은 하나의 새로운 차원의 과학으로 거듭났고, 기술과 결합하여 인간생활에 강대한 힘을 미치게 된 것이다. 현대문명에서 과학이 압도적인 힘을 발휘하고 있는 것을 보면 이 사실은 더욱 명확해진다. 이렇듯 '과학혁명' 은 과학의 본질적 성격과 구조를 변화시킨 동시에, 사회에 대한 과학의 관여방식을 근본적으로 변화시켰다. 즉 과학은 고대 · 중세 시기와는 달리 큰 영향력을 더 현실적으로 사회에 행사하게 된 것이다.

과학 주체의 변화___여덟 번째로, '과학혁명'에 의해 과학을 담당하는 주체가 크게 변했다. '철학혁명' 이후 과학 이론은 주로 세계 전체를 사색하는 철학자들의 몫이었고, 결과적으로 이러한 철학적 사색이 오늘날 과학이라고 불리는 사상을 낳은 것이라 볼 수 있다. '과학혁명' 이후 철학자들은 세계 전체가 아닌, 자연현상에서 나타나는 제한적이고 개별적인 문제를 끄집어내어 이론적 고찰을 시도하는 동시에, 실험실에서 실천적 기술과 실험적 조작에 매달렸다. 이러한 과정을 거치면서 오늘날 우리가 '과학자'라고 부르는 유형의 학자들—개별적인 문제를 현실적이며 지적으로 처리하는 실천적이고 합리적인 지식인—이 등장했고, 이후 과학은 이와 같은 과학자들에 의해 추진되었다. 과학혁명을 거치면서 이 시기에 새로운 학자와 지식인이 최초로 출현했다는 것이다.

운동론의 내용적 변화

개별 과학에 있어서의 과학혁명___'과학혁명'을 거친 과학 이론이 개별 과학의 영역에서는 어떻게 변화했는가?

과학혁명은 세 단계를 거쳐 완성되었는데, 극복 대상으로서의 구사상舊思想 체계, 과학혁명에 도달해가는 중간 단계, 과학혁명이 수행된 단계로 나눌 수 있다. 이 세 단계를 역학, 천문학, 생리학, 화학의 영역을 예로 들어 그 본질적인 특징을 살펴보면 옆의 도표와 같다.

천문학 분야의 구사상 체계인 프톨레마이오스의 천문학은 아리스토텔레스의 천동설에 기초를 둔 것으로, 대체로 아리스토텔레스의 천동설보다 수학적 테크닉이 상세하고 치밀할 뿐만 아니라 관측도 정밀하다.

	구사상 체계	중간 단계	과학혁명의 수행
역학	아리스토텔레스	임페투스 이론	갈릴레이 > 뉴턴
천문학	프톨레마이오스	코페르니쿠스	케플러 > 뉴턴
생리학	갈레노스	베살리우스	하비
화학	연금술	보일	라부아지에

[과학혁명의 수행단계]

하지만 근본적으로는 아리스토텔레스 체계에서 벗어나지 못했다. 한편 생리학 분야의 구사상 체계인 갈레노스[*12]의 생리학설은 경험적 내용과 지식이 풍부하고 구체적이라는 차이점 말고는 이 또한 아리스토텔레스의 영혼론에 기초를 두고 있기 때문에, 근본적으로 아리스토텔레스적인 것이라고 할 수 있다. 또한 화학 분야의 구사상 체계인 연금술 역시 아리스토텔레스의 '원소전환 이론'을 기초로 했다.

결국 사상적인 면에서의 '과학혁명'이란 과학의 모든 영역에서 그리스 '철학혁명'의 소산인 아리스토텔레스주의를 극복하는 것이었으며, 이것을 새롭게 바꾸는 데 목적이 있었다고 할 수 있다. 생리학과 화학의 변혁에 관해서는 이 책의 3장 〈근대적 생명관의 형성〉 부분에서 서술할 것이기 때문에[*13] 여기서는 역학과 천문학에 있어서의 '과학혁명'에 대해서만 이야기하도록 하겠다.

역학 분야에서 지상의 운동을, 천문학 분야에서 천계天界의 운동을 살펴봄으로써, 이들 분야의 운동론이 과학혁명의 세 단계를 거치면서 어떻게 변혁되었는지 살펴볼 수 있을 것이다.

[*12] Claudios Galenos, 129년~216년경, 고대 그리스의 의사 · 해부학자.

[*13] 이 책의 117~128쪽 참조.

근대 역학의 형성

아리스토텔레스의 운동론 __ '과학혁명'은 우선 '운동'의 문제로부터 시작한다. 이 문제 자체는 근대 지성知性이 극복해야 할 당대 최고의 지적 장애물 가운데 하나였다. '운동'에 관한 최초의 이론적 체계를 세운 사람은 아리스토텔레스였다. 그는 '운동'을 자연적인 것과 강제적인 것으로 나누었다. 외부로부터의 힘을 필요로 하지 않는 '자연적 운동'은 천계에서의 천구의 원운동과 달하계月下界의 상하운동으로 나뉜다. 전자前者의 경우, 천구를 형성하고 있는 '제5원소'의 완전한 성질에 의해 저절로 완전한 원운동이 실현되고 있는 것이고, 후자後者의 경우에는 불火, 공기空氣, 물水, 땅地의 4원소가 달의 천구보다 아래에 있는, 각각의 원소들의 '본래 장소(아리스토텔레스는 각각의 기본 원소들이 속성으로 가지고 있는 본래의 위치가 있다고 생각했다)'로 향하는 '자연의 경향성'을 갖게 된다. 그러면서 저절로 낙하하거나 상승하는 직선운동이 발생하는 것이다. 불은 '본래 장소'가 가장 높고 땅은 가장 낮으며, 그 사이에 공기와 물이 자리한다. 예를 들어, 우리가 돌*14을 떨어뜨리면 스스로 그 '본래의 장소'인 밑을 향해 낙하하고, 반대로 불은 원래의 장소를 찾아 위쪽으로 상승하는 것이다. 그리고 '본래 장소'에 도달하면 운동은 멈춘다.

*14 石 ; 땅이라는 원소로부터 만들어진 것.

반면 '강제적 운동'은 외부의 어떤 힘을 통해 그 자연적 경향성을 역행하게 만드는 운동을 말한다. 즉 돌을 던졌을 때, 아래로 향하려는 자연적 경향이 외부의 작용에 의해 제어되어 그것에 반하는 운동이 진행되는 경우를 의미하는 것이다. 아리스토텔레스는 이와 같은 '강제운동'을 일으키는 작용으로 '미는 힘'과 '끄는 힘'의 존재를 긍정했다.

다시 말해, '접촉'을 통한 근접작용이 강제운동을 일으키는 요인임을 인정한 것이다. "운동은 운동되는 것이 운동하는 것에 '언제나' 직접적으로 작용함으로써 존재한다"는 것이 아리스토텔레스 운동론의 바탕을 이룬다.

아리스토텔레스 운동론의 문제점 __ 그런데 아리스토텔레스의 운동론을 인정하면, 이른바 '투사체' 의 문제가 발생한다. 즉 돌이 그것을 던진 손에서 떨어져나와도 운동을 지속하는 것처럼, 일반적으로 투사체는 그것을 던진 직접적인 작용이 없어져도, 어느 정도 운동을 지속한다. 그러나 아리스토텔레스는 운동이란 항상 그 직접적 원인이 작용하는 동안에만 존재한다고 했다. 이런 입장을 가진 아리스토텔레스는 '투사체' 의 문제를 이렇게 설명했다. 그는 이 투사체 운동을 지속시키는 매개체, 즉 공기의 작용이 있기 때문에 이런 일이 가능하다고 주장했다. 즉 손을 떠난 돌은 공기의 미는 힘[*15]에 의해 운동을 지속한다는 것이다.

하지만 이 설명은 이후에 또 다른 문제를 낳게 되고, 결국 '임페투스 이론' 을 탄생시키는 원인이 된다(이 이론에 대해서는 뒤에서 좀더 자세히 설명할 것이다). 또한 아리스토텔레스는, 물체운동의 속도는 저항이 일정하면 그것에 가해진 원동력에 비례하고, 원동력이 일정한 경우에는 매체의 저항에 반비례한다고 생각했다. 아리스토텔레스는 자신의 이와 같은 생각을 수식으로 표시하지 않았지만 만약 표시한다면 다음과 같을 것이다.

$V=k\frac{P}{R}$ (k : 비례상수, P : 원동력, R : 저항)

만약 진공상태일 경우 매개체의 저항(R)은 0이 되기 때문에, 속도는 무한대가 되고, 운동은 순식간에 멈춘다. 그러므로 아리스토텔레스는 진공

[*15] 아리스토텔레스의 운동론에 의하면 돌 앞부분의 공기가 뒤로 밀려나서 뒷부분에 생기는 진공상태를 메워주고, 이 결과로 생겨나는 난류亂流가 돌을 앞으로 밀어내는 힘으로 작용한다.

은 존재하지 않는 것으로 생각했다. 그런데 여기서 아리스토텔레스 운동론이 가진 제3의 문제 '낙하운동의 가속도' 문제가 도출된다. 그의 주장에 따르자면, 운동체의 속도는 물체에 작용하는 힘(자유낙하의 경우 물체 자체의 무게가 이것에 해당한다)에 비례하기 때문에, 이 힘(무게)이 일정한 경우에는 등속운동이어야만 하는데, 물체의 낙하속도가 빨라지는 까닭은 무엇인가. 아리스토텔레스의 한 주석자는 물체가 아래로 낙하할수록 저항하는 공기의 층이 점점 얇아지고 그만큼 저항력이 감소하기 때문에 가속도가 생기는 것이라고 설명했다. 또 다른 주석자는 낙하하는 물체는 자기의 '본래 장소'에 가까워질수록, 아래로 향하려는 '경향성'이 더 강해져서 그 속도가 빨라지는 것이라고 설명했다.

이러한 아리스토텔레스의 운동론은 근본적으로, 앞서 서술한 코스모스적 우주 개념과, 운동이 자기 형상의 '현실화'라고 믿었던 사고방식에 연결된다. 어쨌든 아리스토텔레스는 자신의 이론을 사람들이 일상적 경험을 통해 쉽게 이해할 수 있도록 설명했기 때문에, 오랜 기간 사람들의 의식세계를 지배했다.

임페투스 이론 ___ 그러나 이미 6세기에 아리스토텔레스의 운동론은 필로포노스*16에 의해 비판받았다. 그는 투사체가 지속적으로 운동하는 것은 공기가 뒤에서 밀기 때문이라는 이론을 비판하면서, 운동을 지속시키는 것은 공기가 아니라 운동체 그 자체에 '어떤 비물체적 운동력'이 내재해 있기 때문이라고 주장했다. 즉 어떤 물체가 운동을 한다는 것은 이 물체에 어떤 '운동력'이 부여되는 것이고, 그 이후 어떠한 접촉작용이 없더라도 물체가 이미 획득해놓은 '운동력'이 소진될 때까지는 처음의 운동을 지속한다는 것이다.

*16 Joannes Philoponos, 6세기에 활동한 그리스의 철학자 · 신학자 · 문헌학자.

필로포노스의 이런 생각은 중세에 들어서면서 임페투스 이론을 토대로 더 구체적으로 전개되었다. 뷔리당도 필로포노스와 마찬가지로 투사체의 지속적인 운동은 공기에 의한 것이 아니라, '임페투스' 라 불리는 추진력에 의한 것이라고 생각했다. 이것을 더욱 정밀화한 그는, 운동체의 임페투스 양量은 그 '물체의 양' 과 '속도' 에 비례한다고 생각했다. 근대의 운동론과 일맥상통하는 개념인 임페투스 이론을 통해 그는 철구鐵球가 나뭇조각보다 더 멀리 날아간다는 사실과 도움닫기를 하면 더 멀리 뛸 수 있다는 사실 등을 설명했다.

뷔리당에게 임페투스는 '자기 스스로 약해지지 않는 것', 다시 말해 '저항과 반대의 경향에 의해 그 힘이 감소되지 않는 한 그 상태를 언제까지라도 계속해서 유지하는 것', 즉 계속해서 일정한 운동을 하게 만드는 어떤 것이다. 여기에서 '근대의 관성법칙' 이 수립되었다고 논하는 사람도 있지만 본질적으로는 차이가 있는 개념이므로 구별해주어야 한다. 근대의 관성법칙에 의한 등속운동은 어떤 힘이 가해지지 않은 채 운동이 지속되는 것을 가리키지만, 뷔리당의 임페투스 이론은 물체에 내재하는 구동력인 임페투스가 운동을 지속시키는 것이기 때문이다. 결국 뷔리당 역시 운동하는 물체가 운동을 지속하려면 항상 그 추진력이 있어야 한다는 아리스토텔레스 운동론의 기본적 사고방식 안에 머물러 있었던 것으로, 단지 그 추진력이 운동체와는 별개인 어떤 것(매개체)에서 운동체 자체로 이동한 것에 불과하다.

임페투스 이론은 다양한 개념과 수학적 정식화에 의해 근대 역학에 근접한 것임에 틀림없지만, 여전히 본질적으로는 아리스토텔레스주의의 구조에서 벗어나지 않은, 단지 아리스토텔레스 이론을 개량한 것이었을 뿐이다.

갈릴레이와 근대 역학 __ 갈릴레이와 근대 과학을 말하기 위해서는 갈릴레이와 관련된 여러 가지 유명한 일화를 언급하지 않을 수 없다. 1589년 어느 날, 그가 피사의 사탑에 올라가 무게가 다른 두 개의 물체를 낙하시켰고, 이것이 동시에 지상에 떨어지는 순간 아리스토텔레스와 중세의 역학은 종말을 고하고 근대 역학이 탄생했다!

그러나 오늘날 밝혀진 바에 의하면 이 이야기는 사실이 아니라고 한다.*17 갈릴레이 역학의 형성 과정은 상당히 복잡한데, 당초 그는 임페투스 이론을 취하고, 이어서 아르키메데스의 정역학靜力學을 동역학화動力學化하였다. 그러면서 많은 우여곡절을 겪었다. 이 과정을 모두 추적하는 것은 지면이 부족하므로 생략하기로 하고, 1638년의 주저 《신과학대화新科學對話》*18를 통해 이 사건이 최종적으로 어떻게 마무리되었는가를 살펴보자.

갈릴레이는 우선 이 저서의 첫 장에서, 무거운 물체는 가벼운 물체보다 빨리 떨어진다는 견해를 넘어섰다. 무거운 물체와 가벼운 물체를 동시에 높은 곳에서 떨어뜨릴 경우, 아리스토텔레스의 입장에서 설명하자면, 낙하하는 시간은 두 물체가 각각 낙하하는 데 걸리는 시간의 평균이 되고 두 물체를 합한 무게에 해당하는 하나의 물체가 같은 높이에서 낙하한 시간과 같게 된다. 그러나 갈릴레이는 이 두 가지가 분명히 모순되기 때문에, 귀류법에 따라 물체의 낙하운동이 무게와는 상관없이 같다는 결론을 내렸다.

이 저서의 셋째 장은 낙하운동을 대화 주제로 삼고 있다. 먼저, 낙하하는 물체의 속도가 시간에 비례한다고 가정($v=gt$)했지만 이 낙하속도를 직접 측량하는 것은 불가능했다. 그래서 그는 이것을 어떤 방식으로든 낙하거리와 시간의 관계로 전환해서($s=\frac{1}{2}gt^2$), 실험을 통해 확인해야 한

*17 1586년에 덴마크의 시몬 스테빈Simon Stevin이라는 사람이 무게의 비가 1:10인, 납으로 만든 두 공을 같은 높이에서 떨어뜨릴 때, 거의 동시에 땅에 부딪치는 것을 관찰한 바 있다. 500년경 필로포누스philoponus도 이와 비슷한 실험을 수행하였다고 한다.

*18 원래 이 책의 정식 명칭은 《역학과 지상 운동에 관한 두 신과학에 대한 대화와 수학적 증명》이다.

다고 생각했다. 그러나 그렇더라도 자유낙하운동을 직접 측량하기는 어려웠다. 그는 경사면傾斜面을 사용해 '중력을 약화' 시켜 그 위를 금속구가 측정 가능한 속도로 미끄러지도록 하는 방법을 궁리했다. 이러한 '경사면상의 운동' 을 통해 갈릴레이는 단위시간당 낙하거리가 '1에서 시작하는 홀수의 열列' 이 된다는 확신을 얻어 마침내 앞서 말한 자유낙하의 법칙을 수립하였다. 관성의 법칙도 이 경사면상의 운동을 극한까지 생각한 끝에 정립할 수 있었다. 즉 어떤 높이의 사면에 떨어진 물체가 그 속도로 반대편 사면을 다시 같은 높이까지 올라갈 때, 이 사면의 경사를 점차 낮추면 물체의 올라가는 거리는 점점 길고 멀어진다는 것이다. 때문에 이런 상태의 극한, 즉 사면이 수평이 된 경우 물체의 속도는 감소되지 않고 등속도 운동을 무한히 계속할 것이라고 생각하였다.

이렇게 일단 관성의 법칙을 정립시키면, 포물선운동을 수학적으로 구성하는 일은 쉽다. 즉, 수평적인 등속도의 관성운동과 수직방향의 등가속운동이라는 상호 독립된 양자의 운동을 합성하면 포물선운동은 수학적으로 구성될 수 있다. 지금 포물체가 수평방향으로 v의 속도를 갖는다면 t시간 후에는 $x=vt$만큼 움직이고, 수직방향으로는 $y=\frac{1}{2}gt^2$만큼 낙하한다. 여기에서 t를 지워 없애면 $y=\frac{g}{2v^2}x^2$이 되고, 이것은 아폴로니오스의 원(포물선)*19과도 다르지 않다.

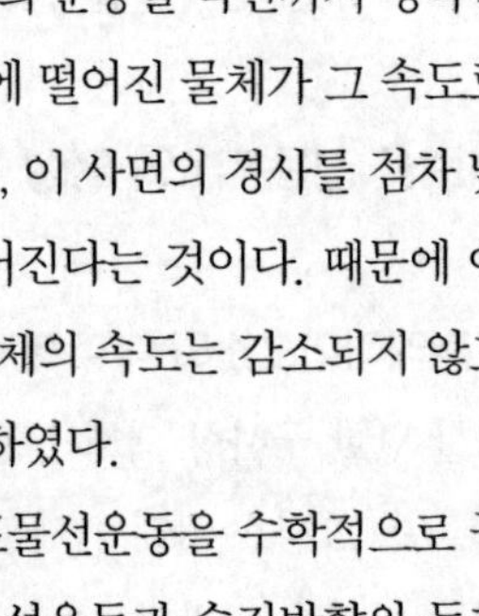

[포물선 운동]

이와 같이 갈릴레이의 연구 태도는 수학적 방법과 실험적 방법을 정교하게 결합시킨 것이었다. 아리스토텔레스는 질質에 주목해 자연현상의 수학화에는

*19 두 정점定點에 이르는 거리의 비가 일정한 값(단, 1은 아니다)을 가지면서 운동하는 점의 자취.

전혀 관심을 갖지 않았는데, 갈릴레이는 처음부터 플라톤적이면서 아르키메데스적인 '수학적 자연관'을 관철시켰다. 게다가 예술가와 직인의 수공업적 기술을 똑같이 중시하는 르네상스의 전통을 흡수하여 정교한 실험과 자연관을 결합시켰다. 반면 중세 '갈릴레이의 선구자들'은 다양한 개념 장치를 바탕으로 근대 역학에 접근했으면서도 정량적 측정실험은 그때까지 한번도 실행하지 않았다.

*20 Astronomia Nova.

새로운 천문학[20]의 형성

프톨레마이오스의 우주체계 __ 천문학 분야에서 아리스토텔레스에 필적할 만한 구사상 체계는 프톨레마이오스의 우주체계이다. 여기서 주의할 것은 그리스 이래 천체는 그 자체로 운동하는 게 아니라는 점이다. 천체는 천체를 밑받침하는 천구의 운동에 의해 움직이며, 천상계 운동은 그 완전성 때문에 천구의 '항상적인 원운동' 외에는 존재할 수 없었다.

그러나 이런 천구의 원운동만으로는 현상을 설명할 수 없어서 헬레니즘 시대에는 '주전원周轉圓'이나 '이심원離心圓'과 같은 것을 생각해냈다. '주전원'이란 지구를 중심으로 하는 하나의 원[誘導圓]의 원주상에 중심을 둔 또 하나의 작은 원을 말하는 것으로, 유도원과 주전원 양자의 원운동 합성으로 행성의 운행을 설명하려 했던 것이다. 또 이심원이란 지구의 위치에서 조금 떨어진 곳에 중심을 둔 원으로서, 이것을 통해 다양한 천체의 원궤도로부터의 차이를 설명했던 것이다.

이러한 개념 정비를 기반으로 2세기 프톨레마이오스는 천동설의 완전한 체계를 만들었다. 그는 모든 천체에 두 종류의 운동을 부여했다. 하나는 모든 천체에는 공통적으로 '일주운동日周運動'이 있다는 것이고, 다른

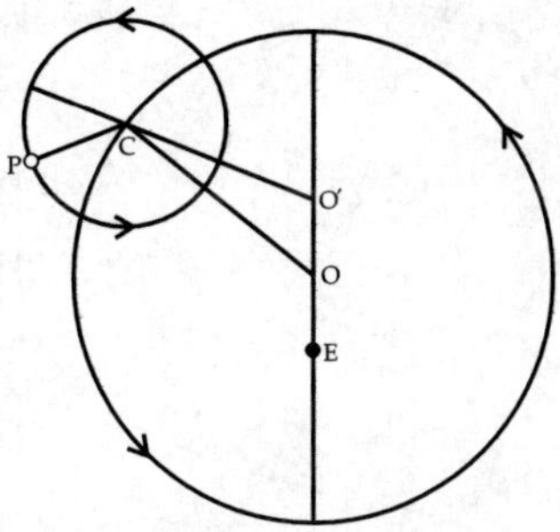

[프톨레마이오스의 행성운동도]

하나는 태양과 달과 다섯 개의 행성이 각각 독특한 '고유운동固有運動'을 한다는 것이다. '일주운동'은 지구를 중심으로 하는 한 개의 구의 회전에 의해 쉽게 파악할 수 있지만, '고유운동'은 여러 천체에 대한 이심원과 주전원을 몇 개 조합해서 그 운동을 재현해야 했다. 그리고 그는 이론과 관측을 일치시키기 위하여 행성을 얹은 주전원의 중심이 이른바 '에칸트equant'라고 불리는, 지구와 이심원의 중심을 연결하는 직선상의 일정한 점에 대해 동일한 각속도角速度*21를 갖는다고 가정했다.

*21 한 점을 기준으로 할 때의 그 점에 대한 운동체의 회전속도.

이와 같은 프톨레마이오스 체계는 그 후 관측이 점점 정밀화됨에 따라 여러 면에서 수정되긴 했지만, 이후의 천문학자들은 프톨레마이오스의 학설을 뛰어넘으려고 하지 않았다. 그들은 그의 학설에 안주하면서 이심원과 주전원의 조합과 수를 여러 가지 방법으로 가감하여 그때그때 관측과 이론을 일치시키려고 노력했다. 그 결과 주전원의 수가 증가하여 전체적으로 80여 개나 셀 수 있을 정도로 그 체계가 매우 복잡해졌다. 그러나 이와 같은 기교성技巧性에도 불구하고 이 학설은 비교적 정밀하게 천체운동을 추산할 수 있게 했기 때문에, 르네상스에 이르는 시기까지 그 권위를 유지했다.

코페르니쿠스의 지동설 ___ 코페르니쿠스가 프톨레마이오스의 천동설

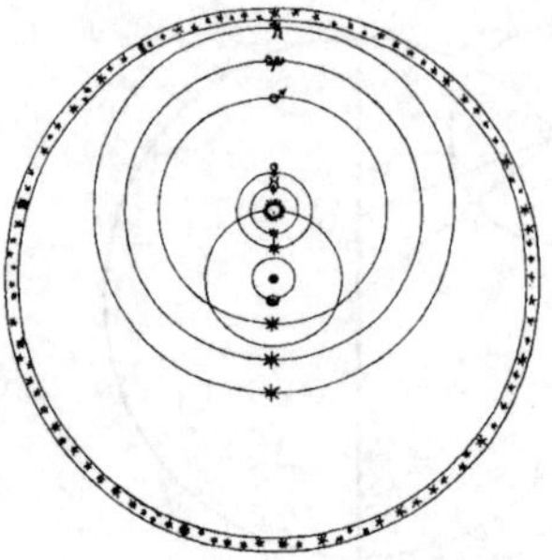

[티코 브라헤의 체계]

체계를 버리고 지동설을 주장한 것은 자신에 의해 천체관측이 정밀화되었기 때문만은 아니었다. 관측의 정도로만 따지자면, 코페르니쿠스는 프톨레마이오스를 능가하지 못했다. 그렇다면 우주체계의 대변환이 코페르니쿠스의 지동설에 의한 것이라고 말하는 이유는 무엇인가. 그것은 천동설에서 주장하는 '에칸트'의 기교성과 체계가 필요 이상으로 복잡하기 때문이었다. 즉 코페르니쿠스는 말 그대로 지구를 중심으로 하는 일정한 원운동이라는 플라톤 이래의 원칙을 깬 것이고, 지동설은 이전의 관점을 바꿔 태양을 우주체계의 중심에 두고 역으로 지구를 운동시킴으로써 복잡했던 체계를 크게 단순화시켜 준 것이다. 게다가 코페르니쿠스의 지동설은 프톨레마이오스의 체계로는 설명할 수 없는 천체 현상을 논리적으로 설명할 수 있게 했다.

그러나 당시의 사람들에게는, 프톨레마이오스 천동설의 세세한 난점보다 지구가 움직이는 것에 뒤따르는 물리적 난점이 더 중대한 문제였다. 그래서 코페르니쿠스는 다음과 같은 반론에 직면해야만 했다. 우선 한 가지 문제점은 지구가 서쪽에서 동쪽으로 스물네 시간 동안 일회전하는 속도로 자전한다고 가정하면, 뒤에 남은 주변 공기 때문에 언제나 동풍이 불게 된다는 점이다. 이에 대한 코페르니쿠스의 생각은 아리스토텔레스와 다르지 않았다. 즉, 지구 표면의 공기가 땅의 원소를 많이 포함하고 있기 때문에 지구와 성질이 같을 것이고 따라서 지구와 함께 회전한다는 것이다. 이와 같이 지동설을 입증하기 위해 코페르니쿠스가 취한 자연학은 불완전한 것이었다. 결국 지동설이 충분히 확립되기 위해서는 단순히 프톨레마이오스 천문학을 개선하는 것이 아닌, 아리스토텔레스의 자연학 전체를 근본적으로 개혁해야만 했다. 이러한 개혁을 완수하기 위해서는 뉴턴을 기다려야 했다.

코페르니쿠스는 새로운 자연학을 발견하지 못했다. 처음에는 단지 천문학 이론을 개량하려는 것인양 보였던 그의 학설은 그것이 함축하고 있는 내용 면에서 큰 사상사적 의미를 갖고 있었다. 뿐만 아니라 당시 중세 사상체계의 급소를 뒤흔들어, 그것을 일변시키지 않으면 안 된다는 것을 일깨워주었다.

우선 항성구恒星球의 외관운동은 지구가 자전한 결과이므로 천구가 없다 해도 상황은 동일하다. 항성恒星이 천구를 품고 있지 않게 되면, 각각의 행성에 천구를 할당할 필요가 전혀 없게 된다. 때문에 천구의 존재는 부정되고 이것을 움직이는 천사天使도 필요없다. 대지가 하늘 아래 펼쳐져 있는 이상 하늘과 땅의 질적 구분은 있을 수 없고, 이 양자 사이의 운동형태도 다를 수 없다. 하늘에는 이제 축복받은 혼을 위한 자리도 있지 않고, 또한 우주에서의 인간의 위치도 불확실해진 것이다. 이와 같이 코페르니쿠스 자신도 의도하지 않았던 이론이 점차 사람들의 마음에 확실히 각인될 무렵 지동설은 탄압을 받았고, 이것을 주장한 브루노는 화형을 당했다.

코페르니쿠스는 천문학의 개혁자가 아닌, 그 중간 과정에 존재하는 사람이다. 주전원과 이심원, 천구의 존재, 동일한 원운동, 우주의 유한성 등의 개념에 있어서는 그도 역시 중세적 한계 속에 갇혀 있었던 것이다. 그러나 그가 우주체계를 보다 단순화하고 합리화하기 위해 발표했던 지동설은 실제로 이 세계의 사상적 진로를 결정적으로 변화시켰다.

케플러의 천문학 __ 코페르니쿠스가 개척한 태양중심설을 계승한 케플러는 행성운동의 3대 법칙을 공식화했고, 새로운 천문학의 기초를 구축하였다. 그의 우주체계 변혁의 출발점은 코페르니쿠스와 마찬가지로 태양을 우주의 중심에 둔 것으로서, 여기서 그가 특히 신플라톤주의의 영향을 받았다는 것을 알 수 있다. 그러나 케플러는 코페르니쿠스의 체계조차 온전한 의미의 태양 중심은 아니라고 보았다. 예를 들어 행성궤도의 평면에서 궤도의 중심은 태양이 아니라 지구라는 주장을 케플러는 비난했고, 태양 자체는 분명 모든 행성을 지배하는데, 이때 지구는 하나의 행성으로서 어떤 특수한 위치를 점하고 있는 것이 아니기 때문에 지구를 포함한 모든 행성의 궤도 평면은 태양을 가르지 않을 수 없다고 했다. 이렇듯 엄밀한 태양 중심의 우주체계를 수립하기 위해 그는 티코 브라헤*22의 조수가 되었고, 그의 방대한 관측자료에 근거하여 우선 지구궤도를 결정했다. 그리고 이것이 거의 원에 가까운 것임을 확인했다. 그런데 이런 지구궤도를 기초로 해서 화성궤도로 나아갔을 때, 프톨레마이오스나 코페르니쿠스의 체계와 같은 '일정한 원운동' 사고방식으로는 티코 브라헤의 관측만큼 정확하게 천체의 운행을 설명해내지 못한다는 것을 발견했다.

*22 Tycho Brache, 1546년~1601년, 덴마크의 천문학자.

케플러는 행성궤도, 특히 화성궤도를 알기 위한 연구를 계속했고, 기하학적 도형(계란 모양이 최초)을 놓고 궁리한 결과, 이것이 태양을 하나의 초점으로 하는 타원이라는 것을 드디어 알아냈다(케플러의 제1법칙인 '타원궤도의 법칙'). 그리고 행성이 그 타원궤도에서 일정한 면적속도로 움직일 때, 관측결과와 정확히 합치되는 것을 발견했다(케플러의 제2법칙인 '면적속도 일정 법칙'). '타원궤도의 법칙'이 프톨레마이오스와 코페르니쿠스의 체계에 공통적으로 나타나는 '원궤도'의 개념에 의해 이해됐을 때, 그리고 '면적

속도 일정 법칙'이 그리스 이래의 '등각속도운동等角速度運動'의 원리에 의해 이해됐을 때, 새로운 천문학의 뼈대가 확립된 것으로 볼 수 있다.

한편 코페르니쿠스가 32개의 원圓으로 설명했던 것이 이 시점에는 7개의 타원으로 대체되었고 주전원, 이심원, 등각속도운동, 천구와 같은 중세적 도그마는 모조리 사라졌다. 그리고 우주체계의 중심에는 지구궤도와 '에칸트' 같은 공허한 기하학적인 점이 아닌, 문자 그대로 태양이라는 물리적 실체를 위치시켰다. 태양이 천구운동의 직접적 원인이라는 것이 밝혀짐으로써, 그리스 이래의 천구운동이 '기하학'에서 근대적 천체운동의 '역학'으로 이행하는 길이 최초로 개척되었다.

천구 자체가 부정되고, 천체의 운동이 이것을 품고 있는 천구의 운동으로 귀결되지 않는 이상, 새로운 운동원리가 필요했다. 그래서 케플러는 행성의 운행은 태양으로부터 방사되는 일종의 자기력인 '아니마 모트릭스'에 의해, 태양의 궤도 주변이 밀려 움직이는 것이라고 생각했다. 궤도의 절선切線 방향에서 작용하는 이 자기력은 거리에 반비례하는데 그렇기 때문에 거리가 두 배가 되면 자기력은 반감한다고 생각했다. 따라서 이것에 의해 밀려나가는 행성의 속도도 반감된다. 그런데 이것은 뉴턴의 만유인력에서 물체 사이 거리(r)의 제곱에 반비례한다는 법칙과는 완전히 다른 것이었다. 케플러는 운 좋게도 내부에서 서로 상쇄하는 두 가지의 연속적인 오류에 의해 '면적속도 일정 법칙'을 도출해내는 것이 가능했다.

그의 연구 태도 역시 갈릴레이처럼 실증적 데이터와 이념적 수학이 견고하게 연결되어 있었다. 케플러의 제3법칙인 '조화법칙'을 보더라도 이것은 충분히 짐작할 수 있다. 제1, 2법칙이 각 천체의 운동을 통제하는 법칙인 데 반해, 제3법칙은 다른 궤도에 있는 천체 속도 관계를 수립한 것이다. 즉 T_1, T_2를 두 개의 행성이 궤도를 회전할 때의 주기로, a_1, a_2를 태양으로부터 떨어진 두 개의 행성의 평균 거리라고 한다면, 이것은 $(T_1,/T_2)^2=(a_1/a_2)^3$으로 나타난다. 케플러는 행성 사이의 관계를 연결하는 이 간단한 법칙을 실증적 데이터를 기초로 15년간 지속적으로 모색하였다. 그러나 자연이 수학적 질서를 가진 존재라고 확신했다는 점에서는 갈릴레이와 달랐다. 또한 그는 아르키메데스적이지도 않았고, 오히려 당시 신플라톤주의가 가진 '수의 신비사상'에 의거하고 있었다. 그가 도출해낸 천문학적 결과의 두드러진 근대성에도 불구하고, 그 동기와 목적이 종종 기괴한 사변에 물들어 있던 것은 이 때문이다.

뉴턴적 종합 – 만유인력 이론의 성립

갈릴레이에 의해 수립된 근대 과학의 원리와 케플러에 의해 확립된 세 가지 천문학 법칙을 귀납적으로 통일한 것이 뉴턴의 만유인력 이론이다. 이 이론을 통해 지상의 운동과 천상의 운동이 동일한 법칙하에 놓이게 됨으로써 그리스 이래의 천天과 지地의 법칙적 구별은 완전히 사라졌다. 바로 이 지점에서 '운동론'에 의한 과학혁명이 성취되었다고 볼 수 있다.

중력 이론의 선구자 ___ 도대체 중력(무게)은 물질의 상호작용으로 파악되지가 않았다. 예를 들어 아리스토텔레스는 무게에 의해 운동을 일으키는 것은 물체가 '본래 장소'로 가려 했기 때문이라 생각했다. 그러나 코페르니쿠스에 의해 지구가 우주의 중심이 아닌 것으로 간주되었을 때, 이런 무거운 것의 '본래 위치(우주의 중심으로 지구의 중심과 일치한다)'는 소실됐다. 여기서 코페르니쿠스는 중력을 '구형球形으로 응집하려는 물질의 일반적 욕구'로 귀결시켰다. 이것에 의해 물체는 지상에 낙하한 것이다. 그러나 땅, 달, 태양, 행성 등의 중력계는 각각 고립되어 있어, 그 사이에서 상호관계를 맺는 힘의 영향에 의한 것이라는 생각은 아무도 하지 못했다. 천구들 상호간에 힘이 작용한다는 것을 최초로 생각한 사람은, 길버트[*23]이다. 그는 독자적인 자기磁氣 연구를 통해, 지구를 큰 자석이라고 생각했다. 즉 천체는 일종의 자석이고, 그래서 상호간에 자력을 미친다는 것이다.

그래도 이런 상호작용(힘)의 크기는 질량의 크기의 곱에 비례한다고 생각했다. 길버트의 '중력자기설'은 뉴턴의 만유인력 이론이 나올 때까지 그 대역을 하고 있었다. 케플러, 베이컨, 훅[*24] 등도 이 학설을 따랐다. 한편 이렇게 상호작용을 하는 힘은 단순히 천체 사이에만 해당되는 것이 아니라는 의견이 나타났다. 프랑스의 수학자 로베르발[*25]은 이 힘이 모든 물체에서 나타난다는 '만유성', 즉 중력의 '보편성'에 관한 자신의 생각을 내놓았다. 그러나 그도 '만유인력'의 수학적 관계를 발견하는 데까지는 이르지 못했다.

그 다음, 갈릴레이의 제자 보렐리[*26]에 의해 중력 이론은 한 걸음 더 나아갔다. 그는 행성의 운동은 행성을 태양 쪽으로 끄는 힘(자력)과 궤도의 절선 방향으로 움직이는 관성력과의 합성에 의한 것으로 행성운동도 합성운동이라고 생각했다. 이런 생각은 본질적으로는 타당하다. 그는 갈릴레이조차 버리지 못했던 전통적 사고, 즉 원운동은 자연적이라고 하는 사고를 과감히 내팽개치고는, 데카르트처럼 자연적 운동은 직선운동만 존재한다고 생각했다. 따라서 이런 행성의 자연적 수직운동을 설명하고, 이것을 닫힌 궤도로 설정하기 위해서는 태양으로부터의 구심력이 필요하다고 주장했다.

*23 William Gilbert, 1544년~1603년, 영국의 의사 · 물리학자로 주요 저서로는 《자석에 대하여》와 《세계에 대하여》가 있다.

*24 Robert Hooke, 1635년~1703년, 17세기에 활약했던 영국의 물리학자. 천문학, 생물학, 지리학, 건축학 등 다방면에 관심을 가졌던 인물로, '훅의 법칙'이라 불리는 자신의 법칙을 정초했다.

*25 Gilles Personne de Roberval, 1602년~1675년.

*26 Giovanni Alfonso Borelli, 1608년~1679년, 이탈리아의 생리학자 · 물리학자로 피사대학에서 의학을 공부하였다. 갈릴레이의 영향을 받아 수학과 천문학에 관한 연구를 하였고, 1640년경 메시나대학의 수학교수가 되었다.

그러나 그는 구심력에 관한 수학적 이론을 정식화시키지 못했다. 구심력의 수학적 정식화는 호이헨스*27의 '진자 연구' 결과에 의해 가능해졌다. 그러나 그는 '천상과 지상의 운동법칙은 여러 면에서 다르다' 라고 하는 종래의 편견에 얽매여 있던 탓에, 지상의 운동을 관찰해서 얻어낸 이론을 천상의 운동 문제에 적용하려 하지 않았다. 그리고 천상에서의 행성운동에 대해서는 데카르트의 나선운동 이론을 따르고 있다.

이렇듯 뉴턴이 만유인력의 최후 착상—사과가 떨어지는 것과 달이 지구 주위를 회전하는 것이 같은 인력에 의해 일어나는 것은 아닌가 하는 착상—을 한 1664년에서 1666년경, 그의 만유인력설을 형성하는 데 필요한 소재들이 모두 다 등장했다고 할 수 있다. 우선 중력이 보편적으로 모든 것을 견인하고 있다는 아이디어, 태양계의 천구가 상호작용을 하고 있으며 그 힘의 크기는 질량과 비례하여 상승하고, 크지는 않아도 상호 거리에 영향을 미친다는 것은 길버트나 케플러가 이미 생각했던 것이다. 게다가 데카르트는 관성운동을 완전히 파악했고, 보렐리는 관성운동과 태양의 구심력에 의한 합성운동으로 행성운동을 포착했다. 그리고 이 시기에 이미 구심력 이론도 나와 있었다.

결국 남은 것은 이런 성과들을 결합하고 만유인력을 수학적으로 정식화하여, 지상의 운동이든 천상의 운동이든 같은 힘에 의해 동일한 법칙으로 지배된다는 점을 보여주는 것이었다. 이렇게 설명될 만한 지상의 운동법칙으로는 이미 갈릴레이의 낙체법칙이 존재했고, 천상의 법칙으로는 케플러의 법칙 세 가지가 발견된 상태였다. 이렇듯 기존의 착상과 이론을 하나로 종합하는 일만이 남아 있을 때, 바로 아이작 뉴턴이 등장한 것이다.

*27 Christiaan Huygens, 1629년~1695년, 네덜란드의 물리학자 · 천문학자. 역학 분야에서 탄성체의 충돌문제, 진자운동을 연구하여 운동량보존법칙, 에너지보존법칙에 해당하는 이론을 전개, 역학의 기초를 세우는 데 공헌하였다.

뉴턴의 만유인력 이론 ___ 뉴턴이 아직 케임브리지 대학의 학생이었을 때, 그는 케플러의 제3법칙과 구심력 이론으로부터 역2승의 법칙을 생각해냈다. 이렇게 만유인력 이론을 향한 첫걸음을 내디딘 그는 이후 여러 복잡 다양한 과정을 거쳐 이 이론을 완성했지만 그 모든 과정을 일일이 상술하지는 않겠다. 그 부분은 생략하고 그의 주저主著인 《자연철학의 수학적 원리(프린키피아)》(1687년)로 곧바로 들어가보자.

이 책의 본래 목적은 천지의 역학 원리를 천체운동에 적용했을 때 필연적으로 생기는 만유인력의 법칙을 증명하는 것에 있었다. 이와 같은 필연성을 증명하기 위해 그는 상당히 치밀하고 주도면밀하게 준비하여 근대 역학의 기초 원리를 하나하나 명확하게 규정짓고, 1000년 전 물체의 운동 이론까지도 총결산했다. 먼저 질량, 운동량, 힘 등이 '정의' 되었고, 오늘날 '뉴턴의 3법칙' 이라 불리는 '운동의 법칙' 도 이때 나왔다. 이것을 기초로 책의 제1부에서는 '물체의 운동' 에 관해서, 제2부에서는 지상운동의 여러 가지 현상에 관해 해명했다. 제3부인 '우주의 체계' 에서는 제1부에서 정식화된 운동의 원리를 천체운동에 적용하여 이른바 '만유인력의 법칙' 을 수립하였다. 여기서의 중심 문제는 달이 그 궤도를 유지하는 힘이 물체가 지상에 떨어질 때의 힘과 같은 힘이라는 결론을 도출해낼 계산법이었다. 뉴턴은 달 운동의 제반 요소에서 구심력을 계산하고, 그 크기가 지상 중력의 대략 3600분의 1이라고 생각했다. 한편 달은 지구에서부터 지구 반경의 대략 60배의 거리에 존재하고, 거리의 역2승 법칙에 의해 지구의 달에 대한 중력가속도는 지표상의 $1/(60)^2=1/3600$ 과 일치한다고 계산했다. 이와 같이 달 운동을 기초로 해서 만유인력 이론을 확립하여 행성, 혜성, 조석운동潮汐運動으로까지 확대 적용하였다. 결론적으로 그는 이러한 인력이 결국 물체를 이루고 있는 미립자간의 인력에서 기인한다고 주장하면서 이 모든 힘들을 '인력' 으로 총괄하여 다음과 같은 수식을 수립했다.

$$F=G\frac{mm'}{r^2}$$ (m, m′ : 질량, r : 거리, G : 중력상수)

뉴턴의 과학과 신학___ 그는 만유인력의 원인에 대해서는, "우리는 가설은 만들지 않는다"라며 서술을 꺼렸다. 또한 그는 "중력은 실재하고, 그것은 우리가 설명한 법칙에 따라 작용한다. 그리고 천체와 바다의 모든 운동을 설명하는 데 이 이론이 충분히 유용하다는 것에 무엇보다 만족한다"고 했다. 또 "이 저작 속에서 힘이란 단어를 언급할 때, 우리는 힘의 종류와 물리적 성질을 묻는 것이 아니라 단지 이것의 크기와 그 수학적 관계만을 생각하고 있다"고 말했다.

이와 같이 뉴턴은 만유인력의 원인에 대해서는 정면 대응을 피했고, 오로지 근대 과학의 현상주의에 대해서만 철저했으며, 현상 사이에서 성립하는 양적 · 수학적 관계만을 문제삼았다. 확실히 그는 만유인력 이론으로 근대 과학의 본성을 발견했고, 과학자로서의 임무를 이것에만 한정지으려 한 듯하다. 하지만 실제로는 만유인력의 원인에 대해 다양한 사색을 하고 있었다. 《광학》에서 '의문' 부분에 중력의 에테르 가설이 서술되어 있고, 《원리》의 말미에는 에테르에 대해 직접적으로 이해하고 싶다고 말하는 구절들이 쓰여 있다. 그리고 벤트리 박사에게 보낸 편지에는 그가 당시 통상적으로 받아들여지던 원격작용[*28]을 인정하지 않았을 뿐만 아니라 이것을 어리석은 것으로 간주했다는 놀라운 사실이 나타나 있다. 이 편지에서 그는 인력이 무엇인가에 의해 매개된 것이라고 주장하고 있다. 그런데 인력이 물질적인 것인가, 비물질적인 것인가에 대해서는 명확하게 말하고 있지 않은데, 뉴턴에 관해 쓴 그레고리[*29]의 수기에 따르면, 그는 인력은 비물질적인 것, 즉 공간에 확산되어 있는 신의 매개

[*28] action at a distance ; 먼거리 작용이라고도 함. 서로 떨어져 있는 두 물체가 중간 매질을 통하지 않고 순간적으로 힘을 주고받는 현상.

[*29] Gregory, 1638년 ~ 1675년, 스코틀랜드의 수학자 · 발명가.

작용에 의한 것으로 생각했다고 한다.

그레고리의 수기는 기존에 발표된 뉴턴의 저작에서 그 의미가 분명하지 않고 계시적인 문구들의 의미를 처음으로 명확하게 밝혀주었다. 일례로 《광학》에 나오는 문구인 '신은 늘 물체 속에 현존한다' 와 《원리》에서의 '운동하는 물체는 신의 편재로부터 저항을 느낄 수 없다' 는 주장은 문자 그대로 그 의미를 취해서는 안 된다고 밝히고 있다. 실제로 뉴턴은 진정으로 공허한 공간에는 '운동에 어떤 저항도 하지 않는' 신이 편재하고 있으며, 이것이 만유인력을 총괄하고 있다고 생각했다. 뉴턴의 '자연철학' 배후에 '자연신학' 이 있었음을 알 수 있는 대목이다. 결국 그에게 있어 자연철학과 자연신학은 일체였던 것이다. 뉴턴에게 신은 '우주라는 기계' 의 제작자이자 이것을 끊임없이 보수하는 존재였던 것인데, 이는 단순한 비유를 넘어서서 그의 마음 깊은 곳에서 신념으로 작용하였다. 최근 좀더 분명히 알려진 바와 같이, 그의 연금술에 대한 연구 역시 이런 신념과 밀접한 관련이 있다.

과학혁명의 사상적 기반

이제까지 우리들은 '운동론' 의 변혁을 둘러싼 과학혁명의 구체적 과정을 상세하게 추적해보았다. 이제 과학혁명에 '사상적' 지주가 되는 상당히 중요한 테마 세 가지, 즉 '브루노의 무한우주 수립', '데카르트의 기계론적 세계관 형성', '베이컨의 자연지배 이념 확립' 을 통해 과학혁명의 배경과 의미를 생각해본다.

브루노의 무한우주관 __'과학혁명'의 성과는 다양하게 존재하는데, 사상사에 있어서 무엇보다 중요한 것 중 하나는 '코스모스의 붕괴'이다. 앞에서 서술한 것처럼 아리스토텔레스를 시작으로 중세 기독교와 접목된, 이 독특한 코스모스적 세계관은 '과학혁명'에 이르기까지 사람들의 일상생활과 신앙생활을 지배했고, 세계를 사색하는 바탕이 되었다. 말하자면 사람들의 생존 그 자체에 골격이 되어 있었던 것이다. 때문에 이와 같이 지구 중심의 계층적 질서가 뚜렷하고, 유한한 코스모스가 동질의 무한한 근대 우주로 변한 것은 단순히 일개 천문학 이론의 치환에 불과한 것이 아니라, 고대에서 중세까지 이어진 인간의 전통적인 삶의 양식을 근본적으로 재검토하게 만든 거대한 변혁이었다.

코스모스적 세계상을 파괴하고, 그것을 무한우주로 대체한 것은 일반적으로 니콜라우스 쿠자누스*30에 의해 시작되었다고 알려져 있다. 물론 그의 신플라톤주의적 주장은 코스모스적 세계상을 크게 흔들었다. 그러나 그가 코스모스적 세계상을 대체할 무한우주상을 '적극적으로' 제출한 것은 아니었다.

*30 Nicolaus Cusanus, 1401년~1464년, 독일의 수학자이자 추기경.

쿠자누스의 뒤를 이어 형이상학적 사변이 아니라 수학적 근거에 기초해서 아리스토텔레스적이고 프톨레마이오스적인 지구 중심의 세계상을 전도시키려 했던 인물이 코페르니쿠스인데, 그가 과연 우주의 무한성을 주장했는지는 의문이다. 그의 논의가 무한우주까지 연결될 수 있는 요소를 갖고 있긴 했지만, 실제로 그의 우주는 유한했다고 보는 편이 좋을 듯하다.

근대의 무한우주관을 수립하고, 코스모스적인 닫힌 세계를 철저하게 파괴한 것은 지오다노 브루노였다고 봐야 한다. 그런데 브루노는 코페르니쿠스 수준의 천문·수리적인 재능을 갖고 있지도 않았고, 일류 철학자는 더더욱 아니었다. 하지만 코스모스적 우주상을 철저히 파괴하고, 이것을 대체할 수 있는 무한우주상을 창출했다는 점에서 그는 사상사적으로 매우 커다란 공헌을 했고, 근대 사상혁명의 기초를 닦았다.

브루노는 어떻게 무한우주관에 도달할 수 있었을까. 최근의 연구에 따르면, 그의 무한우주관은 르네상스기의 사상에 큰 영향을 준 이집트의 '헤르메스 문서'*31와 밀접한 관계가 있다는 것이 분명해지고 있다. 피렌체의 '플라톤 학원'에서 나폴리로 전해진 피치노의 '헤르메스 문서'의 라틴어 번역본을 접한 브루노는, 이 사상에 영향을 받아 코페르니쿠스 학설에 동화되었다. 실제로 '무한우주'뿐 아니라 그의 또 다른 학설인 '지구의 운동'이나 '태양중심설' 등도 그가 코페르니쿠스를 헤르메스식으로 독해함으로써 주장할 수 있었던 내용들이다.

브루노는 '무한우주'와 같은 현실적인 모델을 루크레티우스의 《만물의 본성에 대하여》에서 얻은 듯 보인다. 그는 이 책을 자신의 대표적인 저작 안에서 여러 차례 인용하고 있다. 그러나 여기서 주목해야 할 것은 그가 자신의 무한우주를 마술적 생기로 가득 채워 무한한 신과 닮은 성격을 부여함으로써, 루크레티우스의 기계론적 · 무신론적 우주를 그 근저에서부터 헤르메스적으로 확실하게 변모시켰다는 점이다. 브루노는 루크레티우스 우주설을 놀랄 만한 상상력을 동원하여 자기 식으로 해석하였다. 즉 코페르니쿠스의 학설을 무수한 세계를 가진 무한우주로까지 확대한 것이다. 그러나 실제로는 헤르메스의 마술적 전통에 근거하고 있다. 근대 과학의 여명기에, 구사상 체계를 타파하는 새로운 지적 에너지로서 이런 '이집트 지혜'의 전통이 존재한다는 사실을 인식했다는 점은 상당히 흥미롭다.

*31 주로 기원전 3세기~3세기에 이집트에서 씌어진 철학적 · 종교적인 그리스어 문서. 중심 내용은 플라톤적 · 피타고라스적 철학사상이며, 이 밖에 스토아 철학, 필론적 유대사상 등이 섞여 있다. 철학적 종교를 주장하는 이 가르침은 각지覺知(그노시스)에 의해 신인神人의 합일合一이 이루어진다고 주장한다.

데카르트의 기계론적 자연관 __ 아리스토텔레스를 비롯하여 2000년간 존속했던 코스모스적 우주관은 브루노에 의해 무너졌다. 르네상스 시기 신플라톤=헤르메스적인 사상은 당시의 고착화된 스콜라 사상의 구조를 뒤흔들었고, 마침내 그것을 침식시켜 파괴하는 데 공헌했지만, 근대적인 자연관을 만들어내지는 못했다. 브루노 역시 '무한우주' 라는 생각을 끌어내긴 했지만, 그의 자연관은 여전히 생기론적이고 마술적인 것이었다. '과학혁명' 의 궁극적인 수행을 위해서는 우선 고대와 중세를 관통했던 아리스토텔레스=스콜라적 세계관과 이것을 근저부터 흔들어놓은 르네상스의 생기론적 · 마술적 세계관을 '동시에' 극복해야만 했다.

그 결과로 출현한 근대의 새로운 세계관이 데카르트의 기계론적 자연관이었다. 그런데 어째서 이것은 데카르트에 의해 탄생했을까. 여기서 먼저 주목해야 할 것은 그가 네덜란드에서 베크만*32을 만났다는 점이다. 이 만남을 계기로 그는 수학을 자연학에 적용할 수 있다는, 아주 새로운 사실을 알게 되었고 그때부터 '아르키메데스=갈릴레이' 적인 물리 · 수학적 연구를 개시하였다. 중요한 것은, 이때 이미 그가 창시한 '해석기하학' 의 착상이 보이기 시작했다는 점이다. 그는 개별적인 자연연구의 문제를 해명하는 데에만 수학을 사용한 것이 아니라, 기하학적 연장인 물질계 일반에 보편적으로 적용할 수 있는 수학적 개념 장치를 이 시기에 이미 확보하고 있었던 것이다. 데카르트는 자신의 스승 베크만을 뛰어넘어, 자기 자신이 확립해낸 '보편수학' 의 길로 한 걸음씩 내딛고 있었다.

그러던 어느 날 명상에 빠진 그가, 저 유명한 '데카르트의 꿈' 을 꾸게 되었는데 이 꿈 속에서 그의 '해석기하학' 의 기초가 된 방법을 암시받았다고 한다. 그런데 이 에피소드는, 연장적延長的인 자연 일반을 분석해갈 때, 다가가야 할 '자연의 기계론화' 가 그가 믿는 가톨릭 신의 창조설과 모순되지 않고, 오히려 창조설과 기본적으로 합치된다고 확신하게 된 상

*32 Isaac Beeckman, 1588년~1637년, 네덜란드의 물리학자로 자연철학의 영역에 있어서 수학적인 이성과 실험적 입증의 중요성을 제기한 인물. 관성과 자유낙하의 현대적 개념을 정초하는 데 기여했다.

징적인 사건으로 해석하는 편이 좋을 것 같다.

이렇게 그는 확신을 얻었고, 기하학의 대상뿐만 아니라 자연 전체를 이 '방법'으로 재구성하기 위해 네덜란드로 이주했다. 그런데 그가 이주하기 전 파리에 체류하면서 오라투와르 수도사들과 교류했다는 점을 간과해선 안 된다. '신은 절대자유의 의지를 갖고 있다'고 주장한 이 수도회는 세계에 대한 의인적·목적론적 해석을 거부하면서, 신이 스스로 창조한 이 자연은 인간적 유추를 일체 허락하지 않는 완전한 타자라고 생각했다. 때문에 그들은 인간과 유비적類比的인 영혼을 인정하는 아리스토텔레스=스콜라적인 자연관을 배제했는데, 그들의 이러한 태도에는 결국 자연에서 목적과 의식을 제거함으로써 자연을 기계론적으로 다뤄야 한다는 관점이 내포되어 있다.

이것은 데카르트가 두 번째로 네덜란드로 이주했을 때 시도한 '물체, 즉 연장延長'이라는 테제의 기초가 된 '심신분리'의 시도와도 다르지 않은 내용이다. 자연에서 '실체형상', 즉 아리스토텔레스적인 의미에서의 '영혼'을 완전히 제거하는 것은, 동시에 정신에서 일체의 물질적인 것을 제거한다는 뜻이기도 했다. 데카르트의 1641년 저작인 《성찰록Meditationes de Prima Philosophia》의 주제는 바로 '정신을 물질로부터 분리하는 것'이었으며, 이 책에서 마음이나 영혼으로 불리는 것은 '순수사유'로서 순화되는 동시에, 자연적 물체는 단순한 '연장'으로서 인간적·생명적 요소가 결여된 수학적 대상이 되어버렸다. 이렇게 모든 물체를 하나의 연장으로 환원하여 오로지 '형태', '크기', '운동'이라는 관점으로만 대상을 다루는 것이 그가 구상한 '해석기하학'의 기초이다. 데카르트는 이러한 구상에 따른 방법을 자연학에 적용함에 있어 '천체, 지구, 지구상의 물체들, 인간'의 순서로 모든 자연 영역에 관철하였다. 그리하여 그가 1644년에 발표한 《철학원리Principia philosophiae》에서는 아리스토텔레스적 자연상을 대신하는 근대의 기계론적 세계상이 밑바닥부터 체계적으로 수립되어, 완전히 조직화되었음을 볼 수 있다.

앞서 프롤로그에서도 언급했듯이, 그리스의 자연은 신과 인간이 함께 어우러져 일체를 이루는 '유기적인' 자연이었다. 그러나 기독교적 세계관이 지배하는 중세로 들어서면서, 이런 그리스의 '범자연주의'는 타파되고 신, 자연, 인간의 계층적 질서가 나타난다. 자연은 이제 인간과는 별개로 신에 의해 창조된 제3자로서, 인간이 전혀 관여할 수 없는 외부적인 것이 되었다. 인간과 자연의 동질성은 타파되고, 자연은 인간의 유추를 허락하지 않는 이질적인 타자로서 존재하게 된 것이다. 기독교가 포함하고 있는 이러한 자연관에 의해 자연의 '비인간화'가 진행되어감에 따라, 자연은 인간적 요소인 색이나 냄새 같은 '제2성질'과 '목적의식', '생명원리'를 제거당한 채 오로지 '크기', '형태', '운동' 등 그 자체의 요소를 통해서만 수학적 · 인과적으로 분석되었다.

그러므로 데카르트의 사상은 기독교적 자연 개념에 함축적으로 내포되어 있는 것을 보다 투명한 형태로 명료화한 것이라고 말할 수 있다. 그의 입장은 신을 더럽힌 것이 아니라, 기독교 신앙이란 측면에 더 정통적이며 정합적이다. 오히려 기독교와 아리스토텔레스를 합친 토미즘Thomism(토마스주의)이 무리한 결합을 시도한 것이라고 볼 수 있다. 데카르트는 단지, 토마스 아퀴나스의 종합(기독교+아리스토텔레스)과 다르게 보다 정합적으로 '기독교와 기계론의 결합'을 시도한 것뿐이다. 갈릴레이, 보일, 뉴턴도 이런 시도의 연장선 위에 존재한다. 이런 의미에서 데카르트가 세속적인 근대 과학을 믿었다라거나, 기독교 신앙을 거짓으로 생각한 '가면의 철학자'였던 것으로 간주하는 것은 잘못이다. 사실 데카르트의 근대 기계론적 세계관의 배후에는 너무도 명확하게 기독교가 존재하고 있었기 때문이다.

베이컨의 자연지배 이념 __ '과학혁명'에서 가장 중요한 사상적 유산은 앞에서 언급한 '기계론적 세계관'과 '인간이 이용하고 지배하는 자연'이라는 또 하나의 새로운 관념이다. 인간이 인간을 위해 자연을 지배하고 이용한다는 사고는 고대 그리스에는 존재하지 않았다. 그러나 역사의 전환기였던 17세기에 이 같은 새 개념과 의의를 충분히 탐색하고 가장 명료하게 주장한 인물이 있었는데 바로 프란시스 베이컨이다.

'과학혁명'에서 그가 중요한 위치를 차지하는 것은 개개의 과학적 사실을 밝히는 데 공헌했기 때문이 아니다. 오히려 그는 코페르니쿠스와 갈릴레이가 자연에 대해 수행한 수학적 연구의 의의를 충분히 평가하지 못했고, 그의 '귀류법'은 당시의 과학연구 수준에서는 전혀 효과적인 방법이 아니었다. 그렇지만 그는 사상사에서 중요한 인물이다. 왜냐 하면, 그가 자연에 대한 변화된 태도와 인간지식의 존재방식, 인간생활에서 과학이 차지하는 위치와 기능을 새롭게 인식시켰기 때문이다. 그는 근대 과학문명의 성격과 운명을 누구보다도 정확히 간파하고 있었다. 그가 확립한 '자연지배의 이념'은 데카르트에 의해 형성된 '기계론적 세계관'의 운명과 비슷하게, 과학기술시대인 현재까지도 그대로 유지되고 있는 기독교 사상을 그 배후에 깔고 있었다.

이런 맥락에서 먼저 주목해야 할 것은 그가 성장기에 어머니로부터 칼비니즘의 영향을 받았다는 점이다. 그의 어머니 앤은 영국 국교회 안에서 칼비니즘을 확산시킨 주엘 교주의 라틴어 책을 영역하고, 또 제네바에서 칼뱅의 후계자인 베자에게 《명상록》을 받을 정도로 독실한 칼빈교

신자였다. 그런 탓에 어머니의 종교적 감화는 베이컨의 유년기에 큰 영향을 미쳤다. 실제로 아이들에 대한 그녀의 종교적 가르침과 교육은 상당히 엄격했고, 이것은 성인이 된 후에도 계속됐다. 베이컨 자신이 칼비니즘 신학을 특별히 애호했다는 증거는 없지만, 성장기에 상당한 영향을 받았다는 점은 충분히 짐작할 수 있다.

칼비니즘은 세속의 삶을 성스럽게 여겼고, '신비스런 일'이 아닌 '일상의 일'을 중시했다. 베이컨이 그리스식의 관조보다 '행위'를 중시하는 사고방식을 가졌던 것은 아마도 일찍부터 이런 가정 분위기 속에서 자랐기 때문이 아닐까 생각된다. 실제로 그는 열두 살에 트리니티 칼리지에 입학한 후, 아리스토텔레스의 관조 철학에는 일찌감치 싫증을 느꼈다. 왜냐 하면 아리스토텔레스의 철학에는 '인간생활에 도움이 될 업적을 끌어낼 만한 힘'이 결여되어 있다고 느꼈기 때문이다. 베이컨은 철학자들의 백 마디 요설饒舌보다 한 사람의 직인이 직접 자연에 손을 대는 '자연개조' 행위를 높이 평가했다. 이와 같은 직인의 활동 속에, 그가 나중에 강조한 '정신과 사물의 교차', '조작적 과학의 실천'이 이뤄지고 있었기 때문이다. 그러나 아쉽게도 이런 직인들의 자연탐구는 전혀 조직적이지 못했고, 보편적인 통찰에 기반하고 있지도 않았다. 여기서 '보편적인 통찰에 기반한 새로운 방법론'이 바로 그가 말한 '새로운 도구Novum Organum'이며, 이것이 그대로 그의 대표 저작(1620년)의 제목이 되었다.

그러면 그의 저작에는 기독교적 내용이 어떻게 함축되어 나타나 있는가. 먼저 '신의 증여에 의해 인류의 것이 된 자연의 지배권'이라는 표현에 주의해야만 한다. 이것은 그리스에는 존재하지 않는, 기독교 특유의 사고방식으로서 과학과 기술의 적용, 즉 발명과 발견에 의해 새로이 가능해진 것이다. 베이컨은 '발견'이라는 인간의 행위를 "말하자면 하나의 새로운 창조이고, 신의 역할의 모방"이라고 표현했는데, 여기에 주목해야 한다. 베이컨은 인간이 발명과 발견을 통해 "신의 역할을 모방"하고, 결국 '창조'라는 신의 영역에 끼여듦으로써 자연지배를 이룬다고 본 것이다. 그런데 베이컨에 의하면, 피조물에 불과한 인간은 결코 '창조 영역'에 직접적으로 끼여들 수가 없다. 따라서 "사물과의 교차"에 해당하는 실험을 통해 외부에서 세계를 파악할 수밖에 없다. 이것이 바로 베이컨이 말하는 "세계의 분해와 해석"이다. 한편 베이컨은 "자연을 해부"함으로써 자연을 지배하고, 이렇게 건설된 "인간의 왕국"에 들어가기 위해서는 "정신의 속죄와 정화"가 필요하다고 주장하는데, 이러한 주장은 "우상의 배제"라는 표현으로 나타난다.

이렇듯 인간을 사로잡은 여러 가지 주관적 편견을 제거해야만, 인간으로부터 독립된 존재이자 신의 피조물로서의 자연을 상정할 수 있는 것이다. 그 순간, 자연과 인간의 일체성은 상실될 수밖에 없다. 이런 의미에서 베이컨은 인간과 자연의 일체적 공감에 기초한 마술적 인식을 갖고 있지 않았음을 분명히 밝혀둘 필요가 있겠다. 비록 베이컨이 '자연지배'라는 이데아의 차원에서는 마술사와 비슷한 부분이 있었다 하더라도 이 '자연지배'에 앞서는 '자연인식'의 태도에서는 마술사와 명확한 차이가 있었고, 이런 점에서 베이컨 또한 데카르트처럼 마술의 차원을 넘어서는 지평을 개척했다고 보아야 한다.

'공동연구'의 필요성에 대한 베이컨의 주장도 이와 같은 인식과 밀접한 관계가 있다. 자연에 대한 직접적 공감에 의한 인식은 그 자체로 절대적이어서 단독적인 행위도 가능하다. 반면 인간으로부터 독립적으로 존재하는 자연에 실험을 통해 외부에서 접근하는 경우, 이러한 절대성을 잃게 되어 많은 사람들이 다양하게 자연을 조작하고, 여러 측면을 받아들여 축적하고 종합해갈 수 있는 것이다.

이것이 베이컨이 말한 '인식의 진보' 개념의 본질적 의미이다. 자연과의 직접적 공감이 아니라 '실험'에 의해 간접적으로 자연을 파악하고, 이런 과정을 통해 자연을 지배하고자 했을 때, 그는 '성과를 얻는 실험'과 '빛을 얻는 실험'을 구별하였는데, 특히 후자를 강조했던 것을 상기해야 한다. '빛을 얻는 실험'이란 개별적인 성과만을 성급하게 구하려는 직인들의 단순하고 무원칙적이며 제한적인 실험이 아닌, '빛의 아버지인 신'이 자연에 부여한 일반적인 원리와 원인을 명확하게 알아내는 실험을 의미한다. 이와 같이 '창조주가 피조물에 각인시킨 진실의 도장'을 읽어내는 것, 베이컨은 바로 이것을 통해 지식이 힘을 얻을 수 있고, 나아가 '자연의 지배'도 가능하게 된다고 생각했다. 이런 의미에서 그에게는 '실험'도 하나의 종교적 행위였던 것이다.

이런 이유로, 베이컨을 단순히 세속적 공리주의자로 보는 것 역시 오해이다. 그의 '자연지배' 이데아와 이것을 지탱하는 '실험'의 배후에는 엄연히 기독교적 신이 존재하고 있었기 때문이다.

지금까지 살펴본 것처럼, 데카르트의 기계론적 세계관의 형성이나 베이컨의 자연지배 이데아 확립의 근저에는 기독교가 잠재해 있다. 이것은 근대 과학이 왜 서구라는 특수한 문화권에서 탄생했는가를 설명하는 데 아주 중요한 '하나의'—결코 이것만이 전부는 아니라는 것을 이미 언급했다—요소이다. 그리고 자연에 대한 근대 과학의 이러한 사고방식—'자연지배'와 '기계론'—이 오늘날 재검토를 요하는 커다란 문제가 되어 우리들 앞에 놓여 있다는 것도 분명하다. 덧붙여 데카르트와 베이컨의 배후에 있는 기독교가 그 종교의 유일한 존재방식이라고는 말할 수 없다는 점도 덧붙인다.

CHAPTER III

[근대적 생명관의 형성]

근대 이후의 자연과학은 어떤 방식으로 생명현상을 다루었고, 그 이면에는 어떠한 사상적 배경이 있었는가? 그리고 그것이 초래한 결과는 무엇인가?

고전시대의 의학사상

오늘날의 의학__ 오늘날 우리는 병에 걸리면 병원에 가서 다양한 검사를 받는다. X선 촬영, 소변 성분의 화학적 검사, 혈액검사 등을 시작으로, 경우에 따라서는 조직의 일부를 채취해서 배양하거나 생화학적인 분석을 하기도 한다. X선 촬영을 통해 필름에 나타나는 내장의 변화, 소변 성분의 비정상적인 수치, 혹은 혈액 내 백혈구 수의 이상 등은 병의 진단과 치료에 있어서 상당히 중요하며 가장 기초적인 자료가 되는데, 이 모든 경우는 오늘날 '물질' 현상으로 취급되는 것이 특징이다.

물질로서의 인간 VS. 생명을 가진 인간__ 이런 식으로 말하면, "이제 와서 뭐 그런 당연한 얘기를 하는가" 하고 반문할 사람들도 많을 것이다. 물론 병이란 신체에서 무엇인가 변화가 일어난 것을 의미하고, 신체가 물질의 집합계인 이상 병이 '물질' 현상

이외의 어떤 것일 수는 없을 것이다. 그러니 이런 물음은 두말할 필요도 없는 명백한 것이 아닐까. 오늘날 의학계의 전제군주, 대법관은 바로 병리학자다. 임상의가 실행한 진단의 옳고 그름은 최종적으로는 병리학의 법정에서 판결이 내려지는 것이다. 그런데 병리학자는 '환자' 라는, 한 생명을 가진 인간을 상대로 하는 것이 아니라, 단순히 조직과 세포로 이루어진 부분적 물질계를 상대로 검사하고 그 결과를 가지고 판결을 내린다.

'병' 에 대한 그리스 시대의 관점 ___ 병리학을 표현하는 'pathology' 라는 말의 어원을 살펴보면 참으로 흥미로운 사실을 알 수 있다. 이 말의 뼈대인 'pathos' 는 'pathetic(슬픈)' 과 'sympathy(공감)', 'passion(고통)' 등과 어원이 동일한데, 원래는 '병' 을 의미하는 그리스어 'pathema' 에서 유래한 것으로, 이 말은 '슬픔을 떠맡다' 라는 뜻을 갖고 있다. 즉 그리스에서는, 하나의 생명을 가진 인간이 안고 있는 '슬픔' 을 병으로 생각한 것인데, 이는 오늘날 의학이 물질계의 부분적 문제를 병으로 간주하는 것과 사뭇 대조를 이룬다. 인간을 하나의 전체적인 존재로 파악하려는 그리스인의 인간관과 인간을 물질이 만들어낸 요소의 집합적 기구로서 파악하려는 서구 근대의 과학적 인간관이 대비되는 부분이라고 할 수 있겠다. 그렇다면 우선 그리스 시대의 의학 상황을 개관해보자.

아스클레피오스 ___ 그리스 신화에서 의학은 통상 아폴론과 인간의 딸 사이에서 태어난 아스클레피오스에서 시작한다. 아스클레피오스는 죽은 자를 소생시킬 정도로 명의였기 때문에 제우스에 의해 살해당하고, 오피우커스[*1]라는 별이 되었다고 전해진다. 그래서 이후 유럽에서는 뱀이 의술의 상징이 되었다. 아스클레피오스를 숭배하는 중심지는 펠로폰네소

*1 Ophiuchus ; 뱀주인자리.

스의 '에피다우로스'라는 곳으로, 이곳에 그를 기리는 신전이 있는데, 병자가 이 신전에서 치유를 받곤 했다고 전해진다. 이를테면 최초의 병원, 요양소였던 셈이다. 이와 같은 신전은 아테네, 페르가몬, 로마 등지에 건립되었고, 에게 해의 코스 섬 등에도 이와 같은 요양소가 있었다. 한편 아스클레피오스는 자신의 딸들 네 명 모두에게 의술과 관련된 이름을 붙여 주었는데, 그 중 히기에이아Hygieia는 오늘날 위생학hygienics의 어원이 되었다. 그리고 아스클레피오스 신전의 전통을 이어받아 그리스 의학사상을 대표하는 두 사람의 의사가 탄생했는데, 한 사람은 히포크라테스이고, 다른 한 사람은 갈레노스이다.

히포크라테스___ 히포크라테스는 신화의 단계에 머물러 있던 그리스 의술을 경험과학으로 이끌어낸 최초의 인물이다. 임상의로서 제안한 '의학의 윤리' 주요 부분이 오늘날에도 인용되고 있을 정도로 그는 의학의 역사상 특기特記할 만한 인물이다. 그러나 여기서는 인간에 대한 그의 사고방식에 초점을 맞추고자 한다. 그는 사변이 아니라 의학을 통해 인간의 지식을 얻어낸 최초의 인물로서, 다음과 같이 말했다.

> 이런 주장을 펴는 의사와 소피스트 들이 있다. "인간이 무엇인가를 알지 못하는 사람은 의술을 아는 것도 불가능하다. 따라서 인간을 바르게 치료하려는 사람은 인간이 무엇인지를 자세히 알아야만 한다." 이렇게 말하면서 그들은… 도대체 인간은 왜 존재하는가, 인간이 최초에 어떻게 생겨났는가, 무엇으로부터 비롯되었는가에 대해 써놓고 있다. 그러나 이러한 주장을 하는 의사와 소피스트 들이 자연에 대해서 말하거나 써놓은 것을 읽어보면, 나로서는 그것이 의술에 있어서 회화술의 역할이나 가치에도 못 미치는 정도에 불과하다고 생각한다.[*2] 그렇다면

[*2] 이 시대에는 화가에게도 인체해부도를 그리기 위한 최소한의 회화술이 요구되었다.

자연에 대한 확실한 지식은 어떻게 얻을 수 있는가? 이것은 의학 이외의 영역에서는 불가능하다. 이러한 지식은, 다름이 아니라 의술 그 자체를 전체적으로 정확하게 파악하는 것에 의해서만 가능하며, 그 밖의 다른 방법은 전혀 존재하지 않는다. …결국 의술이란 인간은 무엇인가, 어떤 원인에 의해 생겨났는가 하는 것 이외의 다른 것들에 대해 상세히 아는 것이다.

- 히포크라테스, 《낡은 의술에 대하여》.

이렇듯 히포크라테스는 의학적 지식을 축적해야만 인간에 대한 타당한 견해를 가질 수 있다고 선언했고, 덧붙여 의학적 인간상에 대해 다음과 같이 묘사하고 있다.

그런데 인간은 신체 내부에 혈액, 점액, 황담즙黃膽汁, 흑담즙黑膽汁을 갖고 있다. 이것이 인간 신체의 자연성이며, 이것에 의해 병이 들기도 하고 건강해지기도 한다. 가장 건강한 상태란 이러한 신체 내부기관들의 상호 혼합비율, 성질, 양이 조화로운 경우를 가리킨다. 반대로 병을 얻게 되는 것은 인간 신체의 자연성이 과소하거나 과다할 때이며, 신체 내에서 유리되어 전체와 혼합되지 않을 경우다. 만약 이들 중 어떤 것이 떨어져서 고립된다면, 그 유리된 신체 부위가 병이 될 뿐만 아니라, 병이 난 신체 부위는 과도한 자극으로 인해 고통과 아픔을 겪게 될 것이다.

- 히포크라테스, 같은 책.

즉 히포크라테스가 생각하기에 인간은 전체적인 체액의 균형에 따라 건강하기도 하고, '고통'을 받게 되기도 하는 것이다. 병은 병상病狀으로서 신체의 어느 한 부위에 나타나는데, 이것은 단지 현상적 측면이다. 그러므로 이런 사고방식에서는 신체(더구나 시체가 된 신체)를 칼로 째서 신체의 각 부분을 자세하게 살피는 해부는 전혀 중요한 의미를 갖지 않는다. 히포크라테스는 생체生體를 하나의 전체적인 인간 자체로 여기는 것이야말로 의학의 출발점이라고 생각했다.

갈레노스 __ 이와 같은 전통이 그리스 의학을 관통하는 기조였음에 분명하지만 또 한 사람의 대표적인 의사 갈레노스의 시대가 시작되면서, 이런 분위기도 점차 변화하기 시작했다. 이미 에피쿠로스의 기계론적인 인간관이 출현하고, 로마의 아스클레피아데스*3 등의 반反 히포크라테스주의를 주장하는 흐름을 경험한 갈레노스의 시대는, 혼란스런 고대 의학사상이 집대성된 때이기도 했다.

*3 Asklepiades, 기원전 124년~기원전 40년경, 고대 그리스의 의사.

소아시아의 페르가몬 지방에서 태어난 갈레노스는 기본적으로는 히포크라테스로 돌아갈 것을 표방하였다. 그러면서 해부(인간의 시체가 아니라 짐승의 시체를 주로 했다)를 기반으로 생리학적 식견을 덧붙여서 종합적인 인간연구의 체계를 구축했다. 물론 해부를 함에 있어서 갈레노스는 오진이 많았고, 히포크라테스 이래의 사체액설四切液說과 스토아 학파에서 시작한 프네우마설論을 조합한 그의 의학체계는 오늘날의 시각에서 보면 오류로 가득 차 있었다. 원래 프네우마는 이 세계의 모든 사물을 지배하는 일종의 보편이성과 같은 개념으로 파악되었고, 생리학적으로는 인체의 생명력의 근원으로서 체내에 존재하는 동시에 공기중에도 존재하기 때문에 호흡 등을 통해 체내에 보충되어, 생리현상과 정신현상을 유지·발전시키는 것으로 생각되었다. 갈레노스는 이런 프네우마설과 사체액설을 조합하고, 거기에 인체구조에 대한 개괄을 추가해서 자신의 체계를 만들어냈다.

부분적으로는 오류가 눈에 띄지만, 종합적인 체계로서는 유일한 가능성을 보여주었기 때문에 이 체계는 이후 17세기에 이르기까지 서구 세계에서 주류를 형성했다.

갈레노스 체계 __ 후에 갈레노스 체계에 대한 최초의 도전을 불러일으킨 심장혈관계에 관한 그의 논의를 살펴봄으로써 이 체계의 특징을 다음과 같이 정리할 수 있다.

① 모든 혈관계는 개방혈관계로, 정맥과 동맥을 통해 혈액이 신체 각 부위로 운반된다.
② 간에서 만들어진 혈액의 이동을 살펴보면, 일부는 정맥에서 전신으로, 또 다른 일부는 대정맥에서 우심으로 들어간다. 그 중 일부는 폐를 부양扶養하기 위해 폐로, 또 다른 일부는 격막隔膜을 통해 좌심으로 들어간다.
③ 호흡을 통해 폐에서 받아들여진, 프네우마를 포함한 공기는 폐정맥을 통해 좌심으로 들어가고, 격막을 통해 좌심에 들어가 있던 혈액과 만나 대동맥을 통해 전신으로 보내진다.

근대적 입장에서 볼 때, 혈액과 공기가 심장혈관계를 통해 전신으로 보내진다는 것은 근본적인 오류를 갖고 있다. 우선 혈관계는 폐쇄혈관계이며, 정맥은 심장을 향해 혈액을 보낸다. 우심과 좌심을 연결하는 심장 속의 격공은 존재하지 않는다. 또한 폐동맥은 가스 교환을 위해 일단 모든 혈액을 폐에 보내기 위한 것일 뿐, 폐를 부양하기 위한 것은 아니다. 한편 공기는 폐정맥을 통해 좌심으로 유입되는 것이 아니며, 대동맥이 혈액을 통해 공기를 운반하는 것도 아니다.

그러나 이와 같은 사변적인 이론과 현실의 관찰에서 얻은 신체구조에 대한 식견識見을 가능한 한 교묘하게 매듭지어 하나의 종합적인 이론체계로 만들어냈다는 점에서 갈레노스의 시도는 분명 뛰어난 것이었다고 할 수 있다. 이후 17세기 초반까지 비잔틴과 아라비아 문화권을 거쳐 라틴 세계에 이르기까지 광범위한 지역에서 갈레노스 체계가 의학의 중심으로 군림한 이유가 바로 여기에 있다.

근대 생리학의 길

전통적 체계에 대한 도전 ___ 라틴 세계에서 전통적 체계에 대한 도전의 횃불은 의외의 곳에서 일어났는데, 바로 르네상스 시대의 예술가들이 행한 작업에서 나타났다. 당시 예술가는 이른바 '지식인층'에 속하는 것이 아니라, 미술공예가artisan로서 직인 계층에 속해 있었다. 그러므로 앞서 서술한 것처럼 이들은 고전적 전통의 구조에 속박되지 않고, 인체에 대한 순수한 관심으로 시체를 해부하였고, 타고난 묘사력으로 해부도를 그렸다. 가장 대표적인 예가 레오나르도 다빈치였다.

해부 ___ 해부는 13세기부터 소수의 의사들 사이에서 행해졌는데, 그 의도는 갈레노스의 체계를 실제로 확인하려는 데 있었다. 그래도 해부처럼 시체에 직접 손을 대는 행위는 대부분 지식인인 의사보다는 직인층인 '이발의(외과의의 전신)'가 행하였다. 그러므로 해부를 통해 당시 학계에 군림했던 갈레노스 체계의 오류를 발견한다는 것은 그 규모나 방식으로 볼 때 도저히 불가능했다.

그러나 인체의 아름다움을 지고至高한 것으로서 추구하기 시작한 그 즈음의 화가와 조각가들, 특히 레오나르도 다빈치 같은 인물은 인간의 신체를 마치 정교한 기계를 다루듯이 냉정하고 자세하게 관찰했고, 그 내부구조를 알기 위해 철저한 해부도 마다하지 않았다. 다빈치가 남긴 해부도를 보면, 그가 얼마나 냉철한 눈으로 인체를 대상화했는가를 잘 알 수 있다.

이렇게 인체는 금기를 벗고, 하나의 물체로서 인간의 관찰 대상으로 등장했는데, 이른바 이러한 '인체의 세속화' 현상은 우선 르네상스 시대의 화가들 사이에서 볼 수 있으며, 해부도의 존재가 지식인층 의사들 사이에서도 큰 자극이 되기 시작했다. 예를 들면, 베살리우스가 1543년에 출판한 《인체구조론De humani corporis fabrica libri septem》은 갈레노스의 체계를 큰 골격으로 삼고 있지만, 그림의 묘사법 등은 종래의 해부학 책에 비해 크게 개선되었음을 볼 수 있다. 개선된 부분은 거의 레오나르도의 해부도가 지닌 특징과 잘 부합된다. 특히 베살리우스는 갈레노스가 "심장의 격막에 구멍이 있다"고 한 것을 부정하며 다음과 같이 말했다.

> …좌심과 우심의 격막은, 이전부터 그랬던 것처럼, 아주 두껍고 견고한 심장의 물질로 구성되어 있다. …좌심과 우심 안의 내용물은 결코—적어도 감각에 의해 확실해지는 한에 있어서는—우심에서 좌심으로 침투하는 것이 불가능하다. …그러므로 우리는, 창조주의 조화의 묘에 놀라지 않을 수 없다. 왜냐 하면 창조주는 우리의 관찰에 의하면, 도저히 파악할 수 없는 어떤 미묘한 통로를 통해서, 혈액을 우심에서 좌심으로 배어나올 수 있도록 해놓았기 때문이다.
>
> - 베살리우스, 《인체구조론》.

이론과 사실 ___ 베살리우스는 갈레노스의 혈액 이론을 뒤집을 만한 결정적인 사실을 발견했다. 그러나 그는 이러한 획기적인 사실을 이용해서 갈레노스의 체계에 도전하겠다는 생각은 애초부터 갖고 있지 않았다. 그저 (심장에 있는) 구멍이 '보이지 않았기' 때문에, "보이지 않는 구멍이 있다"고 한 정도였다. 이 사례는 이론이 결코 사실에 의해 만들어지는 것이 아님을 보여준다. 오히려 이론을 기준으로 거기에 사실을 끼워 맞추는 방식이 지적 활동의 본질이었음을 여실히 보여주는 예인 것이다.

파브리키우스의 발견 ___ 이와 비슷한 또 다른 사례는 정맥판막의 존재에 관해 정확하게 기술한, 이탈리아 아콰펜덴테 출신의 파브리키우스*4에게서 찾아볼 수 있다. 그는 1574년에 작성한 보고서와 1603년에 쓴 저작을 통해 정맥판막에 대해 상세히 묘사하고 있다. 오늘날 우리의 눈으로 봐도 정맥판막의 존재가 얼마나 중요한 사실을 암시하는지 눈치챌 수 있다. 그것은 명확히 정맥 속의 혈액이 구심求心을 향해 흐른다는 사실을 암시하는 것으로서, 이것만으로도 그는 종래의 갈레노스설을 충분히 뒤집을 수 있었다. 그러나 파브리키우스는 이것이 스스로의 무게로 인해 한 번에 하강하지 않도록 하는 정도의 역할을 할 뿐이라고 파악했고, 그래서 갈레노스설을 부정하기 위한 논거로는 생각하지 않았다.

*4 Hieronymus Fabricius ab Aquapendente, 1537년~1619년.

반反 갈레노스 체계를 세운 하비 ___ 그러나 베살리우스와 파브리키우스가 발견한 사실들을 정반대의 시각에서 본 인물이 등장한다. 바로 하비*5이다. 파도바 대학에서 유학한 하비는, 당시의 스승이었던 파브리키우스에게서 사사받았다. 그러나 하비는 이미 파브리키우스와 같은 시각으로 사태를 관찰하지 않았다. 그는 자기 자신의 관찰에 의거하여, 갈레노스

*5 William Harvey, 1578년~1657년.

의 학문 태도 자체를 무기삼아 갈레노스를 공격했다.

"어느 날 밤, 나는 상당히 면밀하고 세심한 생각에 빠져 있었다. 나는 다양한 형태로 살아가는 동물종動物種들에 대해 검토하고, 그에 관한 여러 관찰을 수집하면서 '사실'을 얻고자 노력했다. 사실만을 추구하는 그 미로를 편력하다가 마침내 탈출했을 때, 나는 기대했던 대로 심장과 동맥의 운동과 그 목적을 알게 되었다.

…(심장의 운동에 대해서는) 우선 심방이 수축하고, 이때 내부에 있는 혈액(심방은 말하자면, 정맥의 머리 부분이고 혈액창고이자 저수지로서, 혈액이 차 있다)을 심실로 방출한다. 그리고 심실이 가득 차면, 심장이 이완하여 심장의 모든 신경이 지속적으로 긴장하고, 이어서 양쪽 심실이 수축한다. 이와 같은 과정을 거치면 한 번의 박동이 완료된다. 이런 박동에 의해, 우심실은 심방에서 유입된 혈액을 곧바로 폐동맥을 통해 폐장에 배출한다. 그리고 좌심실은 심방에서 유입된 혈액을 대동맥으로 보내고, 동맥을 경유해 전 신체로 보낸다. …(이론적으로 심장운동이란) 마치 기계의 한쪽 바퀴가 다른 쪽 바퀴를 움직일 때, 곧 모든 바퀴가 동시에 움직이는 것처럼 보이는 것과 유사하며, 또한 총기의 기계적 메커니즘, 다시 말해 방아쇠를 당겼다가 놓으면 압력에 의해 총알이 뒤로 갔다가 강철로 만든 총구를 통해 나가는 것과도 비슷하다."

—하비, 《동물의 심장과 혈액의 운동에 관한 해부학적 연구》.

혈액순환론 __ 혈액순환론에 있어서는 두 가지 초점을 가진 생각이 전개되었다. 그 첫 번째는 '혈액순환'이라는 아이디어였다. 하디는 갈레노스의 혈액 이론과 완전히 결별하고 폐순환*6과 체순환*7을 구별했다. 이것은 기본적으로 혈액이 신체 각 부위에서 소비되는 것이 아니라, 항상 체내

*6 폐순환은 우심실에서 나온 혈액이 폐동맥을 통해 좌우의 폐로 와서 폐포 내에서 산소와 이산화탄소를 교환한 후, 폐정맥을 통하여 다시 좌심방으로 돌아오는 순환을 말한다.

*7 좌심실에서 대동맥으로 나와 소동맥 · 모세혈관을 지나 소정맥 · 대정맥을 경유하여 우심방으로 돌아오는 경로를 말한다.

의 혈관계를 순환하고 있음을 보여준 생각으로, 고대 생리학 및 인체관에 대한 최초이자 최대의 도전이었다.

하비를 시작으로 고대의 체계는 점차 붕괴되기 시작했다. 따라서 혈액순환론에 관한 하비의 제안은 과학 사상사 측면에서 매우 중요한 의미를 지닌다. 하지만 이것보다 더 중요한 의미를 띠는 것이 바로 그의 두 번째 생각인데, 이것은 앞서 인용한 하비의 글 마지막 단락, 즉 심장운동을 기계운동에 비유한 부분에서 암시된다.

인체=기계 ___ 원래 '기계'라는 것은 인간, 특히 손의 연장延長으로 고안·발전된 것이다. 바꿔 말해 '인간의 손'을 대신하는 '도구'로서 탄생·발전된 것이다. 레오나르도 다빈치가 하늘을 나는 기계를 고안했을 때, 그 모방의 원형은 (인간은 아니었지만) 새의 날개 구조였다.

인간과 동물의 신체구조를 모방하여 기계를 만들어낸다는 발상은 아주 오래 된 것으로, 도구와 기계의 역사와 더불어 시작되었다고 할 수 있다. 그러나 기계의 구조를 통해서 인간과 동물의 신체를 살피는 사고방식은 '시계 장치의 세계(우주)*8'라는 발상과도 병행하는 것으로, 아주 오래 되었다고는 할 수 없다. 오히려 이런 하비의 사고방식은 기계의 구조를 통해 인간과 동물을 살핀다는 발상을 구체화시키는 최대의 계기가 되었다.

*8 우주를 작은 요소들의 기계적 집합구조로 생각한 것을 유비한 표현.

르네상스의 화가들에 의해 세속화의 흐름 속에 짜맞추어진 '인체'는 하비의 혈액순환론에 의해 가장 구체적인 세속화를 드러내게 되었다. 그동안 온갖 신비한 힘을 숨기고 있다고 생각되었던 심장은, 이제 단순한 하나의 펌프에 불과한 것이 되고 말았다.

서구 근대 과학으로 가는 길 __ 하비의 혈액순환론은 위대하지만 단순한 첫걸음이었다. 이를 통해 근대 서구의 의학은 인체를 각각의 장기와 조직이라는 부품으로 잘 짜여진 복잡한 기계로 바라보았다. 그 중에서도 특히 생리학은 이 단순한 첫걸음으로부터 그 다음 행방이 결정되었다.

이미 서술한 것처럼, 서구의 근대 의학은 신체 일부에 나타나는 이상異狀을 병이라고 본다. 그러므로 물질계의 이상이 정상화되면 병은 치유된다고 생각했다. 만약 이상이 정상화되지 않을 경우, 이상이 생긴 인체의 '부품'인 기관과 조직을 인공적 기계로 대치한다고 하더라고 아무런 상관이 없다고 생각하기에 이르렀다. 따라서 오늘날 인공장기와 장기이식에 따른 문제의 근원根源은 근대 초기 유럽에서 생리학의 방향을 결정지은 하비의 혈액순환론으로까지 거슬러올라간다.

이와 같이 유럽의 의학 · 생리학의 근대화 흐름은 오늘날까지도 영향을 미칠 정도로 그 역사가 유구하며, 실제로 이것으로부터 은혜를 입은 사람들의 수는 헤아릴 수 없을 정도로 많다. 그러므로 우리는 유럽의 근현대 의학이 실패했다고 단정지을 수 없다. 하지만 오늘날 과학의 구조 속에서 심각한 문제가 되고 있는 의학 쟁점 대부분이 유럽 의학에 뿌리를 두고 있다는 점 또한 지적하지 않을 수 없다.

CHAPTER IV

[원자론의 계보]

서구 사상의 흐름 속에서 원자론적인 사고방식은
어떻게 발생, 성장했는가?

원자론이라고 하면 누구나 물질의 최소 단위를 형성하는 원자의 이미지를 떠올릴 것이다. 그러나 원자론은 단순히 어떤 물질이 수소 원자와 질소 원자로 이루어졌다고 주장하는 이론만은 아니다. 근본적으로 원자론은, 자연에 대해 사고함에 있어 최소한의 구조를 설정하는 것으로서, 이는 과학 사상사에서 매우 중요한 사고방식이다. 이번 장章에서는 서구 사상의 흐름 속에서 원자론적인 사고방식은 어떻게 발생하여, 어떻게 성장했는지를 살펴본다.

그리스의 원자론

자연현상 __ 자연계에서는 다종다양한 현상이 일어난다. 각 물질마다 색과 맛에 미묘한 차이가 있고, 심지어 '같은' 색을 가진 '같은' 물질조차도 태양광선으로 볼 때와 불빛 아래에서 볼 때 전혀 다른 현상을 나타낸다.

즉 우리의 오감이 포착한 '현상'의 세계는 극히 모호하고 변화가 많으며, 불확실한 부분이 존재하는 것이다. 이 경우, '보이는' 세계의 다양성과 유동성*1을 좀더 확실하고 변하지 않는 소수의 원리를 토대로 해서 설명했던 것이 '과학적' 설명의 출발점이라고 할 수 있다.

*1 '만물은 유전한다'라는 말은 '보이는' 세계의 특징을 잘 보여준다.

그리스의 원자론 ___ 그리스인들은 다양한 세계를 단일한 원리로 환원하는 작업에서도 아주 탁월한 재능을 보여주었다. '그리스 원자론'도 이러한 작업에서 출발하였다. 그러나 다양하게 '보이는' 세계를 소수의 원리로 환원한다는 것은, 원자론의 제창자로 알려진 데모크리토스에 대해 비판적인 태도를 취했으며 원자론을 대신해서 사성질설四性質說의 입장을 견지했던 아리스토텔레스 또한 공유하고 있던 출발점이었다. 그렇다면 데모크리토스로 대표되는 그리스 원자론이 갖는 특징적인 의미는 무엇일까?

레우키포스 ___ 데모크리토스의 원자론은 레우키포스*2가 논한 것에 입각하고 있다고 전해진다. 레우키포스는 상당히 대담한 제안을 했다. 그는 진공 속에서 무수한 '원자'가 운동하고 있는데, 이것이 모이면 '물체'가 되고 흩어지면 '물체'가 사라지지만 '원자' 자체는 작아서 인간의 눈에 보이지 않는다고 생각했다. 이것이 왜 대담한 생각인가를 이해하기 위해서는 '진공kevov'이라는 개념 문제를 파고들어야만 한다. 그 당시만 해도 이것은 까다로운 개념이었다. 왜냐 하면 '아무것도 없'는 상태가 '진짜 존재하는가' 하는, 말하자면 논리적인 의문이 생기기 때문이다.

*2 Leucippus, 기원전 440년경 활약.

한편 물리적으로도 이 세계에 진정한 '진공' 상태가 존재할 것이라는 기대는 완전히 불가능(이것은 오늘날의 기술적인 발전을 전제로 해도 역시 그렇다)하다고 생각했기 때문에, 일반적으로 진공의 존재는 몇 가지 예외를 제외하곤 부정되는 경향이 있었다. 이후에 전해진 '진공혐오horror vacui' 같은 사고방식도 이런 경향이 구체적으로 드러난 경우이다.

그러므로 레우키포스가 진공과 원자를 나누고, 원자를 모든 현상의 근저로 설정한 것은 아주 대담한 제안이었다. 레우키포스의 발상은 '아무것도 없다'라는 개념이라도 '실재'한다고 하는, '실재'에 대한 상당히 자극적인 사고방식을 함축하고 있었던 것이다. 바로 여기에서, 원자가 자유롭게 운동하는 것이 가능한 '간극間隙'으로서의 '공간空間' 개념*3이 나타난다.

*3 무無 또는 '빈 공간', 그리스어로는 케논.

데모크리토스 __ 데모크리토스는 기본적으로 이런 레우키포스의 사고방식을 계승했다. 아리스토텔레스가 오히려 부정적으로 전한 데모크리토스의 주장에 따르면, 원자들의 형태와 위치배열, 운동상태가 다르기 때문에, 이러한 상이相異함이 현상적 측면에서는 '다양성'으로 표출된다는 것이다. 이해하기 쉬운 예를 들어보자면, 물은 얼음의 형태일지라도 물이다. 그러나 현상적 측면만을 본다면, 이 양자(물과 얼음)를 서로 다른 것으로 생각할 수 있다. 물과 얼음이 같은 '것'임을 가르쳐주는 것은 감각이라기보다는 지성知性이고, 이런 지성은 물에 들어 있는 원자의 상호 위치배열의 차이점을 통해 물과 얼음을 구별할 수 있다. 물론 아리스토텔레스는 이런 논의에는 가담하지 않았지만, 물과 얼음 안의 원자의 위치배열의 차이를 말할 수 있지 않을까 하는 정도의 의문은 제기하였다. 결국 데모크리토스가 오늘날 화학에서 행해지는 것처럼 원자들의 연결방식과 위치배열을 근거로 현상의 다양한 변화를 일괄해서 설명하려 했음을 확실하게 알 수 있다.

데모크리토스의 원자는 '더는 쪼개지지 않는 것'이라는 이유로 아톰[*4] 이라고 불렸다. 그는 이 수많은 다양한 원자가 마치 핀홀pinhole에 스며든 한 줄기 광선에 노출된 미세한 먼지의 운동처럼 진공 속을 운동한다고 생각했다. 그리고 원자의 이합집산을 통해 물질의 생성소멸이 결정되기 때문에 원자는 무無에서 생겨난 것도, 다시 무로 돌아가는 것도 아니라고 주장했다. 가장 원시적인 형태의 '물질보존의 법칙'이 여기서 제안되었다고 해도 좋을 듯하다.

[*4] atom ; a=할 수 없음, tom=나누다. 즉, 나눌 수 없음.

환원주의 ___ 오늘날의 자연과학은 현상을 그 하위 레벨의 물질 단위와 그것을 담당하는 운동법칙으로 설명하려는 경향이 상당히 강하다. 예를 들어 생물학적인 현상에 대해서는 고분자 단위의 아미노산 같은 단백질 구성요소를 하나의 설명 단위로 설정하고, 이것의 이합집산에 의해 설명이 가능하다고 생각한다. 또한 화학 현상에 대해서는 원자물리학적 원리에 따라 설명할 수 있다고 생각한다. 이와 같은 환원주의reductionism의 원형 중 하나가 레우키포스, 데모크리토스로 대표되는 그리스 원자론이다.

데모크리토스의 원자는 색이나 맛 같은 속성을 갖고 있지 않았다. 쉽게 말해서, 색이나 맛 같은 물질간의 차이는 원자의 상호 위치관계에 의해 생겨나는 것이라고 생각했다. 이 경우 색이나 맛은 상위 레벨의 성질이 되고, 이러한 변화를 설명하기 위해 보다 기층적基層的 레벨의 원자 형태와 위치관계가 사용되는 것이다.

무한과 연속 ___ 또 하나 중요한 것은, 그리스 원자론에 '무한'과 '연속'의 문제가 내포되어 있었다는 점이다. '제논의 패러독스' 등의 형태로 잘 알려져 있다시피 무한의 문제는 그리스 사상계의 중심 테마 중 하나였고, 이것은 오늘날까지도 중요한 문제로 남아 있다. 원자론이 다룬 무한의 문제는 무한분할과 관련된 것이었다. 원자론은 물질의 무한분할을 논리적으로 허용하지 않기 때문에, 당연히 물질의 '연속성連續性'을 부정한다. 앞에서 "물질은 '진공'인 공간과 '물질입자'로 구성되었다"라는 생각을 원자론 사상의 기본으로 설정한 것도 바로 이런 이유 때문이다.

그럼에도 공간 내의 비연속적인 물질입자라는 사고방식은, 오늘날 과학계를 지배하는 강력한 이론적 경향이다. 하지만 오늘날의 물리학 세계에서, '공간은 연속체이고 그 속에서 비연속적 물질입자가 분리되어 존재한다'는 사고방식이 늘 유지되고 있는 것은 아니란 점을 고려할 때 그리스 원자론의 논리는, 사실 현 시점에서도 큰 의미를 갖는다고 할 수 있다. 어쨌든 우리는 그리스 원자론이 지나온 운명을 통찰할 필요가 있다.

근대 원자론의 탄생

원자론의 쇠퇴 __ 레우키포스와 데모크리토스의 원자론은 그리스의 사고방식을 상징적으로 보여주고 있지만, 진공의 존재라는 문제와 얽히는 바람에 그리스 사상의 주류가 되지 못했다. 그 첫 번째 이유는 그리스에서는 '모든 현상을 진공 속에 존재하는 물질입자의 운동'으로 환원하려 한 '기계론적' 자연관을 선호하지 않았기 때문이다. 그리고 또 하나의 이유는, 원자론의 계보가, 시간이 흐르면서 점차 부정적 이미지를 갖게 된 '쾌락주의'의 원조 에피쿠로스에게 연결되고, 또 에피쿠로스의 충실한 후계자 루크레티우스에게 이어진다는 점에 있었다. 그러나 결과적으로는 에피쿠로스 비판과 결부되어 원자론 자체에 대한 찬동자가 적어졌기 때문이다. 그리고 원자론에 대항하였던 아리스토텔레스의 물질관이 아리스토텔레스 철학체계 자체의 강력한 침투력과 더불어 사상사의 주류가 되고, 이것이 고대 후반기부터 융성하기 시작한 연금술과 합치되는 등, 여러 가지 이유로 고대 말기에 들어서면서 원자론의 움직임은 점차 수그러들었다. 그리고 마침내 비잔틴, 아라비아, 중세 라틴 세계까지도 아리스토텔레스의 물질관에 지배받게 되었다.

아리스토텔레스의 물질관__ 아리스토텔레스의 물질관은 잘 알려진 것처럼 흙, 물, 공기, 불이라는 네 가지 기본 원소로 모든 것을 설명하는 것이다. 보통 '사원소설'로 불리는데, 이보다는 '사성질설'로 부르는 편이 좋을 것 같다. 흙, 물, 공기, 불이라는 네 가지 기본 물질은 모든 물질의 '기본'이 된다는 의미에서는 '원질原質'에 해당하나, 이 네 가지 기본 물질이 실제로는 서로 변환하기 때문에 절대로 변하지 않는 궁극적인 '원질'은 아니다.

옆의 도표는 이런 관계를 표시하는 유명한 그림인데 이 그림에서 실제로 주된 역할을 하는 것은 네 가지 원소가 아니라, 건乾-습濕, 온溫-냉冷이라는, 서로 대립하는 두 가지 성질의 묶음이다. 즉 '기본 성질[基質]'이 되는 것에 건-냉이란 성질이 주어지면 흙이 되고, 건-온이 주어지면 공기가 되며, 습-냉이 주어지면 물이 된다. 또, 물에 습한 성질을 주면 그 상태가 유지되지만, 그 중 냉한 성질만을 온한 성질로 변화시키면(그림에서는 점선의 변화로 표현되고 있다), 물은 이미 물이 아니라 습-온의 성질을 갖는 공기로 변하게 된다. 이런 의미에서 네 가지 원소는 늘 움직이며 옮겨다니는 것이다.

연금술 __ 이처럼 임의의 물질에 대해, 건-습, 온-냉이라는 원리로 단순한 조작을 적당히 가하면, 그 물질의 흙, 물, 공기, 불의 배합 비율이 변화하게 된다. 그 변화의 결과가 정확히 금의 배합 비율과 일치할 경우 금을 만들 수 있다는 것이 바로 연금술이다. 이것이 아리스토텔레스의 물질관이 연금술과 잘 어울리는 이유이다.

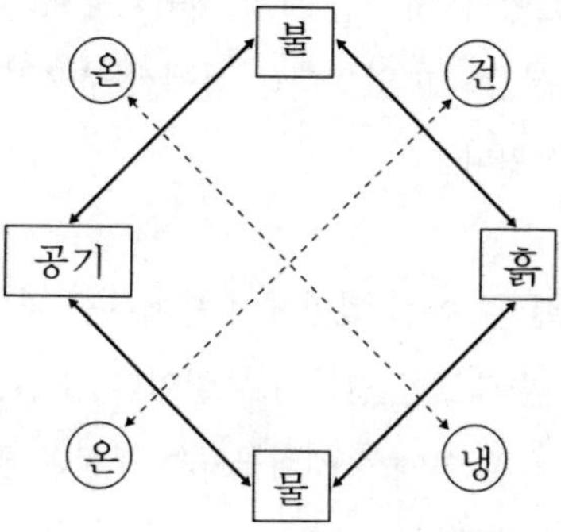

[사성질설의 전화]
(건-습-온-냉 / 물, 불, 흙, 공기)

때문에 레우키포스-데모크리토스-에피쿠로스-루크레티우스로 이어지는 그리스 고대 사상 속의 일련의 원자론 계보는 상당 기간 역사의 표면에서 그 모습을 감추게 되고, 그 대신 아리스토텔레스의 물질관에 기초한 연금술의 황금시대가 이어지게 된다.

그리스 원자론의 부활 __ 그러나 르네상스 시기에 들어서면서 점차 이러한 사상 구조가 흔들리기 시작했다. 특히 루크레티우스의 저작인 《만물의 본성에 대하여》 등이 인문주의자들 사이에 즐겨 읽히면서, 그리스 원자론에 기반한 사고가 조금씩 서구 라틴 세계에도 침투하기 시작했다. 특히 데카르트의 좋은 논적論敵으로 알려진 가생디에 의해, 그리스 원자론은 유럽에서 전면적으로 부활했다. 그 한 예가 데카르트와 가생디의 유명한 논쟁인데, 데카르트는 기본적으로 진공과 물질입자의 양립을 반대하여 가생디와 격렬한 논쟁을 벌였고, 그로 인해 이 문제는 더욱 확산되었다. 하지만 사실 데카르트의 철학 역시, 세계 구도를 기계론적으로 설정하고 있었다는 점에서 부분적으로 원자론의 영향을 받았으리라 짐작된다.

보일___ 이런 의미에서 원자론을 자기 체계로 구체화하면서 근대를 가장 잘 대표한 인물이 보일이다. 보일은 디오게네스*5의 저명한 저작《철학자 열전》에서 에피쿠로스 부분을 읽고, 처음으로 원자론적 발상을 접했다고 한다.

*5 Diogenes Laërtios, 기원전 3세기 전반경에 활약.

보일을 성장시킨 이 시대를 통해 영국의 지적 수준을 짐작할 수 있다. 당시에는 베이컨의 '실천철학'이 강한 인상을 주었고, 갈릴레이의 이른바 '신과학'이 이미 큰 영향력을 행사하고 있었으며, 하비의 '혈액순환설'은 새로운 학문의 승리를 구가했다. 또한 '보이지 않는 대학invisible college'이 그 기능을 했고 왕립협회가 결성되기도 했는데, 모두들 이론과 구체적인 실험의 결합이 중요하다고 강조했다.

보일의 화학체계___ 바로 이 시기에 학문의 세계로 몸을 던진 보일은 데카르트의 '기계론'과 갈릴레이의 '신과학'에 강한 매력을 느꼈고, 연금술 분야를 새로운 지식체계의 중요한 한 분야로 위치시키고자 했다. 물론 보일의 시대에는 도도한 신지식의 흐름과 전시대에서부터 이어져 내려온 잔해가 여전히 공존하고 있었다. 그 때문에 보일의 저작들이 항상 일관성을 유지하지는 못했다. 그러나 보일이 화학을 하나의 학문체계로 만들려고 했다는 것은 확실하다.

보일의 '화학' 개념은 원자론을 기초로 하고 있다. 그리고 오감에 의해 포착되는 우연적인 사물의 다양한 성질을, 최종적으로는 이차적 성질로 다시 보는 것이다. 기본적으로 이차적 성질이란 '형태'와 '크기'를 가진 원자의 위치관계로 환원하는 것을 뜻한다. 즉, 다양하고 우연적인 현상을 기본적인 원자의 이합집산을 통해 체계적으로 설명하는 하나의 거대한 지식체계를 의미한다.

보일의 이론___ 보일은 '원자'에 대해 다음과 같이 말한다.

> "세계에는 물질입자의 거대한 축적이 있고, 이런저런 다양한 입자들은 우리가 감지할 수 없을 정도로 작다. 이 입자는 그 자체로 완전히 분할되지 않는 것이기 때문에 확실한 형태를 가질 수밖에 없으며, 따라서 상당히 견고하지 않으면 안 된다. 상상의 세계나 전능한 신의 힘에 의해서라면 모를까, 그 극미함과 견고함 때문에 자연계에서 이것을 분할하는 일은 현실적으로 일어나지 않는다. 이런 의미에서 이것을 '미니마[*6]'라든가 '프리마 나투랄리아prima naturalia'라고 부른다. 또, 이 미니마가 모여 있는 입자도 다수 존재하는데 이런 입자의 크기 역시 상당히 작다. 따라서 미니마 사이의 흡착력이 극히 밀접하고 강력한, 이런 미세한 입자의 원시적 집단은 감각 지각의 한계를 벗어나서 존재한다. 이것이 프리마 나투랄리아 혹은 이것과 닮은 작은 조각으로 분할되는 일은, 자연계에서 절대로 일어날 수 없다고 말할 수는 없지만, 실제로 이러한 결합이 분할된다거나 부서지는 경우는 드물다."

[*6] minima ; 자연의 최소 입자.

이 글에서 보일은 오늘날 우리가 말하는 원자와 분자를 구별하고 있으며, 화합물의 최소 단위인 분자의 개념을 역산하여 화합물과 분자를 구별했던 것을 알 수 있다.

데카르트의 영향___ 데카르트 철학에 강한 영향을 받은 보일은 물질현상을 모두 기계론으로 설명하려 했지만, 한편으로는 데카르트가 '원자와 공허의 양립'이라는 논리로 원자론을 부정하려 한다는 사실을 감지하고 있었다. 이미 서술한 것처럼, 데카르트는 물질의 속성을 '연장'으로 다루었기 때문에 연속체라는 물질의 이미지에서 완전히 벗어날 수 없었고 '공허'를 인정하지 않았다. 그러나 이런 데카르트 주의와 원자론은 보일의 내부에서만은 모순 없이 일치했다. 그는 "데카르트 주의와 원자론은 여러 가지 형태로 움직이는 극소의 물질에 의해 모든 현상을 설명한다. 즉 모든 자연현상을 물질과 국지적 운동으로 환원한다는 점에서 일치하고 있다"*7고 보았는데, 이런 점에서 오히려 그가 원자론의 논리를 예리하게 밀고나갔다기보다는 어느 정도 유연한 형태의 기계론적 설명에 중점을 두었음을 알 수 있다. 흔히 입자 이론corpuscular theory이라 불리는 그의 이러한 태도는 급진적인 원자론과는 구별된다.

*7《홀 : 자연철학의 로버트 보일Hall:Robert Boyle on Natural Philosophy》, 1965, 인디애나 대학교 출판부.

원자론과 민주주의___ 물질관으로서의 원자론이 구체적인 의미와 내용을 갖게 된 것은 라부아지에의 '원소'관觀—원자의 '종' 개념을 확립한 것—을 배경으로 18세기에 나타난 돌턴*8의 활동을 통해서이다. 그러나 17세기에 이와 같은 원자론과 그 유사 형태인 입자 이론이 물질관 영역에서 사람들을 끌어들인 이면에는 더욱 일반적인 사상적 기반이 존재했다.

이를테면 17세기는 민주주의 사상의 기초를 세운 시대였다. 그 좋은 예가 로크*9의 철학으로, 원래 '민주주의'의 이념은 한 인간이 한 사람 이상도 이하도 아닌 그저 '한 사람'의 인간으로서 사회의 기초적 단위가 된다는 것이며, 사회는 인간 상호간의 유기적 얽힘이라기보다, 독립된 한 개체인 인간의 집합체로 다뤄져야 한다는 것이다. 이런 점에서 로크의

*8 John Dalton, 1766년~1844년.
*9 John Locke, 1632년~1704년.

시각은 물질관의 '입자 이론' 또는 '원자론'과도 강한 친근성을 갖고 있다. 홉스[*10]가 말한 '만인에 대한 만인의 싸움'처럼 개인은 사회의 궁극적 단위이며, 따라서 개인의 고유한 권리에 대해서 국가와 사회는 간섭과 제한을 최소한으로 한정해야 한다는 것이다. 로크의 정치 철학은 정치이념으로서는 미국의 독립 선언과 프랑스 혁명을 직접 예시豫示하고 있는데, 이런 발상의 근저에는 인간을 원자론으로 파악하고자 했던 의식이 있었음을 간과해서는 안 된다.

결국 원자론은 물질관으로서 근대 과학의 한 분야인 '화학' 안에 스며들었지만, 단지 거기에 그친 것이 아니라 그 이론과 이념이 17세기의 모든 사상 영역으로 침투됨으로써 하나의 커다란 사상적 흐름을 형성하였다.

[*10] Thomas Hobbes, 1588년~1679년.

CHAPTER V

[계몽주의 시대]

계몽주의에 영향을 받은 과학의 사상적 특징과 역할, 그리고 의미를 살펴본다.

계몽주의

근대의 찬가___ 오늘날 우리에게, 근대 합리주의는 반드시 최고선은 아니다. 오히려 우리는 과학만능주의에 대해 비판적이다. 그러나 최근까지도 우리는 과학기술의 진보가 우리의 일상을 풍요롭게 하고, 행복 증진에 기여하는 선으로 인식했다.

뿐만 아니라 이러한 과학기술을 탄생시킨 근대 자체를 '중세의 암흑(여기서 '중' 자는 고대와 근대를 의식한 듯한 특별한 울림을 전해준다)'을 넘어선 이성과 인간성의 승리라고 생각했고, 그런 의미에서 현대는 근대의 연장선에 있다고 생각하지 않았던가.

근대를 이렇게 단편적으로 보지 않더라도, 근대에 대해 긍정적으로 생각한 반면 중세에 대해서는 폄훼하는 태도가 있었다는 데 모두가 공감할 것이다. 그런데 사실 이런 태도는, 근대 초기 과학지식의 경이로운 발전을 흡수한 18세기 유럽 계몽주의의 편견에서 비롯된다.

계몽주의의 발전 __ 계몽주의는 뉴턴의 역학을 세속적으로 해석한 후, 그것을 이식하는 작업에서 시작되었다. 1687년에 등장한 뉴턴의 《프린키피아》를 열광적으로 지지한 사람들은 뉴턴의 모국인 영국 사람들이 아니라 프랑스인들이었는데, 그 대표적인 지지자가 볼테르*[1]였다.

*[1] Voltaire, 1694년~1778년.

뉴턴 역학은 이전까지 천상계와 지상계의 두 영역으로 나누어 설명했던 운동의 문제를, 모든 상황과 모든 운동에 적용 가능한 형태로 해석했다는 획기적인 의미를 갖고 있다. 심지어 "신이 말씀하시기를, '뉴턴이여 나와라. 그래서 세상에 빛을 가져오라' 고 했다"는 이야기가 나돌 정도였다. 이렇듯 전세계의 모든 운동 현상은 뉴턴의 '운동에 관한 세 가지 법칙' 에 의해 원리적으로는 완전한 설명이 가능해졌다.

영국에서 뉴턴의 운동역학을 접한 볼테르는 운동역학의 중요한 기초인 신학적 이해를 제거하는 한편, 로크의 정치 철학에도 경이에 찬 시선을 보냈다. 절대왕정체제하의 프랑스인인 그로서는, 개인 권리의 불가침을 주장하고, 인간 사회를 개인으로 환원하자고 설파했던 로크의 사상과 뉴턴의 역학이 매우 신선했던 것이다.

볼테르 __ 볼테르는 자연과학적 지식이 지닌 확실함에 매료되었다. 그는 뉴턴 역학이 자연과학적 지식의 확실함을 구체화시킨 최고의 것이라 생각했고, 그래서 이것을 대륙에 소개하는 노력을 게을리하지 않았다. 이런 의미에서 볼테르는 확실히 '계몽가' 였다. 볼테르는 자연과학적 지식의 확실함에 비해, '인간' 과 '사회' 에 관한 문제는 명석함과 확실함을 갖고 있지 못하다는 느낌을 강하게 받고 있었다. 볼테르는 자연 그 자체에 대한 순수한 호기심에서가 아니라 인간 사회의 현실 문제와 관련하여 자연과학적 지식을 파악했다. 볼테르를 '계몽가' 라 부르는 또 다른 의미가 여기에 있는 것이다. 게다가 그의 이러한 계몽가적 태도는, 당시 사람들이 기본적으로 공유하던 종교적 권위, 정치적 권위 같은 '절대성'을 인정하지 않았다. 이런 태도에 비추어볼 때, 그에게는 뉴턴 역학조차도 확실하긴 하지만 절대적인 것은 아니었던 듯하다. 볼테르는 모든 지식을 회의적인 상대성의 세계로 밀어넣었다. 이는 지식을 통속적인 범위에 한정하고 현실과의 대응을 주요 관심사로 여기는 것으로 당시의 계몽가들에게 공통적으로 나타나는 실용주의적 태도이다. 이러한 태도만 보더라도 그는 말 그대로 순수한 계몽가였다고 말할 수 있다.

백과전서파百科全書派 ___ 이와 같은 '계몽가'의 태도는 볼테르만이 아니라, 이른바 '백과전서파'인 디드로*2와 달랑베르*3 등에게서도 공통적으로 나타난다. 원래 《백과전서》는 과학적 지식의 실용화 · 통속화를 목적으로 편찬된 것이지만, 여기에도 뉴턴 역학, 원자론, 기계론 등을 적당히 받아들인 통속 과학주의가 점차 침투하기 시작했다.*4

*2 Denis Diderot, 1713년~1784년.

*3 Jean Le Rond d'Alembert, 1717년~1783년.

*4 백과전서파란 1751년부터 프랑스에서 출판된 《백과전서L'Encyclopedie》의 기고자들을 지칭한다. 이 책의 다양한 집필자들은 가톨릭 교회와 절대왕정에 반대한다는 점에서 이념적인 입장이 대체로 일치했다. 이들의 활동은 1789년 프랑스 혁명의 사상적 기반을 닦아놓았다는 점에서 중요한 의미를 지닌다.

자연탐구와 신에 대한 신앙 ___ 그러나 과학에 대한 이와 같은 태도는 한 가지 중요한 암시를 내포하고 있다. 17세기의 과학자들, 즉 근대 과학의 창시자들은 과학지식을 추구함에 있어서 지극히 개인적인 흥미와 호기심에 따라 수행하였다. 또한 그들은 이러한 과학지식의 추구가 창조주인 신의 계획과 의지를 자연 속에서 읽어낼 수 있는 가장 좋은 방법이며, 결과적으로는 신의 영광에 대한 한없는 찬미와 직결되는 것이라고 생각했다.

저 유명한 갈릴레이의 일화를 보자. 이 이단 심판의 이야기를, 단순히 지구는 움직이는가 그렇지 않은가 하는 진리 선택에 관한 강압으로서가 아니라 인간적인 냄새를 풍기는, 정치적인 요소가 복잡하게 얽힌 하나의 드라마로 보는 시각도 있다. 하지만 어쨌든 이 사건을 표면적으로만 들여다보더라도, 갈릴레이의 소신에는 종교적인 거리낌 따위는 전혀 없었다. 갈릴레이는 자신의 신앙에 대해 결코 의심하지 않았다는 것이다. "신의 말씀은 성경과 동등하게 자연 속에서도 전개되고 있으며, 신은 자신의 모습을 성경 속에서 분명하게 드러내는 것과 같이 자연 속에서도 드러내고 있다"는 갈릴레이의 말은 당시 자연탐구자의 심정과 확신을 잘 드러낸 것이다. 뉴턴도 예외는 아니었다. 그 역시 만유인력의 근거를, 주저없이 '신의 움직임'에서 찾고 있다.

인간을 위한 과학 __ 18세기 계몽주의 시대의 과학적 후계자들은 신에 대한 온건한 부정부터 급진적인 부정에 이르기까지 다양한 스펙트럼을 가지고 있었지만, 대체로 신에 대한 신앙과 자연연구를 완전히 분리했다. 이것의 성공 여부는 별개의 문제지만, 이들의 의도를 대강 가늠해볼 수는 있다. 즉, 한편으로는 인간에 대한 신뢰가 깊어가면서 인류의 구제는 이미 신의 손이 아니라 인간의 손에 의해서, 그리고 피안彼岸에서가 아니라 차안此岸에서 달성 가능하다는, 18세기 특유의 자신감이 드러나고 있는 것이다. 다른 한편에서는 자연탐구가 신의 영광을 위해서가 아니라 인간의 진보를 위해서, 즉 '세속적', '실용적', '통속적' 국면으로 과학을 끌어내린다는 프랑스 계몽주의 특유의 발상에 의해 지탱되고 있었다.

진보사관 __ 계몽주의 사상 안에서의 과학은 필연적으로 유물론적 색채를 띠고 있었고, 인류의 진보와 과학을 연결시키려는 시도가 상당히 강력하게 대두했다. 17세기 과학자들의 발상에서 자연사自然史는 '종말론'적 염세주의가 강력하게 작용하고 있었지만, 계몽주의 시기의 과학자들은 상당히 낙천적이었다. 인류의 진보를 확신한 그들은 진보를 추진하는 최대의 힘을 과학기술에서 구하고자 했다. 여기서 근대 과학은 그것이 선하든 악하든 간에 최초로 인류사회에 대한 결정적인 영향력을 갖게 됐다고 할 수 있다.

콩도르세___ 진보사관의 대표적인 인물이 콩도르세*5이다. 그의 《인간정신 진보의 역사적 개관 초고》는 진보사관의 대표적인 저작이다. 콩도르세는 원시시대부터 근대에 이르기까지의 역사를 직선적인 '진보'의 흐름으로 파악했다. 물론 그는 최종적으로 사회 변혁에 관심이 있었기 때문에 프랑스 혁명에도 적극적으로 참가했다. 주지하다시피, 혁명정부의 사상 속에는 과학기술에 대한 적극적인 신뢰가 있었다. 그래서 그들은 과학기술 진흥정책을 차례차례 추진했다. 이는 후기 프랑스 계몽주의의 진보사관과 결코 무관하지 않다. 이와 같은 발상은 다음 세기로 이어져 콩트*6의 사회학, 즉 인류사회의 발전과 구조에 대한 학문적 추구로 이어졌고, 헤겔*7과 마르크스*8의 역사철학을 출현시켰으며, 과학 내부에서는 '자연지自然誌'가 하나의 학문 영역으로 성립되기에 이르렀다. 그 한 예로, 혁명정부에 의해 파리에 세워진 자연사 박물관에서는 최초의 계통적 진화주의자라고 불리는 라마르크*9가 배출되었고, 반세기 후에는 다윈*10의 업적이 이어졌다.

계몽주의의 역할___ 계몽주의 사상이 단순히 17세기 자연과학의 경이로운 발전을 인류사회에 정착시키는 역할만을 했다고 단정짓지 말아야 한다. 사실 계몽주의는, 오늘날까지도 우리를 규정하고 있는 듯한, 진보에 대한 낙관적 신뢰를 수립했고, 과학을 신의 손에서 인류에게로 귀속시켰

*5 Marie-Jean-Antoine-Nicolas de Caritat, marquis de Condorcet, 1743년~1794년.

*6 Isidore-Auguste-Marie-François-Xavier Comte, 1798년~1857년.

*7 Georg Wilhelm Friedrich Hegel, 1770년~1831년.

*8 Karl Heinrich Marx, 1818년~1883년.

*9 Jean-Baptiste-de Monet, Chevalier de Lamarck, 1744년~1829년, 프랑스의 생물학자.

*10 Charles Robert Darwin, 1809년~1882년.

으며, 인류와 사회의 여러 현상을 자연과학적 방법으로 풀어내는 등 다양한 역할을 수행하였다. 이런 의미에서 계몽주의 사상의 역할은 오히려 근대사조近代思潮 그 자체가 아닌가 싶다.

그러나 이와 같은 계몽사조가 과연 오늘날 우리에게는 어떤 의미를 갖고 있는 것일까. 인류사회가 과학기술을 통해 진보한다는 낙관주의를 비판하는 것은 결코 금세기 특유의 것만은 아니지만, 계몽사조를 이런 의미에서 어떻게 분석할지는 생각해보아야 할 것이다.

계몽주의의 의의

과학과 계몽주의 ___ 앞에서 서술한 것처럼, 18세기 계몽주의 사상은 이른바 '자연과학'이라는 '제국'의 판도가 확대되는 데 많은 영향을 주었다. 인류사회는 계몽주의의 세례에 의해 처음으로 과학기술의 장점을 직접 자기 것으로 만들 수 있었다. 이런 의미에서 계몽주의는 단지 18세기라는 시기를 채색한 국지적局地的인 사상에 머무르는 것이 아닌, 인류 역사상 매우 큰 의미를 지니는 것이다.

좋은 것인지 나쁜 것인지는 모르겠지만 어쨌든 인류는 서유럽에서 시작된, '신에 대한 충성과 찬미의 노래가 바로 과학'이라는 생각을 이어가고 있었다. 그리고 이 과학은 계몽주의를 매개로 해서 전지구적 규모로 확대되었다. 인류의 선택은 여기서 그 방향이 결정됐다고 해도 틀린 말이 아닐 것이다. 그러나 계몽주의를 이렇게만 평가하는 것은 분명 오류다.

"자연과학은 하루하루 새로운 부를 축적하고, 기하학은 스스로의 영역을 확대하면서 인접 분야인 물리학에도 밝은 빛을 비쳐주었다. …요컨대 지구에서 토성까지, 천체의 역사에서 곤충의 역사에 이르기까지 모든 영역에서 자연과학은 혁명을 일으켰다. 그리고 그 외의 모든 과학도 새로운 양상을 나타내기 시작했다. 이미 자연과학에 의해 초래된 정신적 고양감高揚感은 자신의 틀 안에 머물지 못했다. 이것은 마치 격류가 제방을 파괴하듯 모든 분야에서 용솟음쳤다. 세속적 학문의 원리에서 계시의 기초에 이르기까지, 형이상학에서 취미의 문제까지, 음악에서 도덕까지, 신학자들의 스콜라적 논쟁에서 경제적인 문제까지, 자연법에서 실정법까지… 다시 말해 우리와 가장 직접적인 관계를 맺는 각양각색의 문제에서부터 아직 간접적인 관계만으로 존재하는 문제까지, 모든 문제가 논의되고 분석되며 적지 않게 언급되었다. 많은 대상 위에 던져진 새로운 빛, 이것과 더불어 발생한 새로운 암흑, 이 모두가 이런 정신이 행한 보편적 운동의 열매이자 성과인 것이다. 이것은 조수간만 작용에 의해 많은 것을 해안에 밀어놓기도 하고, 반대로 다른 많은 것을 가져가기도 하는 것과 같은 것이다."*11

*11 달랑베르, 〈철학의 요소(Élements de Philosophie)〉, 카시러(Ernst Cassirer, 1874년~1945년, 독일의 철학자)의 책《계몽주의 철학Die Philosophie der Aufklarüng》에서 인용.

달랑베르의 예감___ 달랑베르가 한 위의 말은 계몽주의에서 자연과학의 위치를 여실히 반영하고 있는데, 특히 마지막 부분에 주목할 필요가 있다. 계몽주의의 화신과 같은 존재의 한 사람인 달랑베르는 이미 예리하게 사태를 꿰뚫고 있었다. 즉 "이것과 더불어 발생한 새로운 암흑", "다른 많은 것을 가져가기도 하는 것" 같은 표현 속에는 새로운 자연과학의 전개가 모든 점에서 긍정적인 것만은 결코 아니라는 생각이 담겨 있다. 계몽주의의 한복판에 있던 그는 계몽주의의 나쁜 미래를 예감하고 있었던 것이다.

물론 계몽주의에 이어진 낭만주의는 계몽주의에 대해 첨예하게 반발하는 입장이었다. 계몽주의 사상은 발생 이래 오늘날까지(혹은 최근까지) 단 한번도 이러한 비판에서 자유로웠던 적이 없다. 그러나 우리는 계몽주의 시대에 확인된 것, 즉 '과학기술에 의한 인류의 구원' 이라는 테제에 빠져 인류의 지적 세계는 늘 보다 나은 길로 착실하게 진보, 확대되고 있다는 사고방식을 채택함으로써, 달랑베르의 예감에 귀를 기울여 그가 지적한 문제에 대응하는 노력을 등한시하지는 않았는가 자문해보아야 한다.

새로운 계몽주의 __ 근대 유럽에서 전개된 과학은 인류에게 놀라운 현실 적응력과 확실한 자연 지배력을 제공했다. 인류는 과학에 의해 행복의 정도를 높였고, 현재도 그것을 더욱 높여가고 있는 것이 사실이다.

하지만 현재 우리는 유럽의 과학이 초래한 '새로운 암흑' 과 이것이 '흘려보낸' 훌륭한 옛것들 중에서 '좀더 다른' 방식으로 존재할 수도 있었던 과학의 또 다른 길을 찾으려는 노력을 망각했다. 현재라는 시점에서 보자면, 이는 매우 후회스러운 일이 아닐 수 없다.

그렇지만 계몽주의를 단순히 부정하는 것으로는 충분하지 않다. 현재를 살아가는 우리들에게도 '계몽' 은 필요한 것이기 때문이다. 물론 오늘날의 '계몽' 은 18세기의 '계몽' 과는 분명 다른 것이지만 말이다.

CHAPTER VI

[19세기의 제반 양상]

과학혁명 이후 세계는 어떤 변화를 겪었고, 어떤 반발에 부딪쳤는가?

19세기는 17세기 이후 과학혁명의 연장선에 있는 동시에, 당시에 다루지 못했던 문제가 재편성되는 시기였다. 특히 유럽 전역에서 시간적 간격을 두고 확대된 산업혁명은 과학혁명의 '실질적' 인 성과인 반면, 유럽 내부에서 남북문제를 만들어내기도 했고 근대 국가 형성에도 영향을 주었다. 또 학문의 전문화, 반과학주의, 낭만주의 등의 반발을 낳기도 했다. 이런 상황을 탐색하는 것이 이번 장의 목적이다.

18세기에서 19세기로

계몽주의의 심화___ 이미 살펴본 대로 18세기 계몽주의는 '과학혁명' 이라는 거대한 지식 분야에서의 혁신을 실제적이면서 구체적으로 모든 분야에 하나하나 실현시키는 것을 목표로 했다. 그러나 과학혁명이 단순히 '자연과학' 의 영역에 머물지 않고 정치학, 윤리학, 경제학, 사회학 등 인문 · 사회과학 계열의 학문에 많은 영향을 끼쳤다는 것보다 더 중요한 것은 계몽주의의 심화과정에서 오늘날 우리가 일반적으로 말하는 '제반 과학諸般科學'의 원형이 확립되었다는 것이다. 자연의 질서에 대한 강렬한 탐구심과 신뢰는 과학혁명을 수행하는 데 있어 최대의 모티브였으며, 자연의 질서를 자연의 일부인 인간과 그 구성체인 사회 · 국가 등에서도 발견하고자 했던 자세가 사회과학과 인문과학의 새로운 편성을 촉진했다고 볼 수 있다.

정치 이론 면에서는 로크의 정치철학이 독특한 '자연권'을 기초로 탄생했으며, 이것은 시민사회(이것 또한 당연히 그래야만 할 '자연상태'인 것이었다) 성립에 강력한 기반이 되었다. 이제 자연법 개념은 사회법칙으로 파악되기에 이르렀다. 이런 새로운 전통이 형성되면서 계몽주의 성격의 공리주의가 생겨났고, 이것은 벤담[*1]에 의해 법 · 윤리 사상으로 계승되었다.

[*1] Jeremy Bentham, 1748년~1832년, 영국의 철학자이자 법학자.

독일의 근대화___ 한편, 자연의 합리성과 인간의 이성을 조응照應시켜 그것을 모든 지식의 근간에 두고자 했던 합리주의 철학은 과학혁명기의 데카르트로부터 시작해 계몽주의 시대의 칸트에서 결실을 맺었다.

칸트의 모국 독일은 17세기 전반에 일어난 '30년전쟁'의 주요 무대였으며, 유럽에서 신구新舊 세력이 벌인 쟁탈전의 중심지였다. 베스트팔렌 조약이 성립되어 종교전쟁은 종지부를 찍었으나 이 조약에 의해 300명에 달하는 독일 내 제후국들이 여러 가지 주권을 인정받은 탓에 독일은 근대 국가로의 통일과 근대 시민사회의 형성에 있어서는 가장 뒤처지는 나라 중 하나가 되었다. 이런 와중에 프로이센을 중심으로 몇 차례의 통일 기운이 돌았지만, 나폴레옹[*2]과의 전쟁에서 대패한 프로이센이 때를 놓

[*2] Napoléon I, 1769년~1821년.

쳐 현실화되지 못한 상태였다. 때문에, 이미 시민혁명을 경험하고 새로운 국가사회를 형성한 선진국들인 영국과 프랑스, 신흥국가인 미국 등과 비교할 때, 당시의 독일은 상당히 후진적인 상태에 머물러 있었다.

실제로, 근대화 지표의 하나인 산업혁명만 해도, 영국에 비해 독일이 반세기 가까이 뒤처졌던 것을 볼 수 있다. 상대적으로 선진국이었던 영국과 프랑스의 경우, 계몽주의가 문자 그대로 시민의식 계몽과 연결되어, 구체적이고 현실적으로 사회의 당면 문제를 해결하기 위한 '실리적 사상'—이것이 어떤 면에서 강조되는가에 따라 '공리주의'와 '실용주의'의 원형이 된다—으로 기능하고 있었던 데 반해, 독일은 시민의식을 담당할 만한 시민층이 형성되지 못해 현실의 구체적인 문제를 조직적으로 해결할 필요성에 직면할 경우가 적었다.

따라서 독일에 불어닥친 계몽주의의 충격은 소수의 엘리트 지식인들에게로 향했고, 이들은 실제적이라기보다는 다분히 관념적인 합리주의 세계로 나아가는 특징을 보였다.

칸트 철학___ 칸트 철학의 형성 과정은 이런 독일의 상황을 잘 드러내고 있다. 많은 계몽사상가가 그랬던 것처럼 칸트도 처음에는 뉴턴의 자연철학에 큰 영향을 받아 그의 기계론을 추출해서 우주와 생명의 생성에 대한 가설을 세우려고 시도했다.

이 시기의 칸트는 아무래도 프랑스 백과전서파 계몽사상가의 사고방식에 가까운 편이었다. 칸트는 라이프니츠*3에게 가장 큰 영향을 받았는데, 특히 라이프니츠의 철학을 대중적으로 풀어낸 볼프*4 철학의 이성주의와 이를 반대한 영국 철학자 흄*5의 경험주의 철학의 세례를 받으면서, 이 양자를 모두 뛰어넘겠다는 생각으로 '비판철학'을 만들어냈다. 그러

*3 Gottfried Wilhelm Leibniz, 1646년~1716년.
*4 Christian Freiherr von Wolff, 1679년~1754년.
*5 David Hume, 1711년~1776년.

나 그의 의도와는 반대로, 그 후 독일 철학의 추세는 실질적인 면에 뿌리를 내리기보다 관념의 세계로 비약하는 경향을 보였다. 이러한 사정은 당시 독일의 후진성을 잘 드러내는 예라고 할 수 있다.

철학의 독립 ___ 칸트 이전까지, '철학'이란 모든 학문을 총괄하기 위해 사용되던 명칭이었다. 그러나 칸트를 계기로 해서, 철학은 다른 학문에서 분리 · 독립되어 비판학으로서의 성격을 띠기 시작했다.

이렇게 해서 18세기 말엽부터 점차 정치학, 법학, 철학이 근대적인 하나의 학문, 즉 제반 학문science 가운데 하나의 학學으로 독립, 분화해가기 시작한다. 그리고 더 많은 각각의 학문들이 이 대열에 합류한다. 예컨대 '윤리학'도 그랬다.

로크의 정치철학을 전제로 한 흄의 윤리사상은 그 자체로 근대 윤리학의 원형이 되었는데, 이것은 신학에서 벗어나 인간학과 자연학의 대비에 기초한 윤리적 법칙 정립을 승인하는 것이었다. 또한 이 윤리사상 속에는 《실천이성비판》을 중심으로 하는 칸트 윤리학에 대한 지향성이 분명하게 존재했다. 이런 면에서 칸트의 윤리사상은 학문으로서의 근대 윤리학에 출발점이 되었다.

역사학의 성립 ___ '역사학' 또한 바로 이 시기에 생겨났다. 당시 계몽주의는 '인류사', '사회사'라는 형태로 인류사회의 진보를 강하게 의식하고 있었다. 또한 이것을 자연지, 즉 자연계의 역사적 변천의 일부로 위치시킨다는 장대한 발상도 후기 계몽주의에 배태胚胎되어 있었다. 그렇지만 역사학이 형성되는 과정에는 좀더 특별한 사정이 있었다. 계몽주의 후기에 이미 그 싹을 품고 있던 역사학은, 오히려 반계몽주의에 속할 낭만주의를 형성하는 데 하나의 계기를 제공해주었다. 다시 말해 역사는 일반화가 불가능한, 일회一回에 한정된 개별적 성격을 갖는 것이라는 통념이 여전히 강하게 잔존했던 것이다. 역사가 하나의 학學으로서 성립하려면, 객관적이고 일반적이며 보편적이어야만 한다. 그러나 역사란 정적이고 합리적인 질서와 법칙에 지배되는 것이 아니라, 오히려 동적이고 불합리한 모습을 더 강하게 드러낸다. 이런 특징 때문에 역사학의 성립은 다른 제반 학문의 성립보다 늦어졌는데, 일반적으로 랑케*6의 시대를 성립 시기로 삼고 있다.

*6 Leopold von Ranke, 1795년~1886년.

경제학의 성립 ___ 자본주의 사회의 성립, 발전과 더불어 농민층은 임금노동자와 자본가로 분극화됐고, 자본 축적이 진행되어가면서 시장이 확대되고 경제권은 점차 국가 단위로 이행해갔다. 특히 국가 단위의 시장권과 무역에 의한 시장권의 접촉을 통해 화폐의 의미가 추상화 · 수단화되면서, 국제적인 규모의 경제현상을 개념화하여 논하는 것이 가능해지기 시작했다. 게다가 선진국이었던 영국에서는 18세기 중반에 시작된 산업혁명으로 인해 노동이 자본주의 경제기구 속에서 가장 중요한 위치와 의미를 부여받게 되었다.

이 무렵, 경제현상의 기구와 구조를 단순히 정치적이거나 구체적인 수준이 아니라 객관적 · 개념적으로 분석하고, 이 자체를 학문의 대상으로 다루려고 하는 태도가 생겨났다. 그 전조는 프랑스 절대왕정 시대의 중농주의자重農主義者 케네*7에게서 볼 수 있지만, 근대 경제학의 원형 성립은 역시 애덤 스미스*8의 《국부론國富論》(1776년)에서 이뤄졌다고 볼 수 있다.

*7 François Quesnay, 1694년~1774년.

*8 Adam Smith, 1723년~1790년.

이렇게 볼 때, 오늘날 우리가 학문으로 구분하는 제반 과학의 대부분은 과학혁명 이후에 나타난 인문과학과 사회과학인데, 18세기 말에 이러한 학문의 원형이 출현했다는 것은 상당히 흥미롭다. 물론 자연과학에서는 '그리스 과학'과 '중세 과학'을 학문의 전통 안에 포함시킬 수 있다. 하지만 윤리학, 법학, 정치학, 경제학은 그 연구 대상인 근대 국가 정치와 자본주의 경제현상이라는 것 자체가 이 시대에 처음으로 생겨난 것이기 때문에 전통을 전혀 갖고 있지 않은 '신흥 과학'이라고 할 수 있는 것이다. 결국 19세기는 이러한 발생 기원을 가진 자연과학, 사회과학, 인문과학이 다양하게 독립, 분화를 거치면서 전문화된 시대라고 할 수 있다.

19세기의 독자적인 발전

산업혁명 ___ 19세기의 독자적인 특징 중 하나는 산업혁명의 완결이다. 미국의 독립전쟁(1775년~1783년), 프랑스 대혁명(1789년)과 그 뒤를 이은 나폴레옹 시대(1799년~1815년), 그리고 반동의 바람이 휘몰아친 빈 체제[*9]… 보수적 · 복고적인 체제에 의해 유럽은 일시적으로 동결상태에 빠졌고, 그 후 프랑스의 7월혁명(1830년)에서 2월혁명(1848년), 벨기에의 독립(1830년), 폴란드의 독립운동, 오스트리아의 3월혁명(1848년), 영국의 차티스트 운동(Chartism, 1838년~1848년) 등의 반反체제 동란기를 보냈다. 이윽고 각국이 근대 통일국가로의 재편성을 시작하던 18세기에서 19세기 전반까지의 정치적 · 사회적 대동란과 때를 같이하여, 또 하나의 거대한 혁명이 진행되었다. 이것이 바로 산업혁명이다.

산업혁명이 언제 시작했고 언제 끝났는지 그 시기를 명확하게 규정하는 것은 불가능하다. 우선 유럽 각지에서 진행된 혁명이 각 나라마다 특

[*9] 1814년~1815년에 열린 빈 회의에서 결정된 최종 결의안에 따라 근 40년간 지속된 체제.

이한 양상을 띠었고, 그 시작과 종결 역시 지역마다 제각기 다른 요인에서 비롯되었기 때문이다. 산업혁명의 시기 설정이 어려운 또 하나의 이유는, 단면의 설정과 역점을 두는 기준에 따라 상당히 다양한 결론이 도출될 수 있기 때문이다. 요컨대 산업혁명의 정치적 측면에 역점을 둘 것이냐, 아니면 기술개발이나 경제현상의 측면에 역점을 두느냐에 따라 시기 구분이 달라질 수 있다는 것이다.

산업혁명의 시기 구분을 기술개발의 측면으로만 좁혀도 다양한 의견들이 존재한다. 예컨대, 방적기계로 유명한 하그리브스*[10]의 기계(제니) 출현과 와트*[11]의 증기기관 발명, 그리고 방적기의 동력원으로서 수력을 이용한 아크라이트*[12]의 수력방적기의 탄생 등 세 가지 위대한 발명이 집중되었던 1760년대를 영국 산업혁명의 발상發祥으로 보는 비교적 상식적인 관점부터, 모직물 공업 분야에서 수력을 이용하기 시작했던 13세기로 보자는 특이한 관점*[13]까지 매우 다양한 설이 존재한다.

*[10] James Hargreaves, 1702년경~1778년.
*[11] James Watt, 1736년~1819년.
*[12] Richard Arkwright, 1732년~1792년.
*[13] 카루스 윌슨E. M. Carus Wilson의 관점.

영국의 산업혁명 ___ 어쨌든 선진국 영국은 18세기 중반까지는 식민지로부터 얻은 이익과 외국무역을 통해, 모직물 공업을 중심으로 한 산업자본을 축적할 수 있었다. 그리고 농경기술의 개량으로 농업의 근대화, 집적화가 진행되어 토지가 없는 영세농이 제조업으로 흡수되었다. 이와 동시에 '제2차 엔클로저 운동*[14]이 진행되면서 농촌은 더욱 분화된다. 이런 사회적 준비단계 위에 압도적인 신식 기계가 속속 출현하는 '기술혁명innovation'의 시기가 도래한다. 물론 앞에서 서술한 1760년대의 3대 발명이 하루아침에 이루어진 것은 아니었다. 방적기를 획기적으로 개량한 최초의 사례는 케이*[15]의 플라잉셔틀*[16]로, 그 결과 영국에서는 능률성과 효율성은 높아진 반면 원료인 실이 상당히 부족해지는 현상이 갑자기 나타

*[14] 15~16세기 영국에서 일어난 대지주에 의한 토지의 집중화.
*[15] John Kay, 1704년~1764년경.
*[16] flying shuttle ; 재봉틀의 밑실이 들어 있는 북의 일종, 1733년.

났다. 이와 함께 직조공의 대량 실직이 야기되어 케이는 프랑스로 도망쳐야 했을 정도였다.

동력원의 측면에서도 변화가 일어났는데, 그때까지 가장 흔하게 사용되던 수력이 한계를 드러냈다. 또한 깊은 광산 갱도 안에 물이 차오르는 일이 빈번히 발생하는 등의 심각한 문제 때문에 와트는 프랑스의 파팽*17과 영국의 뉴커먼*18의 아이디어를 기초로, 최초의 증기기관을 발명하려고 시도한 끝에 결실을 맺었다. 이 증기기관의 위력은 단순한 양수장치의 동력 수준이 아니었다. 기존의 상하운동뿐만 아니라 회전운동으로까지 변환이 가능한 기관이 완성되었고(1781년), 여기에 자동으로 회전속도를 일정하게 유지시키는 속도조절기governor가 추가(1788년)되었다. 증기기관은 모든 동력 이용에 관한 이념과 양식을 근저에서부터 뒤바꿔놓을 정도로 중요한 의미를 갖는다. 1785년 카트라이트*19의 동력방적기에 증기기관이 이용되었다. 회전 증기기관이 완성된 지 불과 4년 뒤의 일이었다는 데 주목할 필요가 있다.

아울러 제철 · 화학 기술도 비약적인 발전을 거듭했다. 제철에서는 코크스cokes가 발명되어 실제로 이용(1720년대)되면서 선철銑鐵의 제조과정이 크게 개량되었고, 동철銅鐵의 정련과정에 있어서도 반사로*20에 코크스를 사용하는 것이 가능할 정도로 기술혁신이 진행(1780년대)되었다. 그러면서 철광산업 및 석탄산업과 함께 집약적인 재편성이 일어났고, 중공업지대가 출현하였다. 또한 18세기 말엽에 발견된 염소와 석회분은 당시 섬유의 표백기술을 일변시키는 효과를 가져왔다.

18세기 종반까지 이어진 거대한 기술혁신의 흐름 속에 있는 인물들은 대부분 영국 출신이다. 이를 통해 알 수 있듯이, 산업혁명적 기술혁신이 가장 먼저 시작된 나라는 영국이고, 프랑스는 독립 자영 농민층의 '분극

*17 Denis Papin, 1647년~1712년경.

*18 Thomas Newcomen, 1663년~1729년.

*19 Edmund Cartwright, 1743년~1823년, 영국의 발명가.

*20 反射爐 ; 구리, 주석, 니켈을 생산할 때 연료를 직접 접촉시키지 않고 다른 실室에서 화염을 불어넣고 가열해 광석을 용해시키거나 정련하는 용광로.

현상' 이 지체되어 기술혁신 또한 약간 늦어졌으며, 작은 연방으로 분리되어 봉건적 토지제도가 잔존하고 있던 독일은 영국의 산업혁명이 끝났을 때(1830년대)에도 여전히 사회구조에서 두드러진 변화가 보이지 않을 정도로 매우 늦었다.

산업혁명의 사회체제 및 사상의 혁명 __ 산업혁명은 단순한 기술혁명이 아니었다. 이것은 사회체제의 대폭적인 변혁인 동시에 사상적인 혁명이기도 했다. 산업혁명의 실질적인 기반이 된 기술혁신은 계몽주의 정신의 놀라운 실증이기도 했다. 노동은 단순화되었고, 물자는 풍부해졌다. 그리고 인간의 생활은 '쾌락의 추구' 라는 면에서 착실히 한발 한발 나아가기 시작했다. 계몽주의가 소기의 목적으로 내세웠던 과학의 보급 및 응용은 차근차근 현실화하여 인간 '구제' 가 현실의 생활에서 실현되기 시작했다.

과학의 세계에서도 이런 측면의 피드백이 있었다. 근대 초기의 기본 전제였던, 추상적 · 이념적인 '물질' 개념에다 19세기 초기에는 '에너지' 라는 새로운 개념이 덧붙여졌다. 이것은 이 시기에 증기기관으로 대표되는 새로운 동력원이 개발되고 그것이 실질적 · 현실적인 기술로 다양하게 활용되는 과정에서 발생한 여러 가지 문제로부터 촉발된 결과이다.

이렇듯 계몽주의의 이상이었던 '지식=과학' 의 실용화 목표는, 산업혁명에 의한 과학기술의 '효용' 이 일반인들에게도 깊은 인상을 남길 정도로 놀라운 결과를 가져왔다. 한마디로 말해, 사상적인 측면에서만 보자면 산업혁명은 확실히 계몽사상의 자식이며 계승자였던 셈이다.

그러나 이것은 산업혁명의 한 측면이다. 산업혁명은 과학기술을 일반에 보급하고 '지식' 을 세속화했다는 의미에서 압도적인 힘을 발휘해낸 동시에, 과학기술에 대한 심각한 반동을 형성시키기도 했다는 점에서 표면적으로는 상당히 모순되는 양상을 띠었다.

반계몽주의

낭만주의의 등장 __ 18세기 후반, 유럽은 계몽사상의 정점에 도달했고, 그 계승자로서 산업혁명이 시작되었다. 한편에서는 계몽사상에 대한 격렬한 반발이 확실히 그 모습을 드러냈는데, 바로 낭만주의였다. 계몽주의가 이성에 대한 확신에 기반을 두고 합리적 · 실제적 · 공리적 · 객관적이었던 데 반해, 낭만주의가 표방한 것은 감성적 · 비현실적 · 주관적인 것이었다. 낭만파의 이론적 지도자였던 슐레겔*21은 "이성의 합리적 사색활동과 법칙을 초극하고, 아름다움에 얽힌 환상과 인간 본성의 근원적인 혼돈 속에 우리의 몸을 맡기자"라고 표현하면서, 이것 자체가 시詩라고 생각하였다. 그런 탓에 시에 대한 슐레겔의 출발점은 낭만주의의 진수를 느끼게 해준다.

21 Friedrich von Schlegel, 1772년~1829년, 슐레겔 형제의 동생.

영문학에 나타난 낭만주의 __ 낭만주의는 그 본래의 특성상 문학 분야에 잘 반영되었다. 합리적인 과학지식의 압도적인 확대와 인간의 지적 영위에 대한 독점적인 지배 경향에 대한 반동으로서, 그 배출구를 문학에서 찾았던 것이다. 영국의 시인인 워즈워스*22, 바이런*23, 키츠*24, 스콧*25 등의 의식意識이 바로 그러했다. 예를 들면, 이 계통에 속하는 저명한 시인 셸리*26의 애인으로 후에 그의 부인이 된 메리 울스턴크래프트 셸리*27의 《프랑켄슈타인》과 같은 괴기담의 유행은 합리적 · 현실적 · 과학적 풍조

*22 William Wordsworth, 1770년~1850년.
*23 George Gordon Byroh, 6th Baron Byron, 1788년~1824년.
*24 John Keats, 1795년~1821년.
*25 Walter Scott, 1st Baronet 1771년~1832년.
*26 Percy Bysshe Shelley, 1792년~1822년.
*27 Mary Wollstonecraft Shelley, 1797년~1851년.

에 대한 반항을 잘 드러내고 있다.

낭만주의자들의 문학은 자연의 모습 속에서 합리성과 질서를 발견하기보다, 자연 그 자체의 아름다움을 읽어내고 묘사하고자 했다. 이러한 묘사는 인간의 이성이 아니라 인간의 깊은 혼魂과 직접 대화하려는 것에서부터 시작되었으나 차차 자연을 떠나 초자연적인 괴기怪奇와 환상의 세계에서 떠돌거나, 자기 감정에 침잠하여 주관적이고 감성적인 세계에 몰입하였다. 또한 언어가 내포하는 상징성의 심연으로 빠져들기도 하였다.

이와 같은 경향은 문학 세계가 자연을 합리적인 이성으로 파악하는 데 완전히 등을 돌리고, 오히려 자기 자신(문학과 문학인)의 존재 가치를 발견하는 데 몰입하였다는 것을 의미한다.

불문학에 나타난 낭만주의__ 프랑스의 장 자크 루소*28는 완전히 18세기 인간이었고, 계몽주의의 중심에 있었다. 데카르트 이래 오늘날에 이르기까지 그 본질이 합리주의 사상에 항상 밀착해 있던 프랑스인으로 꼽히는 한 사람이 바로 루소였다. 그는 계몽주의의 메카인 《백과전서》의 기고자였지만, 다른 한편으로는 《학문예술론》(1750년)이라는 저작을 통해 인위적인 과학기술 문명에 대한 윤리적·도덕적 고발을 서슴지 않았다. 이 책에서 그는 "자연으로 돌아가자"라는 강렬한 표현을 동원해가며 계몽주의 영역에서 벗어나 낭만주의의 영역으로 나아갔다. 루소의 뒤를 이어 네르발*29, 위고*30 같은 시인이 프랑스의 낭만주의자로 등장했다.

*28 Jean-Jacques Rousseau, 1712년~1778년.

*29 Gérard de Nerval, 1808년~1855년.

*30 Victor-Marie Hugo, 1802년~1885년.

독문학에 나타난 낭만주의__ 그런데 사실 이 시기 유럽 낭만주의의 중심은 독일이었다. 앞에서 말한 것처럼, 기술혁신 측면에서 후진적이었던 독일은 어쨌든 선진 지역의 뒤를 쫓아가려는 경향이 있었다. 게다가 선진 지역에서는 장기간의 과정을 거쳐 이뤄졌거나 발생된 것을 독일은 별로 시간을 들이지 않고 공시적共時的으로 받아들였다(이런 특징은 일본의 경우에서도 현저하게 나타난다).

그리고 사회국가체제의 변혁처럼 그 자체의 본성상 실행에 이르기까지 반드시 긴 시간을 필요로 하는 경우도 있지만, 이와 달리 후진 지역일수록 더 빨리, 더 쉽게 취할 수 있는 것도 많다. 가령 이념적 · 사상적 섭취 같은 것은 관념적인 급진성에 빠질 정도로 후진 지역에 재빨리 흡수되기 때문에 간혹, 그것을 발생시킨 선진국보다 더 급진적이 되는 경우가 있다. 독일 낭만주의가 바로 그런 특징을 갖고 있었다. 18세기 후반 독일 낭만주의는 안팎에 존재하던 반계몽주의의 싹을 예민하게 감지하는 것에서 시작되었다. 실제로 당시 루소를 주요하게 평가한 곳은 프랑스가 아니라 독일이었다고 한다.

괴테의 뉴턴 비판 ___ 독일 낭만주의는 괴테[*31]를 중심으로 움직이고 있었다.

[*31] Johann Wolfgang von Goethe, 1749년~1832년.

"틀린 가설이라도 없는 것보다는 낫다. 어떤 가설이 틀렸다고 하더라도 전혀 손해가 나지는 않는다. 그러나 틀린 가설이 고정되어 널리 승인되면, 소수의 질의質疑나 검토조차 허락하지 않는 일종의 신앙이 되어버릴 수 있기 때문에, 그것은 결국 매우 불행한 결과를 가져온다. 이로 인해 몇 세기나 고생해야 하는 것이다. 그렇다면 뉴턴의 학설이 강의되었다는 사실은 특별한 것이 아니다. 그 당시에도 뉴턴 학설의 결함을 주장하는 반대 의견이 이미 있었지만, 뉴턴의 또 다른 위대한 공적과 시민사회 · 학계에서의 지위로 인해 반대 의견이 표출되지는 못했다. 그의 학설을 과장하거나 굳어지게 한 결정적인 책임은 프랑스인에게 있었다. 때문에, 19세기 우리의 임무는 뉴턴 학설의 오류를 수정하기 위해서, 이미 굳어진 가설에 생기를 불어넣는 자극을 주는 것이다."[*32]

물론 뉴턴에 대한 엄격한 비판은 주로 '색채론'[*33]에 관한 것이었다고 짐작되지만, 어쨌든 괴테가 뉴턴과 그의 후계자, 그리고 수학의 대가인 프랑스 계몽주의자들—예를 들면, 라그랑주[*34], 라플라스[*35] 등—에 대해 강한 반발을 느꼈다는 것을 잘 보여주고 있다.

특히 다음 글은 모든 문제를 기계론적 방법으로 해결하려 하고, 그것을 정식화하기 위해 수학적 수법을 활용했던 18세기 풍조에 대한 괴테의 참을 수 없는 분노를 잘 드러낸다.

"자연은 가장 단순하고 동시에 끝없는 신비의 근원이며 향연 그 자체이다. 자연의 신비한 창조 행위를 수학의 힘을 빌리지 않고 관찰 · 탐구하여 파악하는 권리에 대한 나 자신의 소질과 성정性情을 나는 예전부터 반복적으로 행사해왔다. …중략… (그 결과) 그들은 나를 수학의 반대자이자 적이라고 비난하였다. 스스로 전혀 얻을 수 없는 것을 수학이 이루어주기 때문에…. 그러나 나만큼 수학에 관심을 가진 사람도 없을 텐데……."[*36]

뉴턴의 역학적 세계가 가진 분석성, 요소주의, 기계론에 반해 괴테는 전체성, 통합성, 형태Gestalt 등을 자연과학의 주요 개념으로 상정했다. 또한 '색채 광학론'에 관한 독자적인 '색채론'을 전개했고, 식물의 형태 비교에 기초를 둔 '형태학Morphologie'을 제안하기도 했다.

괴테는 계몽주의적 해석에 대한 충분한 이해 없이 뉴턴에 대해 반발하였기 때문에, 뉴턴에 대한 그의 이해가 올바르다고는 할 수 없고, '자연과학' 분야에서의 그의 공적 역시 반드시 컸다고는 말할 수 없다. 그러나 18

[*32] 일본 카이소우사改造社판, 《괴테 전집》 제25권, p. 435.

[*33] Zur Farbenlehre ; 빛이 흰색의 단색광이고 변형에 의해 여러 가지 색깔로 나타난다는 고대 색깔 이론을 부정하고, 빛이 단색광이 아니라 혼합광이며 색깔은 이질적인 혼합광이 개개의 요소로 분해되면서 생겨난다는 것이 뉴턴 색채론의 핵심이다.

[*34] Joseph-Louis Lagrange, 1736년~1813년.

[*35] Pierre-Simon, marquis de Laplace, 1749년~1827년.

[*36] 일본 카이소우사改造社판, 《괴테전집》 제25권, p. 411.

세기 후반에서 19세기에 걸쳐 반과학주의, 낭만주의의 기치를 드높인 한 사람이었다는 것은 의심할 나위가 없다.

또한 괴테는 낭만주의 경향이 시나 문학처럼 뉴턴적 세계관의 틀에서 벗어나기 쉬운 분야에서만이 아니라 자연과학의 영역에서도 출현하였음을 보여주고 있다.

반계몽주의의 고양__ 괴테에 의해 고양된 반계몽주의의 등불은 독일에서 밝게 타올랐다.

슐레겔과 같은 낭만주의자들은, 이 시기의 영국 시인들, 특히 월터 스콧이 《웨이벌리Waverley》[*37]라는 일련의 역사소설 시리즈에서 중세의 생생한 로망의 세계를 묘사한 것과 유사하게, 근대주의와 계몽주의에 대한 반발감을 표시했다. 즉, 근대를 절대선으로 긍정하느라 중세는 그저 근대에 이르는 단순한 진보 과정의 한 단계일 뿐이라는 식으로, 툭하면 중세를 간과해버리는 근대주의와 계몽주의에 대한 반항으로, 기사도와 가톨릭 세계에 대한 열렬한 공감을 드러낸 것이다.

그 가운데 《옥타비아누스 황제》로 유명한 티크[*38]와, 메르헨marchen을 추구했던 노발리스[*39]가 있었다. 얼마 후에는 메르헨으로 유명해진 동시에 독일어에도 큰 공헌을 한 야콥과 빌헬름 그림 형제[*40]도 등장했다.

독일 철학__ 독일 철학계에는 칸트에게 영향을 받은, 그리고 슐레겔 형제, 티크 등과도 친교가 있었던 피히테[*41]가 있었다. 무엇보다도 그는 나폴레옹의 프랑스에 너무도 쉽게 굴복해버린 조국에 대한 사랑을 토로한 열렬한 강연 '독일 국민에게 고함'으로 잘 알려졌는데, 이 연설은 단지 독일뿐 아니라 유럽 사상계 전체에 독일 철학의 우위를 알리는 계기가 됐다.

[*37] 1945년 자코뱅 반란에 대한 이야기로서, 사라져버린 스코틀랜드 고지 사람들의 생활상과 충성심을 새롭게 해석하여 생생하게 묘사한 역사소설.

[*38] Johann Ludwig Tieck, 1773년~1853년.

[*39] Novalis, 1772년~1801년.

[*40] Jacob Luwig Carl Grimm, 1785년~1863년 / Wilhelm Carl Grimm, 1786년~1859년.

[*41] Johann Gottlieb Fichte, 1762년~1814년.

이로써 정치 · 사회적으로는 후진국이었던 독일이 형이상학이란 관념의 세계에서는 유럽의 선두에 서게 되었다. 피히테의 철학은 단순히 근대적 시민사회를 지탱하는 사상이라기보다 감성적 · 의지적 · 이상주의적 · 주체적인 사상, 이른바 질풍노도 시대의 독일 낭만주의 색채를 농후하게 품고 있었다. 그리고 피히테와 거의 같은 시대의 인물로 헤겔*42이 있었다.

*42 Georg Wilhelm Friedrich Hegel, 1770년~1831년.

헤겔 철학___ 헤겔은 루소와 프랑스 혁명으로부터 강한 영향을 받았다. 헤겔 철학은 부분적으로 낭만주의적 경향을 보여주고 있는데, 특히 자연을 파악하는 데 있어서는 목적론적 · 전체론적 의미를 함축하고 있다. 그러나 헤겔 철학을 완전히 낭만주의 · 반계몽주의 속에 포괄할 수는 없다.

특히 그는 '인류사회의 역사적 발전'이라는 문제에 큰 관심을 가지고 있었는데, 이 문제가 일종의 '역사철학'의 형태로 나타나 마르크스를 비롯한 이후의 철학자들에게 커다란 영향을 주었다. 이미 서술한 것처럼, 계몽주의는 근대에 대한 긍정의 논리를 상당히 강하게 띠고 있었기 때문에 '역사 자체'에 대한 흥미와 관심은 거의 없었다. 이에 반발하여 나타난 낭만주의 역시, 중세와 가톨리시즘Catholicism을 통해 과거의 영광에 다시 초점을 맞추어서 사람들에게 역사에 대한 관심을 환기시키기는 했지만, 그 역사는 그저 과거의 이야기로 머물 뿐이었다. 그러나 헤겔 이후의 역사철학은 '역사의 자율적 발전에 관한 메커니즘 분석'이라는 새로운 학문 영역에 초점을 맞추었다는 점에서, 계몽주의와 낭만주의 양쪽을 모두 지양止揚하려는 동기가 내재되어 있었다고 보아야 한다.

음악에 나타난 낭만주의___ 이 시기, 음악에 있어서의 낭만주의는 어떻게 전개되고 있었을까? 고전주의 음악의 질서정연한 형식에 속박당한 음의 세계가 족쇄에서 벗어나 처음으로 예술의 세계로 고양되어 주관적인 감성세계에 침잠한 계기는 베토벤[*43]의 후기 창작기에서 찾을 수 있다.

그가 만년에 작곡한 다섯 곡의 피아노 소나타는, 소나타라는 이름을 붙이고는 있지만 순수한 소나타 형식으로부터 완전히 일탈해 있다. 그 작품 역시 그 시기에 작곡한 다섯 곡의 현악 사중주와 마찬가지로 극히 주관적인 자아의 세계로 육박해 들어가는 동시에, 중기 작품이 갖는 거친 열정과 탄탄한 구성력이 아닌 훨씬 자유로움을 지닌 환상적 특징을 드러낸다.

후기 베토벤의 낭만성은 독일의 베버[*44], 슈베르트[*45], 슈만[*46], 바그너[*47]에게 계승되었다. 이 작곡가들에게 사랑받았던 시인 하이네[*48]도 베토벤과 비슷한 시기에 활동했던 인물이다.

러다이트 운동 ___ 그렇지만 이런 낭만주의의 흐름이 관념과 예술의 세계에서 완전히 반과학주의적인 입장을 취한 것은 아니다. 동시대에 진행되고 있던 산업혁명의 전개 과정 속에서 기계파괴를 주장한 러다이트 운동Luddite Movement도 어떤 의미에서는 낭만주의 속에 포함된다.

산업혁명의 원동력이 된 신식 기계의 발명과 그 동력원 개발, 그리고 시스템의 전자동화全自動化는 생산량의 급격한 증가를 가져왔다. 곧이어 원료 부족으로 기계 가동이 멈추었고, 조업 단축이 발생했다. 그리고 고급 기술을 지닌 숙련공 대신 어린이와 부녀자들의 노동력을 싼값에 사서 대량으로 공장에 투입하였다. 이러한 상황이 숙련 노동자 계층의 일시적인 실업상태와 겹치면서, 숙련공들을 중심으로 격렬한 신식 기계 반대운동이 일어났고, 급기야 공장파괴와 기계파괴에까지 이르게 되었다. 이것

[*43] Ludwig van Beethoven, 1770년~1827년.

[*44] Carl Maria von Weber, 1786년~1826년.

[*45] Franz Peter Schubert, 1797년~1828년.

[*46] Robert Alexander Schumann, 1810년~1856년.

[*47] Wilhelm Richard Wagner, 1813년~1883년.

[*48] Heinrich Heine, 1797년~1856년.

이 이른바 '러다이트 운동'이다.

과거에 해왔던 수작업에 대한 향수가 러다이트 운동을 주도한 숙련공들의 의식을 지배하고 있었다. 이 문제를 낭만주의적인 사고방식으로 바라본 그들은 '합리화'의 대상인 기계와 공장을 직접 파괴하기에 이르렀지만, 그것으로 문제가 해결되지는 않았다. 이러한 사태를 발생시킨 원인을 합리적으로 분석하고 이에 대응한 것은 임금노동자들이었다. 이들도 숙련공들과 비슷하게 열악한 노동조건에 고민하고 실업의 공포에 시달리며, 생산수단을 박탈당해 신식공장 이외에는 갈 곳이 없는 사람들이었다.

어쨌든 노동운동과 자본주의 기구에 대해 분석하고, 그 결점을 극복하기 위해 사람들이 일어서기 시작했고 그들은 완전히 새로운 '사회'—자본가 계급과 노동자 계급 사이에 내재하는 대립—에 대한 관심을 가졌다.

사회를 보는 관점

사회에 대한 관심 ___ 산업혁명을 계기로 생겨난 '사회'에 대한 관심은 두 갈래의 흐름으로 나타났다. 산업혁명과, 그로 인한 사회의 자본주의적 재편성은 대량의 임금노동자를 양산하였다. 그들에게는, 열악한 노동조건 아래 자신들이 자본가의 이윤추구 도구로 전락했다는 인식이 팽배해 있었다. 따라서 당시의 사회 현실을 부정하고 새로운 사회를 건설하고자 시도한 사회주의가 한 흐름을 형성했다. 또 다른 흐름은 현실을 인정하고 그 속에서 과학적·실증적 정신을 배워, 이런 정신을 인간사회로 다시 확대하려는 발상이었다.

사회주의___ 잘 알려진 것처럼, 사회주의의 첫 번째 흐름은 생시몽*49 같은 이른바 공상적 사회주의자로부터 비롯된다. 생시몽은 산업혁명을 실질적으로 담당한 '산업가' 라는 개념을 중심으로, 소수의 비생산자가 부와 권력으로 다수의 생산 종사자를 지배하는 현실사회를 경제구조라는 틀을 통해 비판하였다. 그리고 이렇게 '전도된 세계' 는 사회개혁에 의해 올바르게 바뀌어야 한다는 것을 분명히 했다. 이른바 낭만주의적 경향을 내포한 사회주의는 프랑스 혁명의 공포정치 등 미묘한 곡절을 겪으면서 프랑스에서 주로 성장했다.

한편 칸트로부터 시작된 독일의 철학혁명은 헤겔에 의해 일단 완성되었지만 헤겔의 죽음과 함께 새로운 유물론이 탄생했다. 1830년대 후반에 탄생한, 이른바 헤겔 좌파는 급진적일 수 있는 후진국의 관념적 특징을 살려 유물론의 계보에 새로운 장을 열었다. 특히 포이어바흐*50는 대담하게도 모든 존재(인간도 포함해서)의 기반을 자연에서 찾았다. 그래서 정신이란, 자연이 감성을 통해 인간에 투영한 것에 불과하다고 주장했다.

포이어바흐의 주장은 극히 현실적 · 감성적 · 경험주의적 의미를 띠었다. 계몽주의적 의미에서 보면 '과학적' 측면도 있다. 독일 관념론에서는 완전히 분리된 과학과 철학을 다시 통일시키려 했기 때문이다. 포이어바흐에게서 강한 영향을 받은 사람은 마르크스였다. 마르크스는 포이어바흐가 주장한 '자연적 존재로서의 인간' 에서 자연 및 자기 자신을 변화시키는 '사회적 존재로서의 인간' 으로 발상을 전환시켜 사회 속에서의 실천 활동을 강조하였다.

한편 종래의 유물론적 사고(포이어바흐도 포함해서)에서는 '사회의 역사

*49 Claude-Henri de Rouvroy, comte de Saint-Simon, 1760년~1825년.

*50 Ludwig Andreas Feuerbach, 1804년~1872년, 유물론에 기초한 인간 중심 철학을 제기한 독일의 철학자.

적 발전'이 여전히 '자연'으로 방치되어 있어서 과학적 파악이 불가능했다. 그러나 마르크스는 경제현상과 사회현상을 유물론의 원칙에 따라 사회 · 역사적 발전으로 설명하고자 시도했다. 이것이 이른바 '사적 유물론史的唯物論'이다.

이와 같이 마르크스와 엥겔스*[51]의 발상은 사회 · 경제의 문제를 '과학적'으로 다룬다는 점에서 사회과학의 성립을 의미한다. 또한 이들은 필연적으로 사회 · 경제의 역사적 발전을 거치면서 자본주의적인 사회경제체제가 그 내적 모순에 의해 붕괴된 이후 새로운 사회가 생겨난다고 통찰했고, 인간은 '실천'을 통해 이 역사에 참가한다는 의식을 형성해냈다.

*[51] Friedrich Engels, 1820년~1895년, 마르크스와 함께 〈공산당 선언〉을 발표한 독일의 사회주의자.

사회의 '역사적 발전'이라는 사고방식은 18세기 말에서 19세기까지 상당히 강력한 저류底流로 형성되어 있던 '진보' 사상과 분명히 상관관계가 있었다. 예를 들면, 1859년에 다윈이 《종種의 기원起原》을 발표하자 마르크스는 그 이론에 큰 감명을 받아, 이것이 바로 "자연의 진보 발전이 역사적 과정 속에 존재한다"는 것을 보여주는 하나의 증거라고 여겼다. 이처럼 진보에 대한 낙관주의가 그 당시의 사적 유물론과 그 이론으로서의 자연변증법을 떠받치고 있었던 것이다. 이들 진보사상에 관해서는 뒤에서 좀더 자세히 서술하도록 하겠다.

실증주의___ 사회에 대한 관심이 드러나는 두 번째 흐름은 콩트의 '사회학sociology' 또는 '실증주의positivism'로 대표되는 입장이다. '실증주의' 개념은 콩트의 아이디어이다. 가령, 감성에 포착된 경험적 사실 전부를 인식의 기초로 한다는 극히 넓은 의미로 실증주의를 다룬다면, 이것은 이른바 '경험론'이 된다. 자연과학 분야의 일부분은 적어도 이런 주장에 크게 뒷받침되고 있다. 그러나 콩트의 '실증주의'가 일반적인 경험론과 크게 구별되는 이유는 콩트의 실증주의가 '사회' 쪽으로 크게 기울어 있기 때문이다.

콩트 사상의 선구자로 여겨지는 생시몽은 사회를 어떤 법칙에 의해 지배되는 유기체로 다루었다. 그래서 그는 근대 생리학이 인간의 메커니즘을 명확히 한 것처럼 사회 메커니즘을 탐구하는 학문으로서 '사회생리학'을 염두에 두었고, 과학적이고 실증적인 인간사회의 연구가 필요하다고 주장하였다. 이러한 생시몽의 사상을 받아들인 콩트는 '사회학'이라는 학적 개념을 정착시켰다. 그리고 인간지식의 최고 발전단계인 '실증적 단계'에서 인간의 지식은 '현실적', '반절대적'으로 '유용', '확실', '정확'하게 다뤄지고, 학문 또한 그 복잡한 정도에 따라 수학 · 천문학 · 물리학 · 화학 · 생물학 · 사회학이라는 위계를 구성한다고 보았다. 이로써 사회의 움직임과 흐름을 시간 개념 속에서 법칙적으로 다루는 동력학적인 사회dynamique sociale가 가능해졌다. 다시 말해, '예측하기 위해서 알고, 대비하기 위해 예측한다'라는, '유용'한 지식으로서의 '실증성'과 '사회학'이 합일을 이룬 것이다.

콩트의 사상은 한동안 반발에 부딪친 계몽주의의 테제가 '사회'를 조준하여 부활한 것이라고 할 수 있다. 자연과학 분야의 계몽주의가 18세기에 수행되었다면, 사회과학 분야에서는 19세기에 일어났다고 할 수 있다. 그리고 18세기의 자연과학이 자연의 지배를 목표로 한 것이라면, 콩트를 중심으로 한 사회적 발상은—특히 예측성과 유용성, 현실성에 있어서, 다시 말해 그 '실증성'에 있어서—인간사회의 지배를 목표로 한 것이라고 할 수 있다. 따라서 실증주의는 마르크시즘과는 다른 의미의 '실천'을 내포하고 있었다.

CHAPTER VII

과학의 새로운 움직임

19세기에 에너지라는 개념이 어떻게 성립되었고, 이것이 가진 특수한 논리구조는 무엇인가?

19세기는 과학의 세계에서도 새로운 발상이 생겨난 시대였다. 그 전까지 과학의 근간은 뉴턴 역학으로 상징되는 물질의 운동 혹은 물질의 구조였다. 즉, 지식의 대상은 어디까지나 '물질'이었다. 그러나 19세기에는 물질의 세계와는 완전히 다른 새로운 것이 추가되었는데, 에너지가 그것이다. 이번 장에서는 에너지 개념의 성립과 이것이 가진 특수한 논리구조를 탐색한다.

에너지 개념의 성립

열역학[*1]의 발전___ 전기 또는 자기의 본성에 관해서는 1600년에 《자석, 자성체, 거대한 지구자석에 관하여》를 썼던 길버트 이래 많은 논의가 이루어지다가 전기를 유체적으로(자유로이 흐르는 액체나 기체 같은 것으로) 해석한 프랭클린[*2]에 의해 한 단계 더 발전하게 되었다. 프랭클린의 해석이 유추되면서 유동체流動體 모델은 자기磁氣에도 응용되었고, 이윽고 열 현상에도 활용되었다. 유동체에 관한 이론적 체계화는 파스칼[*3]에서 시작해 베르누이[*4], 달랑베르, 오일러[*5], 라그랑주 등 주로 프랑스 계몽주의자들의 손을 거쳐 일단 완성되었다. 그 후 18세기에는 이것을 다른 특정한 현상에 모델화化하는 것도 가능하지 않을까라는 생각이 하나의 유행처럼 전개되었다.

칼로릭[*6] 이론 ___ 원래 열역학은 연소燃燒뿐만 아니라 발광發光과도 관계가 있다. 그러므로 열, 불, 빛의 현상을 각각 구분해서 다루기가 어려웠다. 보일만 하더라도, 세 영역을 명확하게 구별하지 않았다. 그런데 18세기에 들어서면서 유체 모델이 응용되기 시작하였고, 새롭게 떠오른 '무게 없는 열유체'라는 생각은 열현상을 독립된 물질현상 중의 하나로 분리 취급하는 데 중요한 도구가 되었다.

영국의 블랙[*7]은 단순히 온도가 높다고 해서 그것이 열유체가 많은 증거는 아니라고 생각했다. 그래서 그는 이른바 열평형[*8]을 열유체 흐름의 정지로 설명하는 동시에 '어떤 물질이 지닌 열의 용량'이라는 아이디어를 도출해냈다. 이런 사고방식을 근거로 하면, 얼음은 녹을 때 주위의 열을 빼앗지만, 그렇게 하더라도 자신의 온도는 (올라가지 않고) 변함없이 섭씨 0도를 유지하는 것을 설명할 수 있다. 블랙의 이 아이디어를 통해, 열은 물이나 얼음과 같은 물질과 분리되어 그 자체만으로 논의할 수 있는 현상이 되었다.

한편 연소 현상은 18세기 초반, 슈탈[*9]이 이른바 플로지스톤설[*10]을 수립하였다. 그는 연소란, 가연성의 물질에 포함된 플로지스톤이 빠져나가는 것이라고 생각하였다. 이 가설을 극복한 라부아지에는 이후 산소와

[*1] 熱力學 ; 열과 역학적 일의 기본 관계를 바탕으로, 열 현상을 비롯해서 자연계에서의 에너지 흐름을 통일적으로 다루는 물리학의 한 분야.
[*2] Benjamin Franklin, 1706년~1790년, 미국의 정치가 · 외교관 · 과학자 · 저술가. 전기유기체설電氣有機體說을 제창하였다.
[*3] Blaise Pascal, 1623년~1662년, 프랑스의 철학자 · 물리학자 · 수학자.
[*4] Daniel Bernoulli, 1700년~1782년, 스위스의 물리학자이자 수학자.
[*5] Leonhard Euler, 1707년~1783년, 스위스의 수학자이자 물리학자. 삼각함수의 생략기호(sin, cos, tan) 창안과 '오일러의 정리' 등으로 유명하다.
[*6] 18세기, 열은 칼로릭이라는 무게 없는 물질 입자에 의해서 나타난다고 하는 소위 '칼로릭 이론'이 널리 퍼졌다.
[*7] Joseph Black, 1728년~1799년, 영국의 화학자. 알칼리를 가성苛性 알칼리와 온화溫和 알칼리로 구분하고, 그 관계를 밝혔다.
[*8] 물체 간 또는 물체의 각 부분 간에 열적 평형을 이룬 상태.

[*9] Georg Ernst Stahl, 1660년~1734년, 독일의 의학자 · 화학자. '아니마'가 생명의 궁극적 근원이고, 모든 생리적 · 병리적 현상은 결국 이것에서 유래한다고 주장했고, 연소燃燒를 '연소설'로 설명한 최초의 인물이다.
[*10] phlogiston theory ; 18세기 무렵 화학현상을 설명하는 데 지배적인 지위를 차지했던 가설의 하나.

연소의 관계를 확립(1778년)함으로써 열현상과 산화현상*11을 독립시켰다. 게다가 연소현상 연구의 부산물로서 열현상에 관한 지식을 풍부하게 얻을 수 있었다. 라부아지에는 이러한 열현상을 뒷받침하는 실체로서 '칼로릭caloric(열소)'을 제안하고 이 원소를 같은 이름으로 불렀는데, 이로써 블랙의 열유체설이 더욱 굳어졌다.

*11 어떤 물질과 산소가 화합해서 산소 수가 증가하는 현상.

와트의 증기기관 발명 __ 이런 상황과 더불어 세계는 와트의 증기기관이라는 중대한 발명을 맞이하게 되었다. 이미 17세기 말 파팽에 의해 증기를 이용한 기계가 고안된 적이 있다.

이 기계의 원리는 실린더 안의 물을 열로 증발시킨 뒤 화력을 줄이면 실린더는 외기外氣에 의해 냉각된다는 것이다. 그러면 실린더 내부는 음압陰壓이 되기 때문에 외기압이 실린더의 피스톤을 눌러 내린다. 이렇듯 파팽의 기계는 피스톤이 외기압에 의해 움직이는 것이었기 때문에 증류기관이라고 할 수 없었다. 또한 이 기계는 실린더와 보일러가 같은 원통 안에 있었기 때문에 비효율적이었다.

반면 뉴커먼은 한 원통 안에 있던 보일러와 실린더를 분리시켜, 보일러 쪽은 항상 불을 붙여 물을 증발시키고, 실린더 쪽은 단속斷續적으로 물을 주입해 급랭과 압축이 가능하게 되었다. 그러나 뉴커먼 기관도 아직 증기기관은 아니었다. 뉴커먼 기관은 일단 차가워진 실린더에 다시 증기가 들어가면 그 열이 실린더 전체를 덥히는 데 사용된다는 점에서 비효율적이었다.

와트는 최초로 배수기와 실린더를 분리시켜 급속히 냉각된 부분을 복수기*12라 불리는 곳에 한정시킨다는 기발한 착상으로 실린더 전체를 차갑게 하는 것에서 일보 전진하였다. 그러나 한번의 과정마다 실린더가

*12 復水器 ; 증기기관이나 증기터빈에 사용되는 것으로 증기를 물로 환원시키는 장치.

외기와 접촉해야 하기 때문에(그렇지 않으면 외기압을 이용할 수 없다), 어느 정도 손실을 감안해야만 했다. 여기서 와트는 따뜻한 외기를 보내면 좋겠다고 생각해서, 거기에 보일러에서 얻은 증기를 이용하려고 했고, 한편에서는 실린더의 피스톤 쪽으로 증기를 인도해, 이 장치를 외기로부터 차단하기 위하여 밀폐했다. 그러나 밀폐된 용기 속의 실린더에서 외기압을 움직이는 것은 당연히 불가능했다. 이런 상황에 봉착하자 와트는 파팽, 뉴커먼의 착상을 완전히 부정했고, 이 단계에서 실린더의 피스톤 쪽으로 보낸 증기의 압력을 이용하는 것을 생각해냈다.

이미 서술한 것처럼, 와트의 발명은 즉시 산업기술로 탄생했다. 당시 진행중인 산업혁명이 이 증기기관의 발명에 얼마나 영향을 받았는지는 정확히 알 수 없다. 그러나 증기기관의 발명은 단순히 산업기술에만 국한된 것이 아니라 열에 관한 학문, 즉 열역학에서도 혁명적인 의미를 갖는다. 열역학은 기술과 밀접하게 연결되기 때문에, 대학을 위시한 아카데믹한 연구시설보다는 프랑스 혁명의 과학기술 진흥정책 부산물의 하나인 에콜 폴리테크니크를 중심으로 발전하게 되었다. 열역학의 선구자는 카르노*13였다. 그는 시행착오를 거듭하는 과정 속에서, 순전히 기술만 발전해온 증기기관에 대해 일반적이면서 원리에 입각한 이론을 찾으려고 노력했다. 1824년에 출판된 소책자 《불의 동력 및 그 힘의 발생에 적당한 기계에 관한 고찰》은 이러한 이론을 찾기 위한 그의 야심찬 시도였다.

*13 Nicolas-Leonard-Sadi Carnot, 1796년~1832년, 프랑스의 물리학자로 열역학, 특히 제2법칙의 기초를 닦았다.

카르노 이론 ___ 그는 증기기관의 운동 과정을 네 단계로 나누고, 열소(이 단계에서 카르노는 아직 칼로릭설을 취하고 있었다)의 이동을 여기에 대응시켜, 이른바 카르노 순환 이론을 제안했다. 이와 같은 네 단계에는 실린더 속의 기체에 대해서, 외부에서 열을 보급하여 생긴 등온 팽창, 열의 보급을 차단한 다음 이어지는 단열 팽창, 실린더 외부에 배출되는 열에 의해 발생되는 등온 수축, 열의 배출이 끝난 다음 이어지는 단열 수축이 존재한다. 이때 외부에서 내부로 그리고 다시 외부로 향하는 열의 이동과 더불어 기체의 부피 변화가 동력(피스톤 운동)을 발생시킨다. 이를 통해 이 네 단계에서의 기체가 별개임이 분명해진다. 카르노가 동력을 얻기 위한 기관의 구체적인 설계를 이 소책자에서 언급한 것을 보면 그는 확실히 에콜 폴리테크니크계의 학자답다.

열=운동설 ___ 하지만 카르노의 소책자는 별로 알려지지 않은 채 묻혀 버렸다. 그러나 현재의 시점에서 생각해보면, 새로운 학문 분야인 열역학의 첫걸음이 바로 여기에서 디뎌졌다고 해도 좋을 듯하다. 앞에서 그가 이 저작 속에서 칼로릭설을 취하고 있었음을 이야기했다. 그러나 그는 곧 이어 칼로릭설을 과감히 버리고, '열을 운동으로 생각하는 입장'으로 이행하였다. 이것은 탁월한 시도가 아닐 수 없는데, 왜냐 하면 칼로릭설은 미국의 톰프슨*14을 시작으로 서서히 붕괴되기 시작했기 때문이다.

*14 Benjamin Thompson, Graf von Rumford, 1753년~1814년, 미국 출신의 영국 정치가 · 군인 · 물리학자.

톰프슨의 이론 ___ 톰프슨은 미국인이었지만 독립전쟁 때 영국측 스파이로서 활동한 전적 때문에 미국에서 추방되었다. 그래서 영국에서 바이에른 제국으로 갔고, 뮌헨에서 전쟁을 진두지휘한 공으로 작위를 받아 '럼퍼드 백작'이라고 자처했으며, 만년에는 파리로 건너갔다. 그곳에서도 그의 기묘한 인생답게, 프랑스 혁명 때 불행하게도 단두대의 이슬로 사라진 프랑스의 대大 화학자 라부아지에의 강고한 미망인과의 결혼을 시도하기도 했다.

한편 뮌헨에 있을 때에는 전쟁 청부업을 하면서 대포연구에도 종사하였는데, 이때 그는 같은 양의 화약을 사용함에도 불구하고, 공포탄을 쏠 때가 실탄을 쏠 때보다 포신이 훨씬 뜨거워지는 것을 알게 되었다. 그리고 공포탄의 경우, 화약의 폭발력이 탄환을 발사하는 데 쓰이는 것이 아니라, 소비되지 않은 폭발력이 포신을 구성하는 금속입자를 진동시켜 열을 발생시키는 원인이 된다고 생각했다. 만약 그렇다면, 열은 칼로릭이 흐르기 때문이 아니라 운동에 의해 일어나는 것이 된다.

칼로릭설에 대한 톰프슨의 의문은 마찰열의 문제에서 결정적으로 증폭되었다. 대포의 포신을 만들기 위해 대포의 구멍을 파내자 격심한 마찰열이 발생하여, 반복적으로 냉각시키지 않으면 작업이 진행되지 않았다. 열의 발생이 칼로릭의 이동에 의한 것이라고 한다면, 이와 같은 무제한적인 열의 발생(즉 파내기를 계속하는 동안 열이 발생한다)을 어떻게 설명할 것인가.

줄의 이론___ 18세기가 끝날 무렵 발표된 톰프슨의 '열=운동론'은 반향을 불러일으키긴 했지만 좀처럼 정착되지 못했다. 그러다가 1840년 무렵 급격한 상황이 전개되었다. 먼저 양조공장 주인이었던 줄*15은 전지電池로 움직이는 모터를 좀더 효율적으로 사용하려고 고민하던 중에 전지가 열을 발생시키는 것을 확인하고, 줄의 법칙*16을 경험적으로 얻었다. 이를 통해 전지에서 일어난 화학반응, 전류, 열이라는 세 가지 현상을 통일적으로 관통하는 개념이 존재하며, 결국 이 개념은 이런 다양한 현상의 변화 속에 보존되고 있다는 착상이 탄생하였다. 이때가 1843년의 일이었다.

같은 해 그가 발표한 논문을 보면, 기계력機械力이 소비되면 이에 대응하는 열이 발생한다고 인정하고 있다. 즉 열의 발생을 칼로릭의 이동이

*15 James Prescott Joule, 1818년~1889년.

*16 열량 = 도체의 전기저항×전류의 세기의 제곱.

라고 보는 입장을 확실하게 부정한 것이다. 논문을 발표한 후에도 그는 다양한 형태의 작업을 통해 열량을 측정하였다(신혼여행지에 가서는, 폭포의 물이 위에서 아래로 떨어지는 사이에 수온이 상승하는 것을 확인하려 했다는 일화가 전해지고 있다). 그러나 줄이 아마추어였던 탓에 그의 업적은 세인의 관심을 끌지 못했다. 그러다가 1847년에 켈빈 경[*17]이 줄의 강연을 인정하고 나서야 큰 화제가 되었다.

마이어의 이론 ___ 줄의 업적이 영국 전역에 화제를 불러일으키며 점차 전세계로 알려질 무렵, 그의 이론을 체계적으로 완성하는 것이 자신의 사명이라고 생각한 인물이 있었는데, 다름 아닌 마이어[*18]였다. 그는 이 분야에 있어서는 초보자인 독일의 의사였다. 마이어는 의학적인 입장에서 1841년 〈힘의 양적 · 질적 규정에 관하여〉라는 논문을 발표하였다. 이 논문에서 그는 '힘'이라는 원인에 의해 질적質的으로 여러 가지 현상이 일어나지만, 이 현상들의 원인인 힘은 양적量的으로 불변한다고 주장한다. 이 '힘'을 에너지로 바꿔 이해하면, 그대로 '에너지 보존 법칙'이 된다. 또한 그는 이 논문에서 물을 섭씨 1도 상승시키는 '힘'은 같은 양의 물을 365미터 들어올리는 '힘'과 같다고 서술하고 있다. 이 과정에서 마이어는 줄과 이론적인 우선권 다툼에 연루되었고, 이것이 하나의 원인이 되어 자살을 기도할 정도로 불안한 정신 상태로 지내다가 결국 불행한 최후를 맞았다.

헬름홀츠의 이론 ___ 19세기의 무대는 또 한 사람의 등장인물을 찾아냈다. 또 다른 독일 의사 헬름홀츠[*19]였다. 헬름홀츠는 1847년에 《힘의 보존》을 출판했다. 이 책의 내용은 열의 칼로릭설을 부정하고, 원자의 운동에

[*17] 본명은 윌리엄 톰슨 William Thomson, Baron kelvin of Largs, 1824년~1907년, 영국의 물리학자. 카르노의 열기관 이론을 기초로 절대온도 눈금(켈빈 온도)을 도입(1848년)하였고, 열역학을 확립한 공헌자이기도 하다. 대표적인 연구 업적으로는 열전기 연구(톰슨 효과)와 줄과 공동작업한 세공細孔 마개의 실험(줄-톰슨 효과)이 있다.

[*18] Julius Robert von Mayer, 1814년~1878년.

[*19] Hermann von Helmholtz, 1821년~1894년.

서 힘의 본성을 찾는 것이었다. 그는 전자유도현상에 관한 법칙을 '힘'의 보존 측면에서 유도해내어 '힘'이 역학적, 열적, 전기적, 자기적인 현상의 전환 속에서도 보존된다는 것을 증명해냈다. 한때 마이어와 같은 독일인이라는 점 때문에 헬름홀츠가 마이어 이론을 도용했다는 오명을 뒤집어쓰기도 했으나 오늘날에는 이런 오명에서 완전히 벗어났다. 1842년에서 1847년 사이에는 줄, 마이어, 헬름홀츠가 각자 독립적으로 연구한 끝에 완전히 동일한 결론, 즉 '힘의 보존'이라는 영역에 도달했고, 칼로릭설은 완전히 배제되었다.

이제부터는 혼동하기 쉬운 단어인 '힘'을 '에너지'로 바꿔서 사용하기로 하겠다. '에너지'라는 단어는 이전에 다른 의미로 몇 사람이 사용하긴 했지만, 정작 '힘'을 대신하는 의미로 사용하기 시작한 인물은 랭킨[*20]이었다. 따라서 '에너지'의 의미가 정립된 것은 랭킨이 살던 1850년대 초기였다고 할 수 있다.

클라우지우스의 이론 ___ 이윽고 클라우지우스[*21]가 카르노의 사상을 상당히 심화시켰다. 그는 열현상의 과정에서 보존되는 에너지 자체보다, '변화하는 것'에 대한 관심이 컸다. 그는 온도[*22] T_1이란 열원에서 생겨난 열량을 Q_1, 일Work로 전환된 양을 Q, 온도 T_2에서 배출된 열량을 Q_2로 해서 다음과 같은 식을 이끌어냈다.

$$Q_1=Q_2+Q$$ [*23]

그런데 $Q_1/Q_2+Q=f(T_1, T_2)$이며, 당연히 이상기체[*24]에도 타당하기 때문에 $Q_1/T_1+Q_2/T_2=0$이 얻어진다. 다만 도출된 열량은 정正, 배출된 열량은

[*20] William John Macquorn Rankine, 1820년~1872년, 영국의 엔지니어로 열에 대한 관심을 가지고 자신의 가설로부터 카르노의 법칙을 유도해내려고 시도했다.

[*21] Rudolf Julius Emanuel Clausius, 1822년~1888년, 열역학 및 기체운동론을 정립한 독일의 이론물리학자. 엔트로피 개념을 도입하여 열역학 제2법칙을 정식화하였다.

[*22] 여기에서의 온도는 섭씨 온도에 273.15도를 더하여 얻은 절대온도를 의미한다.

[*23] 이 식의 더 좋은 표현은 $Q=Q_1-Q_2$이다. "1"은 "2"보다 더 온도가 높은 상태를 말한다. Q는 카르노 순환과정에서 기체가 피스톤에 해준 일Work(물리와 화학에서는 일을 각각 W, w로 표시한다), 결국 Q는 기체에 들어온 알짜열과 같다.

[*24] 理想氣體 ; 분자간의 상호작용이 전혀 없고, 그 상태를 나타내는 양 사이에 보일-샤를의 법칙이 완전하게 적용될 수 있다고 가정한 기체.

부負로서, 식의 정부正負를 정리했다. 이것은 온도 변화와 상관없이 가역可逆적인 과정에서도 성립하기 때문에,

$$\Sigma \frac{Q}{T} = 0$$

이 된다. 만약 가역적인 과정이 연속된다면, 오른쪽을 총합한 식을 그대로 적분해도 좋은데,

$$\int \frac{dQ}{T} = 0$$ [*25]

이라는 식으로 변형이 가능하다. 이 양을 dQ/T=dS[*26]라는 형태로 증명했고, 클라우지우스는 이 S에 '에너지'와 유사한 '엔트로피'라는 말을 만들어 붙였다. 이것이 이른바 열역학 제2법칙이다.

쉽게 말해 엔트로피란 에너지의 역개념이라고 할 수 있다. 즉, 열역학 제1법칙이란 어떠한 전환 과정이 반복되어도 에너지의 양은 항상 보존된다는 것이다. 그리고 열역학 제2법칙은 실제의 닫힌계[*27] 안에서 에너지는 항상 감소하는 데 반해 엔트로피는 항상 증가한다는 것이다.

열역학 제2법칙은 물리학에 실제로 사용되었다는 점에서 상당한 주목을 끌었다. 이전까지의 물리학은 이론만 남발하는 사람들에 의해 법칙이 세워져왔다. 그러다 보니 이들 법칙은 모든 상황을 이상적으로 추상화하고 있었다. 이런 의미에서 열역학 제1법칙도 같은 범주에 속한다. 그러나 제2법칙은 자연 세계의 흐름, 역사적 · 시간적인 직접 경험과 밀접하게 관련되어 있는 편이었다.

기존의 뉴턴 역학은 시간의 흐름에 따라 시시각각 변화하는 운동에 효과적으로 대처할 수 없었다. 그래서 A상태에서 B상태로 움직이는 것과 B상태에서 A상태로 움직이는 것은 완전히 같은 의미를 가진다고 생각

[*25] dQ=물질계가 흡수하는 열량, T=절대온도.

[*26] dS=물질계가 열을 흡수하는 동안의 엔트로피 변화량.

[*27] 고립계isolated system에서 에너지의 출입이 자유로워지면 닫힌계가 된다. 닫힌계는 고정된 다이내믹스를 가지며 물리적인 세계는 대부분이 닫힌계이다. 즉 열 에너지는 확산에 의해 자유롭게 출입이 가능하기 때문에 고체, 액체, 기체의 상태변화가 일어나기도 한다.

했다. 그러나 우리의 일상생활에서는 뉴턴 역학에서 다루는 시간 개념이 잘못되었다는 것을 알 수 있는데, 예컨대 커피에 탄 우유는 확산되지만, 밀크 커피에서 우유만을 분리하는 것은 불가능하다. 이렇듯 열역학 제2법칙은 시간이 한쪽 방향으로 흐른다는 것을 최초로 염두에 둔 물리법칙이라고 할 수 있다. 이것은, 이 법칙이 세워지고 난 후에 이루어진 논의에까지 큰 영향을 미쳤다. 즉, 열역학 제2법칙의 발견은 하나의 새로운 사건이었음이 분명하다.

장場을 생각하는 방법

뉴턴 역학에 대해 열역학이 하나의 새로운 흐름을 향한 지향성을 갖고 있었다고 한다면, 전자기학에 있어서 장 개념의 성립도 역학적 세계관으로는 설명할 수 없었던 현상을 정리하는 데 획기적인 사고방식이었다고 할 수 있다.

전술한 것처럼 불, 열, 빛은 물리적으로 간단히 분리, 독립시키기가 어려웠다. 빛의 본성에 관해서는 뉴턴이 이미 단서를 쥐고 있었지만, 뉴턴의 최종적인 입장이 어떠했는지에 대해서는 정확하게 알 수 없고 결론을 가볍게 도출해낼 수도 없다. 다만, 역사적으로 뉴턴은 빛의 '입자설'을 제안하였고, 호이헨스는 '파동설'을 수립했다고 평가받고 있다.

빛의 파동설 ___ 19세기 초기, 파동설은 두 사람의 강력한 지지자를 얻었는데 영국의 영*[28]과 프랑스의 프레넬*[29]이었다. 영은 음파를 통해 빛의 파동성을 증명한다는 전제 아래, 빛이 행하는 간섭*[30]과 회절현상*[31]을 이끌

*[28] Thomas Young, 1773년~1829년.

*[29] Augustin-Jean Fresnel, 1788년~1827년.

*[30] 干涉 ; 파동의 특유한 현상의 하나.

*[31] 파동이 장애물의 뒤쪽에 기하학적으로 결정된 그림자를 만들지 않고 그림자에 해당하는 부분까지 돌아 들어가는 현상.

어내고자 했다. 당시에는 모든 것을 역학적으로 해석하려는 사상적 분위기가 있었기 때문에, 빛은 빛의 입자운동에 의한 것이라는 해석이 강했다. 그래서 그 시대를 가리켜, "라플라스 같은 입자설 신봉자가 살 수 있던 시대"라 한다. 영의 논문은 1802년에 발표되었는데, 그는 논문의 기본 전제로서 에테르가 모든 공간과 물질을 채우고 있다고 설정하고, 빛을 에테르의 파동으로 정의했다. 하지만 이 연구는 악평을 받았을 뿐만 아니라 사람들에게도 별다른 관심을 끌지 못했다.

프레넬은 당시 대다수의 프랑스 과학자들이 그랬던 것처럼 에콜 폴리테크니크 출신이었는데, 1815년에 발표한 〈빛의 회절에 관하여〉란 논문에서 회절현상을 파동설로 설명하려고 시도했다. 그는 여러 번의 실험을 거듭하고 이론을 심화시키는 과정을 통해 영과 같은 결론에 매우 가깝게 접근하였다. 파동의 매질*32로서 공간을 채운 에테르의 존재는 영의 시대에도 여전히 입자설로부터 강력한 반론을 받았지만, 그럼에도 불구하고 차츰차츰 확고하게 자리잡았다. 이런 사고방식은 역학적 기계론의 기본 전제인 '시공구조 속 물질의 움직임에 대한 기술'이라는 발상을 넘어선 것이었다. 왜냐 하면 역학적 기계론의 입장에서 시공時空은 물질이라는 등장인물이 연기하는 무대일 뿐 그 자체로 물리적인 기능을 갖고 있지는 않았던 데 반해, 광학에서는 공간 자체가 물리적인 역할을 맡고 있었기 때문이다.

*32 媒質 ; 물체와 물체 사이에 작용하는 힘이 근접한 공간에 차례로 힘을 미쳐 멀리 도달할 때 공간 내에서 작용을 매개 전달하는 물질 또는 그 공간.

패러데이 ___ 영과 프레넬이 활동하던 시기, 대장장이의 아들로 태어나 영국의 왕립연구소의 실험 조수로 일했던 패러데이*33는 바로 이곳에서 평생의 연구대상인 전자기電磁氣와 마주하게 된다.

*33 Michael Faraday, 1791년~1867년.

패러데이는 왕립연구소의 실험 조수를 거친 아주 뛰어난 실험가였다.

이런 점에서 에콜 폴리테크니크 출신의 프랑스 과학자와 필적할 만하다. 그는 "자연에는 물질의 다양한 힘이 드러나고 있지만, 그것은 '형태'라는 모양으로서의 다양함일 뿐이며, 하나의 공통된 뿌리를 갖고 있다"고 확신했다. 이런 확신은 열역학 제1법칙을 정확히 예감한 줄과 마이어, 그리고 헬름홀츠의 이론과 상당히 유사했다. 그러나 패러데이의 흥미는 열 현상보다 전자기 현상 쪽으로 기울어져 있었다.

1820년에 전자기와 관련하여 하나의 중요한 발견이 덴마크의 외르스데드[*34]에 의해 이루어졌다. 그가 전류를 전선(혹은 도선)에 통과시키자 그 지점에 놓아두었던 자침이 흔들렸고, 이를 통해 전자기 사이의 관계를 충분히 예감할 수 있게 된 것이다. 에콜 폴리테크니크의 일원이었던 앙페르[*35]는 외르스데드가 발견한 사실을 재차 확인하고, 이런 현상을 수학적으로 정리하기 시작했다.

하지만 이런 제반 현상의 물리적 의미를 이해하는 것이 가능해졌는데도 패러데이는 수학을 이해하지 못하는 최후의 물리학자로 남게 되었다. 패러데이는 외르스데드의 실험이 전류가 자기를 발생시키는 것을 보여주는 것이라면, 자기 또한 전류를 발생시킬 수 있다고 생각했다. 코일 속에 막대자석을 넣었다 뺐다 하면 전류가 흐르게 할 수 있다는 것이다. 그의 머릿속에 든 자석은 이를테면 지구까지 확장된 어떤 것이었던 것 같다. 그가 지자기地磁氣에 의한 전자유도를 시도한 것을 보면 이런 사실을 추측할 수 있다.

당시에는 돌턴의 화학적 원자론이 획기적인 성공을 거두고 있었는데, 때때로 입자론적 해석에 이끌린 패러데이는 당초 자기(전자)를 입자적 해석을 통해 설명하려고 했던 것 같다. 그러나 그는 구조로서의 공간과 입자를 병립시켜 생각하는 입자론적 해석으로는 도체, 절연체라는 개념을

*34 Hans Christian Ørsted, 1777년~1851년.
*35 André-Marie Ampèpre, 1775년~1836년.

설명할 수 없음을 깨달았다. 이미 빛에 관해서는 공간 자체(에테르를 채우고 있는)가 물리적인 기능을 갖고 있는 것이 인정되는 분위기였다. 그는 분리된 입자와, 이것을 담고 있는 공간이라는 기존의 역학적 기계론의 세계 구도를 버리고, '연속적'인 공간 자체가 가진 물리적인 힘에 눈을 돌렸다. 물론 그의 '공간'은 단순한 '공간'이 아닐 뿐만 아니라, 자기 등의 역선*36이 뻗쳐 있는 것으로, 에테르와 전혀 동일하지 않았다. 그는 자력선磁力線과 동력선重力線을 함께 생각하는 것에는 대담했으나, 빛과 에테르를 동시에 생각하는 데에는 오히려 소극적이었다.

*36 力線 ; 힘의 장場의 곡선군曲線群으로서, 곡선상의 각 점에서의 접선 방향이 힘의 방향과 일치하는 곡선.

그러나 빛의 이론이나 자기력의 이론에서도 기존의 역학적 기계론의 세계 구도와는 다른 세계로 인도하는 입구가 보이기 시작했다. 이 열린 입구는 공간 자체가 가진 물리적인 성질을 지향하고 있었다.

맥스웰___ 맥스웰*37은 패러데이의 착상에 수학적인 틀을 부여하고, 패러데이 공간 내에 있는 힘의 연속성을 확인하기 위해 당시 활발하게 진행 중이던 유체역학 모델을 공간에 적용시키는 극히 대담한 시도를 성공시킨 인물이다.

*37 James Clerk Maxwell, 1831년~1879년.

맥스웰은 패러데이의 역선 개념과 관련하여 1856년에 〈패러데이의 역선에 대하여〉라는 논문을 발표해서 그의 생각을 일부 드러냈고, 1861년에서 1862년에 걸쳐 발표한 논문 〈물리적 역선에 대하여〉에서는 최초로 '장'*38이란 개념을 정의하였다.

*38 場 ; 어떤 물리량 f가 일정한 공간 영역에 걸쳐 그 공간 내의 위치 함수로서 주어졌을 때의 영역.

그는 자기장과 빛의 파동설, 그리고 그것의 매질인 에테르의 공통점을 알아냈다. 또, 전자장을 표현하는 방정식을 빛 에테르에 적용함으로써 빛의 속도를 정확히 연산할 수 있는 가능성을 보여주었다. 결국 그는 "빛은 전기적 · 자기적인 여러 현상의 원인과 동일한 매질의 횡진동橫振動"으로 파악했다. 이를 통해 빛을 포함한 '전자파'라는 개념과 이것을 뒷받침하는 장의 방정식을 확립하였다.

이런 시도로 물리학의 세계는 이제 질적으로 완전히 다른 두 가지 개념구조를 손에 넣을 수 있게 되었으니, 그 하나는 불연속적으로 분리되는 입자의 물리학이고, 다른 하나는 연속적인 매질의 물리학이었다.

CHAPTER VIII

진화사상의 전개

기존의 제도에 대한 체제변화를 긍정하는 진보사상과 진화론은
어떤 관계를 맺고 있으며, 진화론의 사상적 영향은 무엇인가?

다윈의 진화론은 단순히 생물학계뿐만 아니라 사상계에도 엄청난 충격을 주었는데, 사실 진화론 자체가 원래 진보사상으로부터 큰 영향을 받았다. 오늘날 강한 비판을 받고 있는 진보사상과 진화론의 관계, 진화론의 사상적 영향 등을 살펴보는 것이 이번 장의 목적이다.

진화론에 이르는 길

자연계가 변화한다는 것은 인간의 가장 기본적인 인식 중 하나이다. 그리스에서도, 초기에는 만물이 유전하면서 다양한 생물이 태어나고 사멸해간다는 변화의 입장에서 '종'을 유동적流動的으로 파악하는 사고방식이 존재했다. 그러나 점차 사회계급이 고정되고, 계층마다 각자의 기능을 갖는 것이 당연시되던 아리스토텔레스의 시대에

는 생물의 세계에서도 고정된 질서를 추구하였고, 이에 따라 '분류'라는 영역이 생겨났다.

아리스토텔레스는 생명계에 존재하는 위계구조를 찾아서, 그것을 천상계의 질서와 유비시켜 생각했다. 그는, 자연의 계획에 맞게 만들어진 생물들은 이러한 위계구조 속에서 자신의 목적을 완수하기 위해 기능한다고 하는 이른바 '목적론'을 제시했다. 이렇게 생물계를 '정적인' 관점으로 바라보는 입장은 이후에도 계속 이어졌다. 플리니우스가 자신의 대표적인 저서인 《박물지》를 쓸 때 이 입장을 받아들였고, 나중에 이것은 기독교 사상과 뒤섞이면서 더 강해졌다.

기독교에서는 생물계 역시 인간과 마찬가지로 신의 피조물이며, 신의 계획에 따라 다양한 형태와 기능이 정해지는 것이라고 생각했다. 이것은 거대한 목적론이다. 그러므로 아리스토텔레스가 생물계를 분류한 방식이라든가, 생물계 구조의 내부를 '정적 질서'가 지배한다고 생각한 사고방식은 기독교의 '세계 창조'라는 목적론과 잘 들어맞는 것이었다. 아리스토텔레스 생물계의 위계구조는 흔히 '자연의 사다리'라는 개념으로 상징되었는데, 중세에는 인간이 이러한 위계구조의 정상에 군림하는 존재로서 다른 생물과 엄격히 구분되었다.

나중에 진화론이 세상에 출현했을 때 보여준 기독교계의 반응에서 유추할 수 있듯이, 기독교 사상은 창조의 날에 신이 만든 생물 '종種'이 오늘날까지 변함없이 보존되었다는 주장을 펼친 것은 아니었다. 예컨대 13세기의 저명한 스콜라 철학자인 알베르투스 마그누스[*1]는 동물과 식물이 야생화와 환경에 대해 나름대로 적응한다고 지적했다. 또 '종'이 역사적 과정을 거치면서 변할 수도 있다며 그 가능성에 주목한 인물도 있었다.

[*1] Albertus Magnus, 1200년경~1280년.

정적 우주관의 확립 ___ 근세 초기가 되자 '시계 장치의 비유'가 데카르트에 의해 결실을 맺고, 신이 세계 창조의 시기에 만든 태초의 질서가 오늘날까지 세계를 지배하고 있다는 '정적 우주관'이 유행하기 시작했다.

뉴턴은 당시의 이런 유행 사조에 적극적으로 동조하지는 않았다. 그러나 뉴턴의 역학이, 완전히 단일한 의미를 지닌 운동방정식에 의해 지배되는 물질운동을 통해 세계의 모든 현상을 기술하는 방법론을 도입한 것이었기 때문에 '정적 우주관'은 더욱 강고해졌다. 특히 17세기의 과학자들은 자신들의 과학적 활동이 곧 신의 계획을 아는 것이라는 지극히 강렬한 동기에 지배되고 있어서, 그들이 자연탐색에 매진한 것만으로도 자연에 관한 지식은 증가했다. 그들은 이렇게 발견한 자연지식 전부를 신의 계획 중 하나로 위치지우려는 무의식적인 욕구를 항상 갖고 있었다. 따라서 지구와 생명체의 구조에 대한 지식은 알면 알수록 신의 계획과 훌륭하게 들어맞았는데, 그들은 이런 신의 목적이 달성되기 위하여 기능, 형태, 존재양식이 조정된 것이라고 생각하였다.

린네의 종 분류 ___ 위와 같은 무의식적 욕구는 린네*2에 이르러 가장 첨예하게 드러났다. 자연계는 전체의 구조 속에서 각자가 맡은 역할을 다양하게 수행하고 있기 때문에, 하나라도 불필요하거나 중요하지 않은 것이 없었다. 자연계 전체는 항상 질서정연한 현재의 상태를 지키기 위해 각 부분이 그 역할에 해당하는 기능을 하고 있었으며, 이와 같은 질서 자체는 창조주가 창조할 때 자연에 부여한 것이었다. 이런 문제를 연구하는 '박물학'은 신이 부여한 자연계 구조의 양태, 의미, 기능, 목적을 알기 위한 학문이다. 이것이 바로 린네의 사고방식이었다.

*2 Carl von Linné, 1707년~1778년.

따라서 자연계의 '종'을 정확히 분류하고, 그 하나하나를 전체구조 속에 적절하게 위치시키는 작업을 철저하게 수행해야만 했다. 린네는 동식물의 기관, 형태, 기능을 상세하게 비교 검토하고, 가능한 한 정확하게 '분류' 하는 것을 삶의 목표로 삼았다. 그 결과, 오늘날 이명법二名法이라는 형태로 남아 있는 '종의 명명법' 이 린네에 의해 창안되었다.

이와 같이 절대 불변하는 고정된 자연의 위계구조 속에서 각각의 개체가 고정된 위치를 갖고 있다고 하는 린네의 '종 개념' 이 정립되자, 역설적으로 사람들의 관심이 '종' 에 쏠리기 시작했다. 그리고 이것은 곧바로 '종' 의 생성과정에 해당하는 영역으로까지 확대되었다. 사실 '종의 유동설' *3인 진화론은 동양처럼 애초부터 고정된 '종' 개념을 갖고 있지 않았던 사상권思想圈에서 탄생할 가능성이 더 높아 보인다. 그러나 실제로는 이 같은 착상이 전혀 발생하지 않은 서양에서 '진화론' 이 탄생했으니, 이는 상당히 흥미로운 이야기가 아닐 수 없다.

*3 하나의 종이 다른 종으로 변할 수 있다는 생각. 그 대표적인 예가 불교의 윤회사상이다.

진화론의 생성 ___ 린네에 의해 '종' 이라는 개념이 완전히 고착화된 반면, 또 한편에서는 '현재 자연계에 드러난 질서' 를 과거의 역사 속에서 풀어보고자 하는 사고방식이 성장하고 있었음을 간과해서는 안 된다. 예컨대 뉴턴의 동시대 논적論敵 중 한 사람이었던 훅은 17세기에 이미 화석에 흥미를 갖고, 화석을 통해 지구의 긴 역사를 돌아본다는 '자연지自然誌' 적인 사고방식을 발전시켜, 생물계에 대변혁이 있었음을 다음과 같이 추론했다.

> 기후, 토양, 양분 등이 변하면, 이것을 받아들이는 동물의 신체구조에도 종종 큰 변화가 일어난다. 그렇기 때문에 이러한 자연의 변화는 생물체의 형태를 바꿀 정도의 큰 변화를 초래하는 원인이 된다는 것을 의심하지 않을 수 없다.

혹이 "자연의 변화"라고 말하는 이면에는, 해양생물의 화석이 오늘날 산 속에서 발견되고 있듯이 지구가 과거에 몇 차례 큰 변화를 겪었다는 사실을 상정한 것이다. 이런 '환경의 대변화'가 '생물을 변화시킨다' 라는 착상을 라마르크보다는 150년, 다윈보다는 거의 200년 정도 앞서서 이야기했다는 점에 주목할 필요가 있다.

이와 같은 사고방식의 맹아萌芽는 동시대 사람인 덴마크의 지질학자 스테노[*4]에게서도 찾아볼 수 있으며, 다음 세기에는 린네와 동시대인으로서 프랑스 계몽주의의 한복판에 있던 뷔퐁[*5]이 이런 흐름을 계승했다. 뷔퐁은 백과전서 시대의 사람답게, 가능한 한 많은 현재적 사실들을 모으는 데 전념했지만, 수집한 사실이나 지식으로 신의 계획을 알 수 있다고는 생각지 않았다. 뷔퐁은 자연계를 목적론적으로 바라보기보다, 인과적으로 바라보는 18세기 계몽사상의 사상적 관성에 이끌렸고, 그래서 자연 속에 '현존하는 질서'를 인과적인 '과거의 시계열' 속에 놓아두려고 했다. 구체적으로 말해, 현재 보이는 생물계의 위계구조는 과거의 역사적 전개과정을 그대로 구현한 것이라고 생각했던 것이다.

[*4] Nicolaus Steno, 1638년~1686년.

[*5] Georges-Louis Leclerc, Comte de Buffon, 1707년~1788년, 프랑스의 철학자 · 박물학자로 뉴턴의 영향을 받아 그 저서를 프랑스에 소개하는 동시에 인과론적因果論的 자연인식自然認識의 발전에 힘썼다.

진보사상__ 이처럼 17세기와 18세기를 지나면서, 지구와 자연계의 역사적 전개는 소수의 사람들에겐 너무나 당연한 것이 되었다. 하지만 이 시기의 '자연계의 역사적 전개'가 진보, 즉 '나쁜 상태에서 좋은 상태로' 변화해간다는 식의 가치체계에서 나온 발상은 아니었다. 오히려 '인간의 추락'이라는 표현처럼 신이 자연을 나쁜 상태로 예정한 것이며, 이러한 파국적 상황이 축적되어 결국 최후의 심판으로 이어지리라는 생각이 강했다.

이런 종말론적인 비관론을 역전시켜 지구, 생물계, 그리고 인간사회의 역사가 '나쁜 상태에서 좋은 상태로' 향하는 '진보의 역사'라고 주장했던 낙관주의는 확실히 계몽주의와 산업혁명의 소산이었다. 17세기까지는 '자연은 신이 지배한다'라는 사고방식이 만연했지만, 18세기에 들어서면서 '자연을 지배하는 것은 인간'이라는 계몽주의적 사고방식으로 급격히 전환하기 시작한다. 이런 식으로, 역사는 인간의 손으로 구축하는 것이며 세계의 역사는 보다 좋은 방향을 향해 항상 진보한다고 하는 '진보'의 사상이 유럽 세계를 강타하기 시작했다. 역사는 늘 정상으로 향한다는 이 사상은 이른바 '생물의 진화', 즉 하등동물에서 고등동물로 향한다는 가치 척도를 밑받침하는 계기가 되었다.

이런 면에서 생물진화론은 '사회진화론'과 밀접하게 연결되어 있다. 이미 살펴본 것처럼 '적자생존'과 '생존경쟁' 등 진화론 개념으로 자주 사용되는 이 개념들은, 실은 자본주의 이념인 '자유경쟁'에서 유래한 것이다. 이것은 원래 '사회진화론'의 강력한 추진자로 알려진 스펜서*6의 용어들이며, 다윈과 월리스*7의 생물진화론이 사회학자 맬서스*8의 《인구론》에서 기인했다는 것도 생물진화론과 사회과학 사이의 밀접한 연관성을 말해주고 있다.

*6 Herbert Spencer, 1820년~1903년, 영국의 철학자로 성운星雲의 생성에서부터 인간사회의 도덕원리 전개에 이르기까지 모든 것을 진화evolution의 원리에 따라 조직적으로 서술하는 일련의 대작을 남겼다.

*7 Alfred Russel Wallace, 1823년~1913년.

*8 Thomas Robert Malthus, 1766년~1834년.

생물진화론의 탄생

18세기에서 19세기에 걸쳐 유행한 또 하나의 학문은 '박물학'이었다. 이 계몽주의 시대에는 17세기식으로 그저 원리만을 추구하는 경향은 사라졌다. 앞에서 뷔퐁을 다룰 때 언급했듯이, 이 시기에는 다시 '사실수집의 시대라는(이것이 백과전서의 모토였다) 발상'에 따라 가능한 한 많은 사실을 수집하고자 하는 의욕이 강해진다. 이런 사실은 혁명정부가 파리에 '박물학을 위한 박물관'을 건립한 데서도 여실히 드러난다. 그리고 이 박물관에서 한 사람의 선구자가 배출되었는데, 그가 바로 라마르크다.

라마르크 __ 라마르크는 진화에 대한 자신의 생각을 《동물철학》(1809년)에서 주로 전개했는데, 그는 린네의 계통적 분류구조에서 자주 빠져 있던 무척추동물을 분류하면서 생물의 체계구조가 단순한 것에서 복잡한 것으로 이행하고 있다는 것을 깨닫게 되었다. 그리고 분류상의 이런 질서를 뷔퐁처럼 과거의 역사적 전개 속에 위치시키려 했다. 현재의 정적 질서를 과거의 동적 과정에 투영하는 태도, 그리고 단순한 것에서 복잡한 것으로 향한다는, 일종의 가치척도에 근거한 정향적인 흐름을 전제로 하는 생물진화론의 기본적인 두 가지 개념구조가 이때 탄생했다고 볼 수 있다.

이런 개념구조 위에, 라마르크는 생물의 각 기관의 형태와 기능이, 생물들이 처한 상황에 완전히 일치한다고 하는 혹의 테제를 연결시켰다. 여기서 주목할 것은, 환경과 생물의 관계에 있어서 그는 환경에 어울리는 생물을 신이 배치한 것이 아니라 생물이 환경에 적응한 것이라는 인과관계로 다루었다는 점이다.

이때까지도 린네에 의해 강력하게 수립된 이론, 즉 자연의 생명적 위계구조를 구성하는 '종'이 현재의 질서하에서는 불변한다는 전제는 변함이 없지만, 생물계의 종이 상상할 수 없는 긴 역사적 시간의 경과 속에서 다양한 환경에 적응하며 변화했다는 아이디어는 확실히 드러나고 있다.

그렇다면 환경에 대해서 생물은 어떻게 자신의 체계를 적응시켜가는가, 다시 말해 기관의 형태와 기능을 어떻게 변화시켜가는 것일까. 라마르크는 여기서 생명체가 자신의 내부에 동인動因을 갖고 있다는 착상을 도입했다. 그는 생물의 내부에서 일어나는 '욕구'와 '내부 감정'이 생물체의 내적 균형을 파괴하고 환경에 적응하려 함으로써 변화의 원동력이 되고 있음을 인정했다. 또한 변화를 향한 생물체의 경향성이 잘 사용되면 발전하고 사용되지 않으면 퇴화한다는 식으로, 기계적인 요인에 의해 환경에 대한 적응이 진행된다고 생각했다. 때문에 그의 이론을 흔히 '용불용설用不用說'이라고 일컫는다.

다윈 __ 라마르크의 이론은 동물과 식물의 자발적인 변화와 적응에 대한 의지를 토대로 하고 있다. 이는 그가 인간의 자발성에 대해 강한 관심을 보였던 낭만주의에 영향을 받았다는 의미로 풀이된다. 반면 다윈은 라마르크의 낭만주의적 요소를 철저하게 비판하고 새로운 적응의 메커니즘 이론을 발표했다.

다윈은 대학 졸업 후, 장래의 진로도 정하지 않은 채 대학 시절 은사의 권유로 '비글 호'라는 세계일주 항해 측량선의 박물 연구자로서 세계일주 대항해에 참가하게 되었다. 이 경험은 다윈의 생애에 결정적인 영향을 끼쳤다. 다윈은 거의 7년에 걸친 대항해를 통해 그때까지 막연한 관심밖에 없었던 박물학에 본격적인 흥미를 느낄 정도로 다양한 사실들을 접하게 되었다. 특히 오늘날 "자연의 박물관"으로 불리며 세계 유일의 기적적인 장소로 일컬어지는 갈라파고스 군도에 서식하는 생물들의 군상群像은 다윈에게 강렬한 인상을 남겼다. 약간 떨어진 섬들에서 각각 서식하고 있는 동종同種의 생물들은 그 형태와 기능에 있어서 작은 차이를 보였는데, 놀라운 것은 각각의 생물이 자신이 살고 있는 섬의 고유한 환경에 합치되는 특징을 지니고 있다는 점이었다.

다윈도 라마르크처럼 생물체의 형태와 기능이 주어진 환경에 적응한 것이라는 흥미로운 사실에 주목했다. 또한 생물이 환경에 적응하는 과정에서 '종'이 변화한다는 사실을 절대로 의심하지 않았다. 라마르크의 낭만주의적 해석에 반발한 다윈은, 환경에 적응하는 '종'의 변화를 완전히 다르게 해석, 설명하기 시작하였다. 이 무렵 그에게 단서를 제공한 것이 그가 항해중에 읽었다고 전해지는 라이엘[9]의 《지질학 원론》과 1838년에 읽었다는 맬서스의 《인구론》이다. 그는 이 두 권의 책으로부터 '종'의 변화의 근거를 식물획득 전쟁에 의한 선택으로 설명할 수 있다는 착상을 얻어냈다.

다윈은 이 착상을 다듬어서 책을 쓰겠다고 결심하고 집필에 몰입하고 있었다. 그러던 중 1858년, 다윈처럼 맬서스의 저서를 읽고 '자연선택설'의 착상을 얻어낸 젊은 박물학자 월리스가 다윈과 같은 견해가 담긴 논문을 보내오자, 이에 놀란 그는 서둘러 자신의 논문을 정리하여 그해 런던의 린네 학회에 월리스의 논문과 함께 동시에 발표했고, 이듬해인 1859년 《종의 기원》[10]이라는 저작에 진화론을 공표하였다. 세계적으로 유명한 일화인 이 사건은 사상의 흐름이 과학 이론의 탄생에 얼마나 큰 영향을 주는지를 잘 보여주는 실례라고 할 수 있다.

자연선택설 ___ 다윈의 저작은 1859년에 《종의 기원》이라는 제목으로 발표되었다. 그는 이 책에서 '종'은 역사적인 시간의 경과 속에서 변화하며, 이런 변화는 환경의 변화와 더불어 일어나는 것이라고 주장했다. 그러나 환경에 대한 적응은 라마르크처럼 생물체 내부로부터의 욕구에 의해서가 아니라, 환경이 생물군 가운데에서 환경에 가장 잘 적응한 것을 선택하는 방식(적자생존), 다시 말해 자연선택에 의해 진행된다는 것을 명

[9] Charles Lyell, Baronet, 1797년~1875년, 영국의 지질학자로 자연작용의 제일설uniformitarianism을 주장하여 근대 지질학의 기초를 이룩하였다.

[10] 정식 명칭은 '자연 선택에 의한 종의 기원에 관하여'이다.

확히 했다. 이런 자연선택은 인위선택을 참조했으며, 또한 어느 정도의 증거도 갖고 있었다. 이로써 숙명적으로 외삽[*11]이 많은 이 분야에서도 어느 정도의 실험적인 배경을 갖추게 되었다.

그러나 다윈의 자연선택설에 문제가 전혀 없었던 것은 아니다. 다윈 이론에 근저를 이루는 발상은 생물의 '개체변이'가 유전한다는 것이다. '개체변이'란 같은 생물 개체 사이에 존재하는 근소한 차이를 말하는 것이다. 자연선택설은 이런 근소한 차이, 다시 말해 환경에 적응해 살아남을 것인가, 적응하지 못해 사멸할 것인가 하는 문제를 확연히 구분하는 데 관심이 있는 것이 아니라, 살아남은 경우에 그런 개체변이의 유리한 형질이 아무리 근소하더라도 자손에게 전달된다는 데 있었다. 그렇지만 개체변이와 같은 근소한 차이가 개체의 생사를 결정할 정도로 환경에 영향을 받는지 이런 변이가 자손에게 축적된다고 볼 수 있을 것인지는 의문이다.

다윈의 자연선택설이 가진 문제가 보완되기 위해서는 결국 드 브리스[*12]의 돌연변이설과 바이스만[*13]과 플레밍[*14]의 생식질독립설[*15] 등을 기다려야만 했다. 그러나 이러한 흐름을 커다란 줄기로 볼 때, 다윈의 자연선택설은 '종'의 변화와 탄생을 설명하는 기초로서 오늘날까지 인정되는 중요한 이론이라고 할 수 있다.

다위니즘의 영향

다윈의 자연선택설을 골자로 하는 '종의 기원론'은 보통 '다위니즘'으로 총칭되는데, 이것은 단순히 생물학 내부뿐만 아니라 다양한 분야, 특

*11 外挿, extrapolation ; 어떤 영역에서 타당하다고 입증된 명제나 이론을, 그것들의 타당성이 확정되지 않고 단지 가정되고 있을 뿐인 다른 영역에 가설적으로 적용하는 것.

*12 Hugo Marie de Vries, 1848년~1935년, 네덜란드의 식물학자 · 유전학자로 멘델 법칙을 재발견(1900년)하고 돌연변이설(1901년)을 제창하여, 그 후의 유전학과 진화론에 영향을 끼쳤다.

*13 August Friedrich Leopold Weismann,1834년~1914년, 독일의 발생학자 · 유전학자로 '생식질의 연속성'이라는 방법론을 제창하여 라마르크의 논설을 부정하였으며 유전의 구성에 대해서도 이론적 검토를 시도하여 유전의 기능을 맡은 입자가 염색체에 있다는 사실과 그 염색체의 이름을《비오포아》라 할 것 등을 제창하기도 하였다.

*14 Walther Flemming, 1843년~1905년.

*15 유전자설로, 유전자는 염색체상에서 선상배열線上配列을 하며, 교차가 일어나는 빈도는 유전자간의 상호위치에 의한다는 이론.

히 사상 분야에 큰 영향을 끼쳤다.

근대 서양사상의 붕괴 ___ 역사적으로 근대 초기 서구 사상계에 미친 최대의 충격은 코페르니쿠스에게서 비롯된 '지동설' 일 것이다. 이것은 단순히 지구가 움직이는가, 움직이지 않는가의 문제를 넘어서서, 그때까지 우주의 중심으로서 특별한 취급을 받았던 지구가 하나의 행성에 불과하다는, 말하자면 지구(인류의 고향으로서)의 특권의식이 붕괴된 크나큰 사고체계의 변혁을 의미하는 것이었다. 그러나 서구 사상권에서 제2의 강력한 요새는 '인간' 의 특이성, 다시 말해 인류의 특권의식이었다.

'인간은 신으로부터 칭찬받은 특별한 존재' 라는 사고는 단순히 기독교를 적극적으로 긍정하는 사람들 사이에서 뿐만 아니라, 근대가 무르익으면서 기독교를 이탈하려는 사람들에게까지도 여전히 강력하게 남아있던 가치관이었다. 휴머니즘은 근본적으로 기독교에 뿌리를 두고 있으나 의식적으로는 기독교와 독립적인 것으로 봐도 좋을 듯한데, 이 사상이 르네상스 이후의 세속화 현상을 거치면서 기독교의 신을 무시하고 서구 근대 사상의 중추가 되었다. 그러나 휴머니즘이란 단어 자체에서도 알 수 있듯이, 이 사상은 극히 '인간 중심적' 이기도 했다. 즉 이 사상을 기초로 한 '자연과 다른 생물로부터 완전히 분리된 특별한 존재로서의 인간' 이라는 사고방식은 조금도 흔들리지 않고 유럽 근대를 관통했던 것이다. 그러나 다위니즘은 이러한 사상을 비로소 타파했다.

다위니즘의 등장과 함께 '인류' 는 특별한 존재가 아니라 다른 생물과 같은 기원을 가지고 동일한 메커니즘 속에서 변화하는 존재에 불과한 것이 되어버렸다. 그렇다면 인간의 특이성도 단순히 상대적 · 비교적인 것이었다. 다위니즘을 통해 인류가 더는 특별한 존재가 아니라는 사실을 받아들인 서구 사회는 이 사상을 적극적으로 받아들이기도 하고, 부정적으로 취급하기도 하면서 그것을 생물 일반의 문제라기보다는 인간 혹은 인류의 문제로 논의하려는 경향을 강하게 드러냈다. 반면 인간의 초자연성을 주장하는 기독교계에서 이러한 사상을 부정적으로 바라보았다는 것은 두말할 나위가 없다.

사회사상의 영향__ 다위니즘을 특히 '인간'의 문제로 다루었다는 의미는 이 문제를 단순히 '인류의 기원은 원숭이에 필적하는 유인원인가 아닌가'에 한정시켰다는 뜻이 아니다. 이미 서술한 것처럼 다위니즘이 사회사상에 중요한 영향을 받은 것처럼, 다위니즘 역시 인류 '사회'적인 문제를 다루는 사상 영역에 영향을 끼쳤다.

'적자생존'의 '적자'라는 개념을 상황에 맞춰 아주 자의적으로 해석해서 윤리와 사회사상의 측면에 응용하려는 태도가 《종의 기원》 이후 급속히 확산되었다는 것은 이런 점을 잘 보여주고 있다. '자유경쟁'이라는 자본주의 이념 자체는 경쟁 속에서 가장 우량한 것만이 살아남는다는 생물학적 원리가 보증하는 사회 진보의 원리였다. 그래서 경쟁을 부정하고, 인류사회의 진보를 바라지 않는다며 제기된 사회주의에 대한 비판도 '과학'의 이름을 모토로 해서 횡행했고, '천부인권설' 등 만인이 평등한 권리를 갖는다는 발상에 대해서도 다위니즘의 이름으로 공격했다. 예를 들어 체임벌린*16은 원래 영국인(1916년 독일에 귀화)이었으나, 1899년에 《19세기의 기초》라는 책을 독일어로 썼다. 이 책에서 그는 인종의 우열을 생물학적으로 증명하려 했고, 특히 게르만 민족의 우수성을 강조했다. 그리고 '우승열패優勝劣敗'라는 다위니즘의 통속화된 슬로건이 암시하듯, 다윈의 사촌인 골턴*17이 연구하기 시작한 것으로 알려진 '우생학'은 유전

*16 Houston Stewart Chamberlain, 1855년~1927년.

*17 Francis Galton, 1822년~1911년.

자 조작으로 열성인 성질은 배제하고 '우수한' 성질은 발전시킨다는 사고방식을 기초로 하고 있어, 한편에서는 '인종개량'과 '인간의 진화'가 현실적인 문제로 부각되었다.

그러나 '인간'의 성질을 선과 악으로 판단하여 조작하는 이 사상의 위험성은 나치즘의 예를 통해서 분명해졌다. '우생학'이 일부에서는 진화론을 중심으로 한 순수한 과학 이론에 뿌리를 내렸지만, 이로 인해 이전까지는 없었던 '인간의 손에 의한 인간의 도태'라는 사상의 합리화가 진행되었다는 점을 주의해야 한다. 또, '인류의 진화'와 '인류의 개량'이라는 이 착상은 19세기 말 이른바 '초인 사상'*18을 등장시켰다.

*18 철학자 니체에게서 싹튼 사상으로, 그는 인류의 전역사를 서로 화해할 수 없는 두 가지 인간형, 즉 소수의 뛰어난 군주적 인간과 우둔한 군중의 대립으로 보았는데, 후자를 나약하고 증오심에 불타는 부류로 생각한 반면, 전자는 힘있고 우수하며 사리분별이 있는 부류라고 생각했다. 그는 이런 전자의 인간유형을 초인으로 생각했으며, 이들이 지상의 지배자가 되어야 한다는 견해를 설파했다. 이런 그의 생각은 후에 파시스트들에 의해 활용되기도 했다.

CHAPTER IX

[20세기의 과학]

현대과학의 특징과 그 사회적 존재방식을 살펴본다.

20세기에 들어와 과학은 눈부신 발전을 거듭했다. 수많은 신기술이 탄생했고, 우리 생활 구석구석까지 과학기술이 침투하였다. 이 장에서는 이러한 현대과학의 특징과 사회적 존재 방식으로서의 측면을 개관한다.

과학기술혁명

과학기술혁명___ 현대를 과학기술혁명의 시대라고 특징지어 말하곤 한다. 오늘날 현란하게 발전한 기술은 정치·경제뿐만 아니라 사람들의 일상생활에까지 광범위하고 심각한 영향을 끼쳤고, 역사적으로도 중요한 요인 중 하나가 되고 있다. 그러나 기술의 발전은 대규모 과학연구에 기초를 두고 있어, 오히려 과학연구가 기술의 발전보다 앞서가는 듯 보이는 것이 현대의 특징이다. 과학연구는 전례가 없는 대규모 계획에 의해 실행에 옮겨졌고 그 진전도 급속도로 이뤄지고 있다.

이와 같은 사태를 가리켜 '혁명'이라고 부르는 것은 단지 과학연구와 신기술의 개발이 양적으로 증가했기 때문만이 아니다. 양적인 확대라면 이미 19세기에 시작되었다고 말할 수 있다. 20세기의 과학 발전을 '혁명적'이라고 표현하는 것은 19세기에서 20세기로 이행하는 전후 시기에 과학의 각 분야가 내용 면에서 질적인 전환을 이루었기 때문이다. 이와 같은 전환은 수학과 물리학에서 특히 두드러졌다.

공리주의와 현대 수학 __ 20세기의 수학과 19세기의 수학을 구별하는 분기점에 위치하는 것이, 다음 장에서 서술할 공리주의[*1]이다. 19세기까지의 수학은, 수에 대해서든 공간에 대해서든, 그 연구대상을 자연적인 존재로 간주했다. 이에 반해 현대 수학은 몇 개의 공리계公理界에 의해 구성된 이념적 존재를 대상으로 한다. 즉, 현대 수학은 이미 현상계現象界, 자연계自然界의 존재와는 직접적인 관계를 갖지 않는다. 한편 자연적 존재에서 이탈함에 따라 현대 수학은 이전까지와는 달리 폭넓은 응용범위를 갖게 되었다. 현대 수학은 자연과학과 공학뿐만 아니라 인문사회과학, 경제와 정치 등의 사회적 활동에까지 폭넓게 이용되고 있다.

[*1] 모든 수학 이론은 몇 개의 공리에서 출발하여 엄밀한 추론에 의해 이루어져야 한다는 주장.

현대 물리학 __ 19세기 말부터 20세기 초에 걸쳐 일일이 열거할 수 없을 정도로 새로운 물리학 사실들이 밝혀졌다. X선, 방사능, 전자의 발견을 통해 원자가 보다 미세한 구조를 갖고 있으며 다른 종류의 원자로 전환된다는 사실이 명확히 밝혀졌다. 그리고 브라운 운동과 '결정에 의한 X선 회절'은 물질이 원자적 구조를 가졌다는 것을 다른 측면에서 보여주었다. 과학자들 앞에 미시적인 세계가 열리면서, 20세기 물리학은 모든 문제를 원자와 그 구조에 기초를 두고 탐구했는데, 이것이 20세기 물리학의 특색이다.

실험을 통해 미시 세계의 문을 연 것과 함께, 이론적인 측면에서는 상대성 이론과 양자론이 탄생하였고, 종래의 물리학 이론이 완전히 타당한 것은 아니라는 사실이 명확해졌다. 이제 미시 세계는 새로운 이론 없이는 설명이 불가능했다. 특히 상대성 이론과 양자론은 이전의 과학적 인식이나 사고방식을 변화시켰다. 시간, 공간, 인과성이라는 기초적인 카테고리의 의미가 변했고, 실재實在와 우리 인식과의 관계에 대한 심각한 반성도 일어났다. 이러한 영향력은 물리학을 뛰어넘어 광범위하게 확산됐다.

새로운 생물학__ 오늘날 생물학에서 중점적으로 다루는 분야는 대부분 20세기에 그 기반을 두고 있다. 현대 유전학은 1900년에 멘델의 법칙이 재발견되면서 시작되었는데, 1920년에 유전자설이 제창되었고, 1940년대에는 생화학의 발전과 더불어 분자생물학의 기초가 되었다.

생화학은 19세기 말, 수년에 걸쳐 이뤄진 효소·핵산의 발견을 통해 본격적인 발전이 시작됐다. 이후 호흡, 발효, 광합성 등 물질대사 과정이 상세하게 해명되었고 세포 내의 단백질 구조가 연구되었다. 그리고 현재는 유전법칙의 메커니즘이 DNA의 이중나선구조와 염기배열에 의해 설명되고 있다.

이렇게 생물학에서는, 수학이나 물리학에서처럼 기본적 개념 자체의 급격한 전환은 이뤄지지 않은 듯 보인다. 다만 20세기에 들어서면서 물리·화학적 방법을 전면적으로 활용함으로써 박물학적이고 기술적인 성격에서 벗어났다.

과학과 국가

20세기 과학의 질적인 새로움은 학문적인 내용에 국한되지 않는다. 과학의 사회적인 존재양식 면에서도, 20세기의 과학은 19세기의 과학과 확실히 구별된다. 심지어 20세기에는 과학이 국가를 뒷받침하는 것처럼 보일 정도다.

과학의 제도화 ___ 근대 과학은 대략 17세기에 시작됐으나, 당시의 과학자들은 대부분 아마추어였다. 의사, 무역상, 부유한 지주, 성직자였던 사람들이 개인적으로 어떤 흥미를 느껴 자발적으로 과학연구에 몰두했다. 이와 같은 흐름은 18세기에도 변하지 않았다. 이때까지도 과학은 사회 전체의 관심사라기보다는 오히려 개인적인 것이었다. 그런데 19세기가 되면서, 특히 산업혁명 이후부터 과학을 존속시키고 발전시키기 위한 사회적 기구와 제도가 갖추어졌다. 이제 과학을 가르치고 연구하는 것은 하나의 전문직종이 되었고, 그에 따라 과학자라는 계층도 생겨나게 되었다. 아울러 과학자와 기술자를 양성하는 교육기관이 생겨났고, 전문가들로 이루어진 학회도 생겨났다. 비로소 과학이 하나의 사회적 제도로서 자리잡게 된 것이다.

기업 내 연구기관 ___ 19세기의 과학연구는 여전히 과학자 개인의 자발성에 의존하고 있었다. 대학이 많은 액수의 연구자금을 준비하거나 국가가 과학자에게 연구비를 제공한다든가 하는 일은 거의 없었다. 그런데 19세기 과학 발전에 힘입어 합성 화학공업과 전기공업이라는 새로운 산업이 생겨나면서 상황이 변하기 시작했다. 이와 같은 새로운 산업은 과학의 새로운 연구성과에 의해 최초로 가능해졌고, 이것을 더욱 발전시키기 위해 다양한 과학연구가 지속적으로 필요해졌다. 그래서 1875년경부터는 화학공업과 전기공업 분야의 대기업들이 자체적으로 연구기관을 소유하게 되었다.

국립연구소 ___ 기업의 연구기관에서는 무엇보다도 기업에서 필요로 하는 기술과 관련된 분야의 연구가 우선시될 수밖에 없었다. 그러나 산업기술을 진보시키기 위해서는 다양한 측량기술, 단위의 결정, 표준의 확립 및 검증이라는 기초적이고 공통적인 문제에 관한 연구가 반드시 필요했다. 이런 상황에 눈을 뜬 독일은 1887년에 국립 물리공학연구소를 설립하여 이 분야의 연구를 국가적으로 추진했다. 그들의 예측은 적중했고, 독일의 산업기술은 놀랍게 발전했다. 독일의 성공에 자극받은 영국과 미국도 이런 식의 국립연구소를 설립했다.

그러나 20세기 초반, 과학연구에 대한 국가의 관여도는 규모 면이나 활동 면에서 모두 제한적이었다. 교육과 공공 서비스 측면에서의 과학연구는 국가가 거의 손을 쓰지 않았다. 국가가 직접 과학연구 활동에 방향을 세우거나 전면적인 과학기술 진흥정책을 펴기 시작한 기점은, 제1차 세계대전 시기이다.

전쟁과 과학 ___ 제1차 세계대전은 항공기, 전차, 독가스 같은 과학연구의 산물인 신병기新兵器가 활약했다는 점, 그리고 병력뿐만 아니라 국가의 전생산력이 동원된 총력전이었다는 점에서 완전히 새로운 경험이었다. 병기의 발명 · 개량, 신병기의 방어수단 개발, 생산력을 높여 부족자원을 충족시키기 위한 기술개발 등을 위해 국가마다 과학자들을 동원했고, 과학연구의 조직화를 꾀했다. 정부는 과학연구위원회를 설치하였고, 국가는 과학연구에 쓰일 비용을 지원하기 시작하였다. 그리고 이와 같은 노력은 종전 후에도 계속되었다. 세계 주요 국가의 정부는 과학연구 자금 지원을 멈추지 않았고, 다양한 연구기관을 소유하는 것도 일반화되었다.

이와 같은 과학연구의 노력은 경제적인 어려움으로 일시 중단되기도 했지만, 제2차 세계대전이 발발하자 오히려 비약적으로 강화되었다. 제2차 세계대전이 끝났어도 국가에 의한 과학연구의 추진은 더욱더 확대 · 강화되었고, 오늘날에 이르러서는 국가의 뒷받침 없이는 과학연구를 전혀 진행할 수 없는 상황이 되었다.

CHAPTER X

[선험주의의 극복]

19세기에서 20세기로 이행해가는 시기, 왜 수학과 물리학은 선험주의apriorism를 부정했는가?

19세기와 20세기의 과학을 비교할 때 큰 차이점 중 하나가 선험적인 요소를 과학 안에서 승인하는가, 승인하지 않는가 하는 것이다. 이 장에서는 세기가 바뀔 무렵, 수학과 물리학에서 선험주의가 부정된 경위를 살펴본다.

공리주의의 탄생

과학만능주의 ___ 19세기 후반에는 점차 "과학만능주의"로 불리는 낙관적인 과학관이 힘을 얻었다. 과학의 각 분야는 착실하게 진보하였고, 기술의 진보는 선진 공업국가들의 생산력을 향상시켜, 사람들의 생활이 눈에 띄게 풍요로워졌다. 이제 과학으로 해결되지 않을 문제는 없었으며, 인간의 복지도 결국 과학의 진보 여하에 달려 있다는 낙관적인 시각이 사람들을 사로잡았다. 게다가 과학연구가 현재의 방식으로 계속 진행된다면 끝없이 전진할 수 있다는 관점이 낙관주의를 뒷받침해주었다. 그렇다면 당시 과학의 방법과 목표는 무엇이었을까.

선험적[*1] 자연 ___ 19세기 과학의 기본 전제는 우리의 인식 주체와는 상관없이 독립적으로 존재하는 자연을 인식 대상으로 한다는 것이다. 그런데 여기서 자연이란 선험적으로 우리들에게 주어져 있는 것이다. 이처럼 자연의 실재하는 구조를 밝히는 것이 19세기 과학의 목표였고, 이때 '과학적 진리'란 우리의 인식이 궁극적인 실재와 일치하는 것이었다. 당시의 과학자들은 이 진리를 획득하기 위해 나아가는 것이야말로 '19세기 과학의 진보'라고 생각했다.

[*1] 先驗的 ; 모든 경험에 앞선 인식의 원리가 존재한다고 보는 인식론적 입장. 즉 경험으로부터 독립된 인식 자체를 받아들이는 입장을 일컫는 말.

역학적 자연관 ___ 그러나 과학연구에 의해 획득한 지식이 궁극적 실재와 일치한다는 보증은 어디에서 나오는 것일까. 물론 모든 과학적 명제는 실증적으로 확증되어야만 한다. 그러나 실증적인 확증을 위한 실험에는 기술적 한계가 따르기 때문에 오차를 피할 수가 없다. 따라서 단순한 실험보다 더욱 확실하고 절대적인 근거가 필요했다. 19세기를 지배했던 물리학의 절대적인 기초는 역학에 의해 주어진 '역학적 자연관'이었다. 빛, 열, 전기, 자기에 대한 연구가 19세기 들어 더욱 진척되면서, 각 영역에서 기초적인 법칙이 확립되고 이론도 체계화되었는데, 학자들은 이런 법칙과 이론이 반드시 역학에 의해 설명되어야 한다고 생각했다.

역학의 타당성 ___ 그렇다면 역학의 확실함은 무엇에 의해 보증되는가. 19세기 후반까지의 사고방식에 의하면, 기하학의 공리와 마찬가지로 역학적 기초 법칙의 타당성은 선험적이고 명확한 몇 가지 진리에 기초를 두고 증명된 것이었다. 이와 같은 증명은 18세기 이래 여러 차례 시도된 바 있다.

수학의 대상___ 이와 같은 선험주의는 수학에서 한층 더 위세를 떨쳤다. 과학연구에 반드시 필요한 수단을 제공하는 수학의 목표 역시 우리에게 선험적으로 부여된 실재의 구조와 성질을 탐구하는 데 있었다. 예컨대 기하학[*2]의 목표는 모든 자연현상이 발생하는 공간의 성질을 밝히는 것이며, 미적분학微積分學[*3]과 대수학[*4]은 모든 현상 속에 양적 관계로 나타나는 수의 성질을 탐구한다. 수학의 대상인 공간과 수는 유일하고 절대적인 존재로서 처음부터 우리에게 부여된 것이었다.

자명한 진리로서의 공리___ '수학의 정리'[*5]는 언제나 절대적이고 확실한 것으로 받아들여졌는데, 왜냐 하면 수학적 증명은 불확실함을 갖는 경험적 사실에 호소하는 것이 아니라, 엄밀한 논리적 추론에 의해 진행되기 때문이다. 그러나 이러한 추론 또한 최초에는 몇 가지 공리[*6] 혹은 공준[*7]에서 출발한다. 그러다가 차츰 그 공리나 공준이 모든 사람들에게 그 자체로 명백한 진리가 되는 것이다.

선험적인 진리가 수학과 역학에서 이미 알려졌고, 근대 과학의 발전에 힘입어 올바른 추론과 실험적 탐구방법이 확립됨으로써, 당시의 과학은 절대적인 진리를 향한 전진을 보증받은 것이나 마찬가지였다. 이러한 배경에서 과학에 대한 19세기 사람들의 낙관적인 시각이 탄생한 것이라 볼 수 있다.

그런데 선험주의의 본거지였던 수학이 19세기를 전후하면서 이전과는 다른 태도를 취하기 시작한다. 결과적으로 말하자면, 역설적이게도 수학

[*2] 공간의 수리적數理的 성질을 연구하는 수학의 한 분야.

[*3] 미분법과 적분법을 하나로 합쳐 부르는 총칭으로 창시자는 뉴턴과 라이프니츠로 알려져 있다. 그러나 그와 같은 개념은 훨씬 이전부터 싹텄다고 볼 수 있다. 예를 들어 기원전 3세기경 아르키메데스와 유클리드 같은 사람은 오늘날의 구분구적법區分求積法과 매우 흡사한 방법으로 평면의 넓이를 구하였으며, 그 후에도 많은 수학자들에 의해 해석적 방법이 연구되었다. 뉴턴과 라이프니츠는 이들 방법을 더욱더 확장시키고, 체계화하고, 일반화시켰다.

[*4] 수 대신 문자를 써서 문제 해결을 쉽게 하고, 수학적 법칙을 일반적으로, 간명하게 나타내는 것을 뜻한다. 방정식을 푸는 것이 이 분야의 출발점이었으며, 오늘날에는 수학 일반의 기초 분야가 되었다.

[*5] 수학적으로 참인 명제.

[*6] 公理, axiom ; 조건 없이 전제된 명제.

[*7] 公準, postulate ; 기하학적 공리.

은 선험주의의 근저를 무너뜨리면서 발전을 거듭하게 된 것이다.

평행선 공리 ___ 유클리드 기하학은 다섯 가지 공리[*8]에 기초한 것이다. 이 가운데 제5공리, 즉 한 직선의 바깥에 있는 점을 통과하고 그 직선에 단지 하나의 평행선을 긋는 것이 가능하다는 '평행선 공리'만으로는 명백한 진리를 규명하기가 복잡하고 어려웠다. 그래서 일찍부터 제5공리 외에 네 가지 공리와 이들 공리들로부터 유도된 정리를 통해 증명하려는 시도가 있었다. 어떤 사람은 제5공리를 부정할 때 생기는 모순을 이끌어 냄으로써 역으로 제5공리의 타당성을 증명하려고 시도했지만, 아무리 해도 결국 모순에 도달하게 되었다. 하지만 사람들은 유클리드 기하학만이 공간에서 유일하고 절대적인 진리라고 이미 믿고 있었기 때문에, 그 결과가 내포하는 의미에 대해 더 파고들 생각을 하지 않은 채, 오류가 나타날 때마다 다른 어딘가에 잘못이 있을 것이라는 성급한 단정으로 스스로를 납득시켰다.

[*8] 첫째, 평면 위에서 두 점은 한 선분을 결정한다. 둘째, 선분은 무한히 확장될 수 있다. 셋째, 한 점을 중심으로 하고 다른 한 점을 지나는 원은 존재한다. 넷째, 모든 직각은 같다. 다섯째, 두 직선을 한 직선이 만날 때 만나는 각(같은 쪽)의 합이 180도보다 작으면 두 직선은 180도보다 작은 쪽에서 서로 만난다.

비非 유클리드 기하학의 발견 ___ 19세기의 가우스[*9], 로바체프스키[*10], 보요이[*11]는 평행선 공리를 부정하더라도 내부 모순을 갖지 않는 이론체계를 만들 수 있다고 생각했다. 즉 단지 하나만 그어지는 평행선을 대신해서, 평행선이 하나도 존재하지 않거나 무수히 존재하더라도 모순 없는 기하학체계를 성립시킬 수 있다는 것이다. 이렇게 하여 가우스, 로바체프스키, 보요이는 '비유클리드 기하학'의 가능성을 발견했다. 그러나 세 사람 모두가 공간은 단 하나라고 생각했기 때문에 '바른' 기하학도 하나밖에 존재하지 않는다는 고정관념에서 벗어날 수 없었다. 때문에 그들은 자신들이 발견한 비유클리드 기하학과 유클리드 기하학 중 현실공간에

[*9] Carl Friedrich Gauss, 1777년~1855년, 독일의 수학자. 수학에 엄밀성과 완전성을 도입하여 수리물리학數理物理學에서 독립된 순수 수학의 길을 열어, 근대 수학을 확립했다.

[*10] Nikolay Ivanovich Lobachevsky, 1792년~1856년, 러시아의 수학자. 비유클리드 기하학을 창시했다.

[*11] János Bolyai, 1802년~1860년, 헝가리의 수학자로 평행선 이론에 몰두하여 로바체프스키와는 다른 비유클리드 기하학을 창안했다.

상응하는 바른 기하학이 어느 것일까 하는 문제로 관심을 돌렸다.

가설로서의 공리 ___ 19세기 후반, 리만*12은 획기적인 사상을 고안하였다. 그는 기하학의 공리는 결코 자명한 진리가 아니며, 오히려 이론체계의 기초에 근거한 가설일 뿐이라고 주장하였다. 이런 관점에서 본다면 유클리드 기하학이나 다양한 비유클리드 기하학 중 무엇이 바른 기하학인지는 중요하지 않다. 오히려 두 개의 기하학이 수학으로서 동등한 자격을 가질 수 있다. 즉, 공리도 하나의 가설이라고 한다면 두 기하학 사이에 모순이 없는 한, 임의로 한 쌍의 공리를 세우고 그 바탕 위에서 수학의 체계를 전개하는 것이 가능하다. 공리가 세워진 뒤에 이어진 이론은 매우 엄밀하게 전개되었고, 이렇듯 공리를 자유롭게 선택하는 것이 가능해지자 오히려 수학은 더 많은 가능성을 갖게 되었다. 이것은 20세기 초반에 비유클리드 기하학이 물리학의 일반 상대성 이론에 응용된 것만 봐도 잘 알 수 있다.

*12 Georg Friedrich Bernhard Riemann, 1826년~1866년, 독일의 수학자.

공리주의公理主義 ___ 그러나 비유클리드 기하학에 의해 분명해진 공리의 가설성이 폭넓게 이해되기까지는 꽤 많은 시간이 걸렸다. 비유클리드 기하학에 반대하는 논의는 19세기 말부터 20세기 말까지 여전히 사라지지 않았다.

'공리의 가설성'이 갖는 의미를 더욱 확실히 하고, 이것을 수학 구성의 원리로까지 적극 끌어올린 것은 1899년에 출판된 힐베르트*13의 《기하학 기초론》이었다. 이 책에서 힐베르트는 점, 선, 면 등 기하학의 기본 개념은 직관에 호소해 정의할 만한 것이 아니라, 말을 포함한 문장으로 서술된 몇 가지 공리의 조합에 의해, 이런 공리에 충족하는 '어떤 것'으로

*13 David Hilbert, 1862년~1943년, 독일의 수학자로, 수학의 거의 모든 부문에 그의 업적이 미치고 있으나, 특히 대수적 정수론의 연구, 불변식론不變式論의 연구, 기하학의 기초 확립, 수학의 과제로서의 몇몇 문제의 제시, 적분방정식론의 연구와 힐베르트 공간론의 창설, 공리주의 수학기초론의 전개 등을 들 수 있다.

서 간접적으로 정의할 만한 것이라고 주장했다. 이와 같은 입장에서 유클리드 기하학을 체계화하는 데 어떠한 공리의 조합이 필요한지를 논한 것이 《기하학 기초론》의 주제였다.

이런 과정을 거치면서 기하학의 대상은 경험적이고 현상적인 공간에서 완전히 독립하였고, 최종적으로 기하학은 선험주의와의 연관성을 끊었다. 힐베르트는 이와 같은 방법이 수학의 모든 분야에서 받아들여질 만한 것이라고 주장했는데, 이런 입장을 '공리주의'라고 부른다.

공리계의 무모순성 ___ 그런데 공리주의에 의해 수학을 전개하기 위해서는 처음에 세운 한 쌍의 공리가 서로 모순되지 않아야 한다. 힐베르트는 앞의 책에서 유클리드 기하학에서 공리계의 무모순성은 실수론實數論의 무모순성으로 귀착됨을 보여주었다. 그렇다면 실수론의 무모순성은 어떻게 확실해지는 것일까.

실수의 이론 ___ 19세기 수학의 한 가지 목표는 엄밀한 실수론을 구축하는 것이었다. 17세기에 시작해서 18세기에 현저하게 발전한 미적분학은 실수의 연속성을 전제했는데 이런 연속성은 직관적으로만 명확했을 뿐, 논리적으로는 애매한 부분이 많았다. 애매함이 없는 연속의 정의를 위해 미적분학의 기초를 엄밀하게 세운 인물이 코시*14였다. 그의 이론에서 '연속'은 이미 실수의 자연적인 성질이 아니라 조작적으로 정의된 것이었다. 이와 같은 방식은 데데킨트*15의 실수론에 이르러 한층 더 철저해졌다. 데데킨트의 실수*16는 직접적으로 표면에 드러나지 않고, 유리수의 절단에 대응시켜 정의되었다.

이렇게 실수*17는 유리수*18를 기초로 해서 구성되었는데, 이런 유리수는

*14 Augustin Louis, Baron Cauchy, 1789년~1857년.

*15 Julius Wilhelm Richard Dedekind,1831년~1916년, 독일의 수학자로 대표작인 《연속과 무리수》(1872년)에서 무한집합을 고찰하였으며, 절단개념切斷槪念의 도입으로 연속성을 규정하였고, 무리수의 개념을 명확히 함으로써 해석학의 기초 수립에 크게 공헌하였다.

*16 데데킨트가 절단개념에서 정의한 실수.

*17 유리수와 무리수의 총칭.

*18 실수 중에서 정수와 분수分數를 합쳐서 유리수라고 한다.

자연수[19]에 의해 구성되었다. 때문에 실수 이론의 무모순성을 확실히 하기 위해서는 자연수의 이론을 점검해야만 했는데, 자연수론은 집합론에 의해 기초가 잡힌 것으로 보인다. 그런데 1900년을 전후하여 집합론은 심각한 난관에 부딪히게 되었다. 그래서 힐베르트의 공리주의는 이런 상황을 무사히 넘겨 실수 이론의 무모순성을 확립하기 위한 전략으로 제창되었다.

힐베르트의 전략이 최초의 목표를 달성하지는 못했다. 그러나 공리주의의 성립에 의해, 공간과 실수라는 수학적 존재는 선험적으로 주어진 자연적 실체이기를 포기하고 공리적 방법에 의한 구성물이 되었다. 이로써 20세기 수학은 선험적인 것에 대한 의존을 완전히 버리고 '공리주의'라는 기치 아래 다채롭게 전개되었다.

*19 1, 2, 3,… 등과 같이 수의 발생과 동시에 있었다고 생각되는 가장 소박한 수. 양陽의 정수整數에 해당하며, 덧셈과 곱셈은 자유롭게 할 수 있으나, 뺄셈과 나눗셈은 자유롭지 못하다.

상대성 이론

마흐의 역학 비판 ___ 수학에서의 공리주의 성립과 거의 동시에 물리학에서도 상대성 이론이 탄생하여 선험주의에 강력한 충격을 주었다.

19세기의 많은 물리학자들은 물리학의 기초는 역학이며, 역학의 진리성은 선험적인 원리에 기반해 증명된다는 도그마에 빠져 있었다. 이런 도그마에 최초로 심도 있는 비판을 가한 사람이 마흐[20]였다. 마흐는 《에너지 보존 법칙의 역사와 기원》(1870년), 《역학의 발전-그 역사적 · 비판적 고찰》(1883년) 등의 저서에서 역학의 제반 원리는 결코 선험적으로 자명한 공리나 형이상학적으로 증명된 것이 아니라, 궁극적으로는 경험에서 유래한 것임을 보여주었다.

*20 Ernst Mach, 1838년~1916년, 오스트리아의 물리학자 · 과학사가 · 철학자로 '질량상수'를 논하여 뉴턴 역학의 기초를 다졌고, 물리학의 기초적 분석과 체계화에 이바지하였다.

마흐의 주장에서 강한 영향을 받은 사람이 바로 상대성 이론의 창시자 아인슈타인[21]이었다. 당시 취리히 연방공과대학의 학생이었던 아인슈타인은 1897년 마흐의 《역학》을 읽으면서, '물리학의 기초는 역학'이라는 도그마가 근저에서부터 붕괴되는 것을 느꼈다.

*21 Albert Einstein, 1879년~1955년.

맥스웰의 전자기 이론 __ 19세기 물리학의 커다란 성과 중 하나는 맥스웰에 의한 전자기 이론[22]의 완성이었다. 이 이론에 의하면 전자적인 작용은 공간을 채운 전자장에 의해 일어나고 전달된다. 그리고 전자장에 생긴 교란은 공간 속에서는 유한한 속도로 전달되는 파동으로서, 빛도 이런 전자파의 일종이다. 맥스웰 이론의 기초를 역학적으로 세우기 위해서 사람들은 전자장의 작용을, '공간을 채운 매질=에테르'[23]의 역학적 성질에 의해 설명하려고 노력하였다. 그러나 이런 노력은 19세기 말까지 성공적으로 완수되지 못했다.

그런데 마흐가 비판한 것처럼 역학도 경험적 지식에 기초를 둔 하나의 과학일 뿐 물리학의 기초는 아니라고 한다면, 역학으로 전자 이론의 기초를 세우는 것도 무의미했다. 즉, 전자 이론은 경험과학에서 나온 하나의 이론체계로서 역학과 동등한 자격을 가지며, 따라서 어느 한쪽이 다른 한쪽의 기초가 되는 것은 불가능하다. 이와 같은 견지에서 보면 역학과 전자 이론이 형식적인 면에서 현저한 대조를 이루는데, 아인슈타인은 바로 이 점에 관심을 가졌다.

*22 전자기 이론은 말 그대로, 전기현상과 자기현상을 하나의 체계 안에 집어넣은 이론이다. 움직이지 않고 있는 전하에 의해 생기는 것이 전기장이라면 움직이는 전하에 의해 발현되는 것이 자기장이라는 아주 간단하고도 놀라운 사실을 수학적으로 기술했다.

*23 물체와 물체 사이에 작용하는 힘이 근접한 공간에 차례로 힘을 미쳐 멀리 도달할 때 공간 내에서 작용을 매개 전달하는 물질 또는 그 공간.

상대운동과 절대운동 __ 역학에서 물체의 운동은 항상 어떤 물체의 위치를 기준으로 해서 본, 다른 어떤 물체에 대한 위치 변화를 의미한다. 물리적으로 의미가 있는 것은 상대운동일 뿐 절대운동은 아닌 것이다. 때문에 서로가 등속직선운동을 하는 좌표계에 있다면, 운동을 어떻게 기술하든 간에 역학법칙은 같은 형태로 기록된다. 이러한 이론은 이전부터 폭넓게 인정받고 있었다. 그런데 전자 이론에는 이런 기초 법칙 속에 광속을 표시하는 정수가 포함된다. 속도라는 것은 좌표계가 다르면 다른 수치를 갖기 때문에 전자 이론은 좌표계의 선택방식에 따라 다른 형태를 취하게 된다. 또한 운동하는 두 물체가 있을 때, 물체에 발생하는 전자현상은 어느 쪽의 물체가 정지해 있는가에 따라 완전히 다르게 기술된다. 한편 역학의 문제에서 본다면 어느 쪽을 정지한 것으로 보느냐와는 상관없이 결과는 변하지 않는다. 즉 여기서는 상대성 운동만이 의미를 갖는 것이다. 그런데 전자 이론에서는 절대운동이 의미를 가진다.

시간 · 공간 개념의 변경___ 시간 · 공간 개념을 선험적으로 부여받아 속도를 거리와 시간의 비율로 이끌어내는 한, 이러한 난관을 돌파하는 것은 불가능하다. 그러나 역으로 전자 이론의 모습이 변하지 않는 것, 즉 기초 법칙에 포함된 광속이 좌표 변환에 의해 변하지 않는 것을 전제로 해서 여기서부터 시간 · 공간의 개념을 만들어낸다면 위와 같은 목표를 달성할 수 있다고 아인슈타인은 생각했다. 그리하여 1905년 아인슈타인은 위대한 발견을 이뤄냈다.

상대론적 역학___ 전자 이론이 상대성 원리를 만족시키도록 시간 · 공간의 개념을 다시 만들면, 당연히 기존 역학과는 다를 것이고 이에 따라 역학법칙도 수정되어야만 한다.

그러나 이렇게 수정된 역학법칙과 종래 뉴턴의 운동법칙의 차이는 그 정도가 극히 미미하기 때문에 일상 경험의 범주에서는 무시할 수 있다. 광속($=3\times10^{10}$cm/sec)과 비교할 정도로 빠른 속도가 나타날 때에만 상대성 이론과 뉴턴 역학은 차이를 드러낸다. 그런데 20세기에 크게 진보한 미시 세계에 대한 연구 결과, 상대성 이론이 타당하다는 것이 확실히 입증되었다.

선험주의의 타파 ___ 그러나 상대성 이론의 역사적 의의는 단순히 역학 법칙을 보다 정밀화했다는 데에만 있는 것이 아니다. 물리학에서 선험주의를 사라지게 했다는 점에서도 그 의의를 찾을 수 있다. 시간과 공간은 물리학의 전제가 되는 개념이며, 모든 경험에 선립하여 우리들에게 주어진 것이다. 이 점에 대해서는 누구도 의심하지 않았다. 칸트는 우리가 가진 인식의 기초를 논하면서 시간과 공간은 인식의 선험적인 형식이라고 주장했다. 그런데 상대성 이론이 새로운 시간 · 공간 개념을 도입함으로써 이것은 선험적으로 주어진 절대적인 것이 아니라 경험적으로 구성된 것이며, 인식 주체의 운동과 상관관계가 있음을 명확히 했다.

이처럼 상대성 이론은 선험주의를 타파했다. 그리고 물리학의 기초 개념 및 기초 법칙이 그 적용에 있어서 일정한 한계를 갖고 있고, 그렇기 때문에 물리학의 발전과 더불어 변경될 수밖에 없다는 것을 보여주었다. 이러한 생각은 그 후 물리학뿐 아니라 과학 일반, 특히 철학의 사고체계에도 광범위한 영향을 미쳤다.

CHAPTER XI

[새로운 물리학]

원자 이하의 미시 세계가 가진 고유의 법칙은 무엇이고,
19세기와 20세기에 걸쳐 드러난 미시 세계의 비밀은 무엇인가?

20세기 물리학의 새로운 특징은 물질의 원자적 구성 및 원자(와 그 구조) 자체가 연구 대상이 되었다는 점이다. 원자 이하의 미시적 세계에 대한 탐구가 진행됨에 따라, 거시 세계와는 상당히 다른 미시 세계의 법칙이 드러났다.

미시 세계

1890년대 후반부터 1910년대에 걸쳐서 물리학 분야에서는 상상도 할 수 없는 엄청난 발견들이 계속 이어졌는데, 그 대표적인 것이 앞장에서 서술한 상대성 이론이다. 실험적인 연구의 측면에서도 원자와 그보다 더 작은 미시 세계의 비밀이 속속 밝혀졌다.

X선의 발견 ___ 갖가지 실험적 발견은 1895년 뢴트겐의 X선 발견으로 시작되었다. 뢴

트겐은 기체의 밀도가 낮은 상태에서의 방전을 연구하다 생각지도 않게 X선을 발견했다.*1 X선은 기존의 광선보다 불투명 물체를 더 잘 투과하는 놀라운 성질 때문에 큰 반향을 불러일으켰고, 과학자들은 앞다투어 X선 연구에 착수했다. X선 연구의 취지는 그것을 의학적 진단에 이용하고, X선의 본성과 작용을 명확히 하는 데 있었다.

방사능의 발견___ X선의 본성이 형광螢光 현상*2과 관계가 있을 것이라고 예상되자, 과학자들은 형광 물질을 닥치는 대로 검토하였다. 이러한 실험적 과정을 통해 또 하나의 성과를 이루었는데, 그것이 바로 방사능의 발견이었다. 베크렐*3은 X선이 발견된 지 두 달 만(1896년 2월)에 우라늄이 끊임없이 스스로 방사선을 방출하는 것을 발견했고, 1898년에는 퀴리 부부*4가 우라늄보다 훨씬 강력한 방사능을 가진 라듐을 발견했다. 라듐이라는 강한 방사성 원소放射性元素의 확보로 방사능 연구는 급속히 발전하기 시작했다.

전자의 실재___ 방사능이 발견된 다음 해인 1897년, 밀도가 낮은 기체 상태에서의 방전 연구에서 전자가 실재한다는 것이 실험을 통해 증명되었다.*5 20여 년 전부터 물질이 가진 전자적 또는 광학적 성질*6을 설명하기 위해서, 물질이 미립자(분자 내지 원자)보다 더 작은 전하입자를 포함하고 있다는 가설이 주장되었다. 이런 이론적인 가설은 모든 물질이 동일한 전자를 포함하고 있다는 사실이 밝혀지면서 실증적 기초를 확실하게 마련하였다.

전자에 대해서, 처음에는 '전하와 질량의 비=비전하比電荷' 정도밖에 측정되지 않았다. 그러나 1909년에서부터 1913년에 전자의 전하량이 실험

*1 Wilhelm Conrad Röntgen, 1845년~1923년, 독일의 물리학자로 1895년 진공관에 전류를 흐르게 하는 실험을 하던 중 종이, 나무, 알루미늄 등의 물질을 쉽게 통과하는 복사선을 발견했다. X선의 발견은 현대 물리학의 새 시대를 열었고, 진단의학 발전에 크게 이바지했다. 그는 이 공로로 1910년 노벨 물리학상을 받았다.

*2 물질이 빛의 자극에 의해서 발광하는 현상.

*3 Antoine-Henri Becquerel, 1852년~1908년, 프랑스의 물리학자로 1895년 뢴트겐의 X선 발견을 프랑스에 소개한 푸앵카레와 토론을 벌인 것을 계기로 형광과 방사선의 관계를 검토하기 시작하였다. 자연적으로 형광 작용을 가지는 물질들을 조사한 결과 우라늄염에서 모종의 방사선이 나온다는 것을 발견했는데, 이것이 베크렐선이다.

*4 남편 피에르(Pierre Curie, 1867년~1908년), 부인 마리(Marie Curie, 1867년~1934년).

*5 영국 켐브리지 대학교의 톰슨(Sir Joseph John Thomson, 1856년~1940년, 영국의 물리학자)이 음극선장치를 이용하여 전자의 비전하값을 측정.

*6 빛의 직진성, 반사, 굴절, 결상結像, 간섭, 회절, 편광偏光 등의 현상을 전체적으로 지칭한다.

적으로 추정되었는데,[*7] 추정된 전하의 전하량과 비전하를 비교할 때 전자는 가장 가볍다고 하는 수소 원자의 2000분의 1 정도의 질량밖에 되지 않는다는 것이 확인되었다. 원자는 전자보다 훨씬 미세한 구성요소로 이루어진 것으로 판명되었다. 이 무렵, 방사성 물질에서 나오는 방사선의 일부가 전자 자체라는 것도 밝혀졌다.

알파선과 베타선 ___ 방사선 속에 전자가 있다는 사실은 투과력이 약한 베타선에 의해 판명이 났다. 1899년에는 러더퍼드[*8]에 의해 방사선은 투과력이 현저하게 다른 두 가지 선으로 이루진 것임을 발견했고, 이 두 가지 선에 각각 알파선[*9], 베타선[*10]이라고 이름 붙였다. 1903년에 러더퍼드는 알파선이 정전기를 품은 원자와 비슷한 질량을 가진 입자임을 확인했고, 1908년에는 알파선이 전기를 품은 헬륨 원자, 요즘 식으로 말한다면 '헬륨의 원자핵'이라는 것을 증명했다. 1911년에 러더퍼드는, 원자의 중심에 원자 질량의 대부분을 차지하면서 양전기를 품고 있는 원자핵이 존재한다는 것을 발견했다.

방사성 변환 ___ 알파선이 물질입자로부터 나온다는 것을 확인한 러더퍼드는 방사성 물질의 원자는 전자와 알파 입자를 방출함으로써 다른 종류의 원자로 바뀐다고 생각했다. 그리고 1903년에 방사선 물질을 화학적으로 면밀하게 연구한 결과, 방사성 원소가 방사선을 방출함에 따라 차츰 차츰 다른 원소로 변해간다는 것을 증명했다.

원자의 실재 ___ 뢴트겐을 비롯한 여러 과학자들의 발견은 '원자물리학'이라는 새로운 연구 분야를 열었고, 이로써 원자는 인간이 파악할 수 있

[*7] 미국 물리학자 밀리컨(Robert Andrews Millikan, 1868년~1953년)이 기름방울 실험으로 전자의 전하량을 측정.

[*8] Ernest Rutherford, Baron Rutherford of Nelson 1871년~1937년, 영국의 물리학자로 방사선 물질의 붕괴와 변환, 라듐으로부터 나오는 입자들, 알파 입자가 헬륨He 원자라는 사실, 원자구조에 관한 이론, 인위적 원소 붕괴 등에 관한 연구로 흔히 '핵물리학의 아버지'라고 불린다.

[*9] α-ray ; 방사성 원소의 붕괴와 함께 방출되는 α 입자의 흐름.

[*10] β-rays ; 방사성 원자핵이 β붕괴함에 따라 방출되는 방사선.

는 존재가 되었다.

1890년대에 에너지론을 근거로 원자의 존재 자체를 부정하던 생각은 이제 여러 과학자들의 발견에 의해 타파되었다. 예를 들어, 알파 입자 하나하나가 형광판에 부딪쳐 발산되는 섬광에 의해 관찰되자, "과학에서 원자는 불필요한 형이상학적 가설"이라고 주장했던 마흐조차 원자의 존재를 인정했다. 또 1905년에는 아인슈타인이 브라운 운동을 분자의 열운동 결과로 설명하는 이론을 발표했다. 이 이론이 1907년에서 1908년 사이 페랭[*11]의 실험적 검증을 거치면서, 원자와 분자의 실재가 더욱 확고해졌다.

X선 회절[*12]과 결정구조___ 1912년에도 물질의 구성요소가 원자라는 것을 입증하는 다양한 시도가 이어졌다. 결정結晶의 고른 형태가 규칙적인 원자 배열에 기초한다는 것은 이미 예상된 것이었다. 규칙적인 원자 배열에 X선을 맞추면 회절현상이 일어나며, X선은 몇 개의 특정한 방향으로만 산란한다. 1912년에 라우에[*13]는 회절된 X선을 사진으로 찍어 결정 안에 있는 원자의 규칙적인 배열을 증명했다.

라우에의 증명 이후에도 X선 회절에 대한 실험기술과 이론은 현저하게 발전하여 화학, 생물학에서도 물질의 원자적 구조를 규명하는 데 이용되었다. 더불어 X선 파장이 극히 짧은 파동이라는 것도 최종적으로 확인되었다.

확률적 법칙

물질의 원자적 구조가 분명해지면서, 우리가 일상적으로 경험하는 거시

*11 Jean-Baptiste Perrin, 1870년~1942년, 프랑스의 물리화학자로 콜로이드 용액 연구를 비롯, 브라운 운동에 관한 아인슈타인의 이론을 실험적으로 증명하여 분자가 실재하는 것을 제시하였으며 1926년 물질의 불연속적 구조에 관한 연구와 침강평형沈降平衡에 관한 발견으로 노벨 물리학상을 수상하였다.

*12 물질에 X선이 입사했을 때 입사 X선의 방향과는 다른 몇 개의 특정한 방향으로 강한 X선이 진행하는 현상.

*13 Max Theodor Felix von Laue, 1879년~1960년, 독일의 물리학자로 가장 중요한 업적은 결정에 의한 X선 회절 연구로서, X선의 전자기파로서의 성질을 확립한 동시에 결정해석학을 개척하였고 이 연구로 1914년에 노벨 물리학상을 받았다.

적 세계의 현상과 미시적 세계의 현상이 어떤 관계에 있는지가 새로운 문제로 등장한다. 이런 문제를 푸는 데 사용된 방법은 19세기 후반에 탄생하여 20세기 초반에 완성된 통계역학*14이다.

*14 원자나 분자 등 미시적 세계의 역학(양자역학)에 입각하여 거시적 세계의 법칙을 통계적으로 이끌어내는 이론.

기체분자운동론 ___ 통계역학은 열현상을 역학적으로 설명하려는 노력에 힘입어 탄생했다. 역학적 자연관이 지배적이던 19세기, 열을 운동의 한 형태로 보려는 생각이 확산되었고, 19세기 중반에는 이런 생각에 기초한 열역학의 이론체계가 수립되었다. 이것을 전후로 해서 여러 가지 열역학 법칙을 물질의 궁극입자인 분자의 운동으로 유도하려는 노력이 시작되었다. 이런 노력은 주로 기체 속에 있는 열의 성질을 그 분자의 운동에 기초해 설명하려는 경향을 띠었는데, 이것이 '기체분자운동론'이다.

최초의 기체분자운동론에서는 모든 기체분자가 같은 속도로 용기 속을 움직인다는 가정에 기초해서 '보일의 법칙' 등 기체의 간단한 성질을 유도해내는 데 성공했다. 그러나 이와 같은 가정은 현실에서는 전혀 만족스럽지 못했고, 문제를 보다 발전적으로 논하기 위해서는 개개의 기체분자가 각기 다른 속도로 불규칙한 운동을 하고 있다고 생각해야 했다. 이러한 불규칙 운동을 통계적인 방법으로 다루어 기체분자집단을 지배하는 법칙을 제시한 최초의 과학자가 바로 맥스웰이다.

통계학의 발전 과정 ___ 맥스웰이 통계적 방법을 도입한 것은 19세기에 통계학이 큰 발전을 이뤘기 때문이다. 인간사회의 다양한 현상을 통계에 의해 수량적으로 파악하려는 시도는 17세기에 이미 시작되었다. 그러나 19세기 중반쯤 되어서야, 수학에서 발달된 확률론을 기초로 통계적 방법을 사용하면 언뜻 불규칙하게 보이는 사회현상 속에서도 과학적 법칙을 수립할 수 있다는 기대가 높아졌다. 이런 새로운 통계학을 융성시킨 중심 인물이 케틀레[*15]였다. 케틀레는 수학과 천문학 연구로 출발해 통계학자가 된 사람으로 범죄 통계를 조사했다. 그는 범죄와 같은 인간의 자유의지에 따른 각종 현상은 해마다 발생하는 건수에 있어서 어떤 규칙성을 보인다고 지적했다.

*15 Lambert Adolphe Jacques Quetelet, 1796년~1874년.

케틀레의 주요 저작은 영어로 번역되어 1850년 전후에 영국 과학자들 사이에서 자주 논의의 대상이 되었다. 때마침 과학자의 길을 걷기 시작한 맥스웰은 이런 논의를 통해 통계학에 주목하게 되었다.

속도분포함수 ___ 맥스웰의 생각은 기체분자처럼 직접 다루기 어려운 대상이 수없이 존재하며, 이러한 대상들이 여기저기서 제각기 운동하는 경우, 개개의 분자운동을 역학적으로 다루어서는 절대로 전체의 성질과 움직임을 유도해낼 수 없다고 생각했다. 그러나 다수의 분자집단을 통계적으로 다룬다면 전체적인 법칙을 파악하는 것이 가능하다고 보았다. 이와 같은 생각을 실행에 옮기기 위해 맥스웰은 '속도분포함수'라는 것을 도입했다.

개개의 분자가 어떤 속도로 얽혀 있는지는 알 수가 없으며, 안다고 해도 의미가 없다. 그러나 어떤 속도를 갖는 분자가 전체 분자 안에서 어느 정도의 비율로 존재하는지는 기체의 상태(온도, 부피, 압력)에 의해 결정되는 것이다. 이와 같이 속도에 대한 각각의 분자 분포를 수로 나타내는 것이 속도분포함수이다. 맥스웰은 1860년부터 1867년까지 열평형 상태인 이상기체에 대한 속도분포함수를 구했고, 이것을 기초로 해서 기체의 다양한 성질을 논할 수 있었다. 맥스웰이 얻은 결과 중에는 기체의 점성[*16]이 기체의 밀도에 의한 것이 아니라는, 언뜻 보기에는 부조리한 결론도

*16 粘性 ; 유체流體의 유동流動에 대한 저항.

있다. 하지만 실험 결과, 맥스웰 이론의 타당성이 증명되었다.

열현상의 불가역성 ___ 이와 같은 성공은 기체분자운동론의 신뢰성을 상당히 높였으나 여전히 해결되지 않은 문제가 남아 있었다. 그것은 열현상의 불가역성을 역학적으로 어떻게 설명할 것인가 하는 문제였다. 열은 고온 물체에서 저온 물체로 흐르며, 스스로 저온에서 고온으로 향하는 일은 결코 없다. 이러한 사실을 추상적으로 표현한 것이 '엔트로피[*17]는 결코 감소하지 않는다' 라는 열역학 제2법칙이다. 역학에서는 물체가 어떤 운동을 한다면, 같은 물체가 이것에 마치 역행하는 듯한 운동을 하는 것도 가능하다. 그러므로 분자가 역학 법칙을 따라 운동하면 당연히 이 운동은 가역적인 것이 된다. 그런데 분자의 운동에서 생긴 열현상은 왜 불가역적인가?

H정리定理 ___ 분자 운동에서 생긴 열현상은 왜 불가역적인가 하는 어려운 문제를 해결하고자 노력한 사람이 볼츠만[*18]이다. 그는 열운동을 하고 있는 기체분자가 서로 충돌할 때의 속도 변화에 주목했고, 그것을 '속도분포함수' 로 표시하는 방정식을 구했다. 그리고 속도분포함수를 짜맞추어 'H함수' 라고 불리는 것을 만들고, H함수가 시간에 의해 항상 감소하는가, 아니면 시간과 상관없이 일정한 수치에 머무르는가 하는 것을 앞의 방정식을 사용해 증명했다. 또한 H함수가 일정하게 머물러 있는 것은 속도분포가 정확히 맥스웰이 구한 분포와 일치할 경우에 한한 것임을 증명해 보였다. 이상의 결과를 'H정리' 라고 한다.

'H함수의 감소' 란 엔트로피의 증대에 대응해서 맥스웰-볼츠만 분포인 H함수가 일정하게 멈춘다는 것으로, 이것은 곧 열평형 상태에서는 엔

*17 물질계物質系의 열적 상태熱的狀態를 나타내는 물리량의 하나.

*18 Ludwig Eduard Boltzmann, 1844년~1906년, 오스트리아의 이론물리학자로 주요 업적은 고전역학과 원자론의 입장에서 전개한 열이론熱理論인데, 기체분자의 운동에 관한 맥스웰의 이론을 발전시켜 열의 평형상태를 논한 맥스웰-볼츠만 분포를 확립했다. 또 자신이 도입한 볼츠만 방정식을 근거로 H정리를 유도, 열역학 제2법칙의 비가역성非可逆性을 역학의 입장에서 해명했고, 제2법칙의 통계적 · 확률론적 의미를 명확히 하여 엔트로피 개념을 통계역학적으로 정식화定式化하였다.

트로피가 변화하지 않는다는 것을 의미한다. 1972년, 볼츠만은 이러한 '열현상의 불가역성'을 역학적 기초로 삼을 수 있다고 믿었다.

두 가지의 배리背理 ___ 그런데 1876년, 로슈미트[*19]가 '가역 패러독스'를, 1896년에는 체르멜로[*20]가 '재귀 패러독스'를 제출하여 볼츠만의 해석에 강하게 도전했다. 로슈미트가 주장한 '가역 패러독스'란 이런 것이다.

H함수가 감소중인 어느 순간을 취해, 이때 전체 분자의 속도를 모두 역으로 향하게 하는 상태를 생각해본다. 이와 같은 상태는 역학적으로 가능한데, 이 상태로부터 출발한다면 모든 분자가 역행하기 때문에 H함수도 증대될 것이다.

체르멜로의 재귀 패러독스는 어떤 역학계(입자가 모인 것)가 어느 시점에서 P_1, P_2…라는 계열의 상태를 경과하게 되면, 아무리 긴 시간이 지나도 유한한 시간 속에서는 이런 계열의 상태가 이와 유사한 계열의 상태를 몇 번이든 다시 반복한다는 정리이다. 이 정리에 의하면, 분자 집단인 기체가 불가역적인 방향으로 변화해가는 것은 불가능하다.

확률해석 ___ 이런 도전에 대해서 볼츠만은 열현상에 관한 법칙은 확률적으로 해석할 수 있다는 해답을 제시했다. 확실히 H함수가 증대하는 듯한 상태가 존재하지만 이러한 상태는 H함수가 감소하는 듯한 상태에 비해 훨씬 적으며, 확률적으로는 대개 H함수가 감소하고 엔트로피는 증대한다는 것이다. 재귀 패러독스에 대해서도, 본래에 가까운 상대로 돌아가기까지의 시간이 인간의 경험 가능한 한도를 넘어설 정도로 길고, 확률적으로 생각하면 대체로 모든 경우에 불가역적인 변화를 기대할 수 있다고 주장했다. 이와 같은 해석을 내린 볼츠만은, 엔트로피와 그 상태가 실

*19 Johann Joseph Loschmidt, 1821년~1895년, 오스트리아의 물리학자·화학자로 0℃, 1기압인 이상기체 1㎤ 속에 들어 있는 분자수를 처음으로 정밀하게 측정함으로써 맥스웰 이래의 기체운동론 확립에 크게 기여했다.

*20 Ernst Zermelo, 1871년~1953년, 독일의 수학자로 집합론의 발전에 큰 공헌을 했으며, 특히 열역학 제2법칙을 둘러싼 볼츠만과의 논쟁으로 유명하다. 그는 회귀 정리를 이용하면 열역학 제2법칙에 위배되는 역학 모형을 만들 수 있고, 따라서 열역학 제2법칙이 경험적으로 유효한 것이라면 결정론적인 역학적 관점을 거부해야 한다고 주장했다.

현될 확률의 크기를 양으로 표시해, 이것과 엔트로피를 연결시키는 식을 얻어냈다.

통계역학 ___ 볼츠만에 의해 제시된 이러한 방향은 20세기 초반, 깁스*[21]에 의해 오늘날 '통계역학'이라 불리는 이론체계로 통합되었다. 통계역학은 미시적인 입자의 역학적인 움직임에서 거시적인 현상을 유도하기 위한 도구이다. 그러나 통계역학은 이것을 단순히 역학만으로 수행한 것은 아니었다. 입자의 운동을 몇몇 상세한 역학에 의해 추구해도, 그 결과와 입자집단인 거시적인 물체에서 드러나는 현상 사이에는 건너기 어려운 간극이 있으므로 이것을 극복하기 위해서는 역학 그 자체와는 아무런 관계가 없는 확률적 사고방식을 취하지 않으면 안 된다고 생각했다. 이는 모든 물리학의 기초는 역학이며, 반드시 역학으로 기초를 이루어야만 한다는 역학적 자연관의 붕괴를 보여주는 것이다.

*[21] Josiah Willard Gibbs, 1839년~1903년, 미국의 이론물리학자 · 화학자.

과학 이론과 실재實在

통계역학의 성립은 양자론*[22]의 탄생과 발전에 큰 역할을 했다.

*[22] 양자역학을 기초로 전개된 물리학 이론의 총칭.

열복사 ___ 양자론은 열복사를 연구하는 과정에서 탄생했다. 고체를 가열하면 처음에는 적외선을 내기 시작하고, 온도가 높아짐에 따라 점점 가시광선을 내기 시작한다. 그리고 마침내 흰빛을 발산한다. 고온 물체가 방출하는 열복사의 양이 온도에 따라 어떻게 변화하는가, 그 에너지가 각 파장의 빛에 어떻게 분포하는가 하는 것이, 1880년대 이후 활발하게 연구되었다. 특히 철의 야금*23이나 백열전구의 개발과 같은 기술적·개발적 문제가 과학적 기초로서의 열복사에 대한 관심을 높였다.

*23 금속을 그 광석으로부터 추출하고 정련해서 각종 사용 목적에 적합하게 그 조성 및 조직을 조정하고 또 필요한 형태로 만드는 기술.

양자가설量子假說 ___ 열복사 연구에 있어서 한 가지 문제는 임의의 온도에서 에너지 분포식을 실험적·이론적으로 구하는 것이었다. 실험적인 분포식은 1900년경까지 상당히 정밀한 과정을 거쳐 결정되었다. 반면 이 분포식을 이론적으로 유도하려는 다양한 시도는 종래의 열역학과 전자기학에 기초한 탓에 쉽사리 성공을 거두지 못했다.

1896년부터 이 문제에 몰두한 플랑크*24는 1900년에 고온의 벽으로 둘러싸이고 복사선으로 채워진 공간의 엔트로피를 볼츠만의 확률적 해석을 통해 구하려고 생각했다. 엔트로피의 표식을 얻게 되면, 이것으로부터 에너지 분포식을 구하는 것이 가능했다. 이렇게 해서 플랑크가 얻은 식은 측정 결과와 완전히 일치했는데, 그는 엔트로피를 계산하는 데 있어서 한 가지 가정을 도입했다. 즉, 공간 내의 복사를 어떤 유한한 크기의 에너지 덩어리가 모여 있는 것으로 생각하면서 확률을 계산했던 것이다. 이런 에너지 덩어리는 빛의 진동수와 어떤 상수(플랑크 상수라고 불리는)의 곱에 의해 주어진다. 이런 가정을 '양자가설quantum hypothesis'이라고 부른다.

*24 Max Karl Ernst Ludwig Planck, 1858년~1947년, 독일의 물리학자로 엔트로피·열전현상熱電現象 등을 연구해서 열역학의 체계화에 공헌하였다.

빛의 입자성*25 ___ 플랑크 분포식이 측정 결과와 완전히 일치한다는 것은 인정되었지만, 양자가설의 의미를 깊이 이해하는 사람은 없었다. 그런데 1905년, 아인슈타인이 플랑크의 분포식을 통계역학적으로 검토하면서 공간 내 열복사는 기체분자집단과 같이 움직인다는 결론을 이끌어냈다. 빛은 입자에서 기인한다는, 19세기에 확립된 빛의 파동설을 정면으로 반박

*25 다른 입자와 충돌하여 그 입자를 튕겨나가게 할 수 있을 때 입자성이 있다고 말할 수 있다. 입자란 일반적으로 크기, 질량, 어떤 값을 갖는 덩어리를 말한다. 빛은 전자와 같은 입자와 충돌하여 이를 튕겨내므로 입자성이 있다고 볼 수 있다.

하는 결론을 얻어낸 것이다.

1909년에 아인슈타인은 공간 내 미소체적微小體積 안의 열복사 에너지가 어떤 평균치 부근에서 늘 변동하고 있는 것을 통계역학적으로 계산하여, 플랑크의 분포식이 타당하다면 빛은 입자와 파동이란 상반된 성질을 동시에 갖지 않으면 안 된다는 것을 보여주었다.

소르베 회의 __ 양자가설의 중요성을 무시할 수 없게 되자, 1911년에 열린 제1회 '소르베 회의'에서 빛과 양자의 문제가 다루어졌다. 이 회의는 벨기에의 공업가工業家인 소르베의 금전적 지원으로, 세계 각국 최고의 물리학자를 불러모아 물리학의 중요한 문제를 자유롭게 논의한다는 취지로 개최되었다. 그때까지 물리학자들은 양자가설 없이도 문제를 해결할 수 있다거나, 원자의 특별한 구조를 통해 양자가설을 설명할 수 있다는 견해를 가진 사람으로 나뉘어 의견이 분분했다. 그러나 소르베 회의 결과, 고전적인 이론, 즉 종래의 역학과 전자기에만 기초를 둘 뿐인 플랑크 분포식은 결코 얻어지지 않으며, 따라서 빛 또는 에너지의 어떤 불연속성을 인정하지 않을 수 없음이 명백해졌다. 이와 같은 결론을 도출하는 데에도 통계역학은 결정적인 역할을 수행하였다.

양자와 원자의 구조 __ 제1회 소르베 회의 때까지 양자가설은 빛과 관계된 것이었고, 이것을 설명하는 데 있어서도 원자 내지 분자의 특정한 구조에 의해 가능하다고 생각했다. 그러나 소르베 회의를 전기로 해서, 오히려 역으로 양자가설 자체가 원자의 구조를 해명하는 열쇠가 아닐까 하는 생각이 도출되었다. 이런 견해의 타당성을 확실하게 증명한 것이 보어*26의 '원자구조의 양자론'이었다.

*26 Niels Henrik David Bohr, 1885년~1962년, 덴마크의 물리학자로 전자가 양자화된 에너지를 가진다는 내용의 원자모델을 발표했다. 이 모델은 러더퍼드 원자모형의 불안정성 문제를 해결하는 동시에 주기율표와 화학변환을 설명할 수 있었다.

1911년에 러더퍼드는 원자가 전체 크기에 비해 매우 작은 핵을 가지고 있다는 것을 발견하였다. 이 발견이 갖는 진정한 중요성을 인식한 최초의 인물이 보어였다. 보어는 원자핵이 그렇게 작다면, 원자의 다양한 성질은 원자핵에 기초를 둔 것과 주위의 전자에서 생겨난 것으로 확실히 구분될 것이라고 생각했다. 원자의 화학적 성질은 주위의 전자에서 유래한다. 그런데 원자의 화학적 성질을 핵 주위 전자의 배치와 운동을 근거로 설명하려면, 전자는 띄엄띄엄 떨어진 반지름을 가진 몇 개의 궤도 위를 운동하고 있다고 가정해야 한다. 보어는 이런 궤도를 결정하는 조건이 양자가설과 관계 있을 것이라 생각하고, 원자가 발산하는 빛의 스펙트럼을 관찰했다.

스펙트럼과 원자구조___ 이미 설명했듯이 보어는 전자가 띄엄띄엄 떨어진 궤도 위를 운동하는 한, 빛을 발산하지 않는다고 가정했다. 전자가 어떤 궤도에서 다른 궤도로 이동할 때, 두 궤도 위에서 생기는 전자의 에너지 차이가 빛으로 방출된다. 이 빛의 진동수는 전자의 에너지 차이를 플랑크 정수로 나눈 것이다. 보어는 이런 해석을 스펙트럼에 의해 실험적으로 도출된 법칙과 비교함으로써 전자의 궤도를 결정하는 조건으로 확립할 수 있었다. 이로써 그는 원자의 구조를 확립하는 것과 함께, 그때까지 설명되지 않았던 스펙트럼의 규칙성을 설명하는 데도 성공했다.

고전 물리학의 한계___ 보어 이론이 성공을 거둔 것은 놀라웠지만, 이 또한 내부 모순을 포함하고 있다는 것이 명확해졌다. 그는 전자가 특정 궤도 위에서만 존재하고, 이 궤도를 운동하는 한 빛을 방출하지 않는다고 주장했는데, 이런 그의 주장은 종래의 물리학 이론과는 정반대의 결론을 내는 것이었다.[*27] 그럼에도 불구하고, 어떤 궤도 위의 전자가 어느 정도의 에너지를 갖는가 하는 것은 기존의 역학을 사용해서 계산해야 했다. 이와 같은 부정합성不整合性은 원자나 전자 같은 미시적 세계에서는 고전적인 물리학이 타당하지 않다는 것을 입증했다. 따라서 미시 세계를 지배하는 새로운 물리법칙의 발견이 요구되었다. 또한 빛에 관해서는, 아인슈타인이 지적한 '파동과 입자의 이중성'을 어떻게 통일할 것인가 하는 어려운 문제가 남아 있었다.

양자역학___ 빛의 파동과 입자의 이중성을 어떻게 통일할 것인가에 대한 과제는 1925년에 탄생한 양자역학에 의해 수행되었다. 이러한 이중성의 문제는 전자로까지 확대되면서 정합적인 이론 속에서 다루는 것이 가능해졌다. 양자역학은 전자에도 파동적인 움직임이 존재한다는 것을 인정함으로써 내부 모순 없이 원자구조 이론을 전개할 수 있었다. 원자가 파동성을 갖는다는 것은 1928년 실험에 의해서도 증명되었다. 이렇게 탄생한 양자역학은 전자와 원자 · 분자의 성질과 움직임을 해명하는 데 매우 유용했으며, 동시에 자연을 인식하는 우리들의 사고 구조와 방식을 크게 바꿔주었다.

불확정성 원리___ 이제 미시 세계에서는 종래 물리학의 기본적인 표상表象이었던 입자와 파동이 그 자체로서는 의미를 잃게 되었다. 고전적인 표상을 그대로 적용할 경우, 전자 또는 빛은 파동이기도 하고 입자이기도 하다는 것인데, 이것은 명백한 모순이다. 때문에 일상 경험에서 추출한 파동 혹은 입자의 개념을 미시 세계에 적용하는 데는 한계가 있다. 이런 한계를 구체적으로 드러낸 것이 1927년에 발표된 하이젠베르크[*28]의 불확

[*27] 고전물리학 이론에 의하면 전하를 띤 입자가 원운동을 하면 전파(빛)를 내면서 에너지를 잃어버리고 결국 순식간에 핵과 충돌하게 된다. 따라서 보어 이론의 원자는 존재할 수 없게 된다.

[*28] Werner Karl Heisenberg, 1901년~1976년, 독일의 이론물리학자로 라이프치히 대학에서 볼프강 파울리 등과 연구하며 양자 전기 역학과 양자장 이론을 발전시켰고, 핵 물리학과 고에너지 물리학의 발전에 넓고도 깊은 영향을 미쳤다. 1932년 양자역학의 탄생에 기여한 공로로 노벨 물리학상을 받았다.

정성 원리다. 이 원리에 의하면, 전자의 위치와 운동량을 동시에 확정하는 것은 불가능하다. 전자의 파장은 운동량의 크기에 반비례하기 때문에, 전자의 공간 내 위치를 결정하는 실험을 해서, 그 입자적인 존재 상태를 전면에 드러내면 운동량, 즉 파장은 완전히 불확정적이 된다. 역으로 파장을 결정하면 그 위치는 완전히 불확정적이 되어버려 입자성은 사라진다. 그 중간일 때는 위치의 불확정과 운동량의 불확정과의 곱이 어떤 유한한 크기보다 작아질 수 없다.

파동함수와 확률 __ 그렇지만 전자에 대한 실험을 통해 얻은 결과 자체는 입자나 파동 같은 고전적 표상을 사용해서 설명한다. 그런데 이런 고전적인 개념이 전자의 본질을 표현하지 못한다고 한다면, 이러한 양자역학 이론 및 실험 결과를 기술함에 있어서 사실상 전자의 본질과는 무관하게 행하는 것이 되고 만다. 실제로 양자역학의 이론구조는 다음과 같다.

대체로 양자역학의 기본법칙은 슈뢰딩거*29의 방정식으로 표현되는데, 이 방정식으로 전자에 대한 파동함수를 구할 수 있다. 그리고 파동함수는 직접 계산을 통해 얻는 것이지, 어떠한 물리량을 표현하는 것은 아니다. 파동함수의 제곱은, 전자에 대해 실험한 결과, 물리량(예를 들면 위치)인 어떤 값이 획득되는 확률을 부여하는 것에 지나지 않음이 밝혀졌다.*30

*29 Erwin Schrödinger, 1887년~1961년, 오스트리아의 이론물리학자로 파동역학波動力學의 건설자이다. 화학을 공부한 후 식물학을 연구, 식물의 계통발생 논문을 발표했고, 그 밖에도 고대 문법이나 독일 시의 감상에도 재능을 보였다. 빈 대학 수학중 연속체連續體의 고유값固有値 문제를 연구했는데, 이것은 그 뒤의 연구에 큰 영향을 주었다.

이전의 고전적인 물리학 법칙은 측정에 의해 값을 알 수 있는 물리량 자체의 변화 양태와 상호관계를 직접적으로 나타냈다. 그렇지만 양자역학에서는 그렇지 않다. 슈뢰딩거 방정식에 의해 풀어 쓴 이론적 본질과 우리들이 실험을 통해 다룰 수 있는 현상 사이에는 차이가 존재하며 이런 차이는 확률적으로 연결될 뿐이다.

*30 다른 말로서, 파동함수의 제곱은 주어진 공간에서 전자가 존재할 확률(전자밀도)에 비례한다.

과학 이론과 실재 ___ 고전적인 물리학에서는 우리의 인식 결과인 물리학 이론 자체가 직접적으로 실재와 합치되거나 혹은 실재를 정확히 반영하는 것으로 파악되었다. 이와 같이 어떤 의미에서는 낙관적인 과학관이 적어도 양자역학에 있어서만은 타당하지 않았다. 이론이 나타내고자 하는 것과 우리들이 경험적으로 다루는 현상 세계 사이에는 확률이 개입한다. 우리들의 자연인식이 직접적 · 평면적이지 않기 때문이다. 즉 과학 이론이란 실재를 그대로 기술하는 것이 아닌 것이다.

CHAPTER XII

[자연과학 중심의 학문 재편]

20세기 과학은 어떤 학문체계로 재편되고 있으며 그 전개 방향은 무엇인가?

20세기 들어 물리학은 비약적인 발전을 거듭했다. 또한 사회에 대한 과학의 영향력도 가속도가 붙었다. 상대적으로 발전이 더뎠던 과학 분야 중에서 생물학과 심리학은 물리적, 수학적인 방향으로 급속하게 전개되기 시작하였다. 동시에 물질, 에너지로 이어지는 제3의 개념으로서의 '정보'를 중심으로 하는 새로운 학문이 등장했다. 그런 가운데, 19세기식의 학문 구분에서 벗어나 '다양한 과학sciences'이라는 사고방식으로 재편되고 있는 오늘날의 상황을 살펴본다.

과학과 철학의 재결합

앞서 서술했던 것처럼, 19세기는 다양한 과학으로 독립 · 분화한 시대로, 그 각각의 학문 분야가 자신만의 독자적인 연구 대상을 고유의 방법론과 이론으로 다룬다는 원리가 확립된 시대였다. 오늘날에도 일부 대학의 학부 및 학과는 대체로 이런 19세기 '과학체계'를 답습하고 있다. 특히 철학은 19세기 초기까지도 그 단어의 본래적인 의미인 '앎[知]' 즉, '학문체계' 전체를 지향하는 언어로 사용되었지만, 칸트의 비판철학을 계기로 점차 과학의 한 분야로 자리잡기 시작했다. 이 과정에서 다른 경험주의 과학자들로부터 '사변적 방법armchair method'이라는 빈정거림을 받기도 했는데, 이처럼 경험과 구체적인 대상에 관계없이 단지 난해한 사변을 반복함으로써 '불필요한 문자' 같은 인상마저 주었다.

물리학과 수학에서의 혁명이 철학에 미친 영향 __ 마르크스 이후의 마르크스 주의에서는 정치 · 경제 · 사회 현상의 '과학적' 파악과 유물론적 관점을 하나의 사상체계로 정리해내려는 노력이 거듭되었다. 그 결과 과학과 철학이 마르크스 주의에서는 매우 강하게 결합되는 경향이 있지만, 일반적으로 철학은 과학과는 독립된 별도의 영역으로 존재한다.

19세기 말부터 21세기 초반까지, 물리학으로부터 시작된 거대한 혁명은, 안정된 것처럼 보였던 당시의 세계관과 그것을 구성하는 기성既成 철학의 여러 개념에 대해 재고再考할 것을 필연적으로 요구했다. 양자론이 전개되면서 종래의 인과율이 위태로워졌고, 상대성 이론은 인간의 입장에서 가장 기본적인 개념틀이라고 할 수 있는 시공간에 대한 기존의 사고방식에 큰 동요를 불러일으켰다. 한편 수학 분야에 나타난 공리주의 사상도 '수학적 진리란 무엇일까'라는 근본적인 문제로 파란을 일으켰고, 집합론을 토대로 철학의 한 분야인 논리학에 강렬한 충격을 가했다.

이처럼 20세기 초에 일어난 물리학 및 수학의 대전환은 철학자가 아닌, 오늘날 우리가 흔히 '과학자'라고 부르는 사람들에 의해 이뤄졌다. 물론 당시의 일반적인 철학자들 역시, 기성 철학의 개념도구에 의심을 품고 있긴 했지만 그런 상황을 추종해갈 능력이 부족하여 당대의 물리학자와 수학자들, 혹은 적어도 이 분야 출신의 철학자들이 이런 대전환의 상황에 대해 철학적 발언을 하기 시작했던 것이다.

하지만 신新 칸트파[*1]와 마흐처럼, 과학을 통해 외부로부터의 철학적 고찰의 전통을 받아들이고 있던 당시의 철학자들은 이런 상황에 대해서도 날카롭게 대응하였다. 결국 19세기에 일단 이혼離婚한 것으로 보였던 과학과 철학은 20세기에 들어와서 서로를 받아들이면서 다시금 튼튼하게 결속하기 시작했다. 이러한 결속은 '과학의 철학'이자 '과학적 철학'이라는 지향성을 지니고 있었다.

논리실증주의logical positivism ___ 이런 움직임 중에서도, 1920년대에 나타난 '논리실증주의'라는 철학운동이 가장 두드러졌다. 노이라트[*2]와 슐리크[*3]를 중심으로 결성된 빈 학파가 이 철학운동이 전개된 초창기의 주류였다. 그러나 노이라트의 학문적 출발점이 '광학(의 역사)'이었고, 슐리크의 경우에는 이론물리학이었다는 점에서 그들이 주도한 철학운동의 밑바탕에서는 과학에 대한 강한 지향성이 드러난다. 그들은 철학적 주장에 있어서 일반적으로 형이상학적인 사변을 배제하고, 철학적 논의를 경험과 밀착시켰다.—이 점으로부터 비트겐슈타인[*4]의 초기 입장, 즉 "진정한 철학 활동은 철학적 문제로 불릴 수 있는데, 단지 과학의 문제(경험으로 취급할 수 있는 문제)인가 아니면 무의미한 문제(그것에 대해서는 아무런 말도 할 수 없는)인가를 판별하는 것일 뿐"이라는 발상에 흥미를 갖게 된다. 단, 비트겐슈타인은 빈 학파에 많은 영향을 준 사람이었지만, 엄밀히 말해 빈 학파의 구성원이었다고는 말할 수 없다—이렇듯 기본적 태도(과학주의)를

[*1] 19세기 말에 이르러 유물론에 대한 반동으로 탄생한 유심주의 철학의 한 흐름으로, 물질에 그대로 환원될 수 없는 정신의 의의를 강조하면서, 그 철학적인 단초를 칸트에서 구하려는 경향이 있었는데, 이런 흐름의 연속선상에 있는 일련의 학자들을 보통 신칸트 학파라고 부른다.

[*2] Otto Neurath, 1882년~1945년, 오스트리아의 철학자 · 사회학자로 실증주의의 영향하에, 경제학에서 형이상학적 요소의 배제를 시도하였으며, 특히 검증가능성檢證可能性의 기준 문제를 둘러싸고 물리학주의(물리학 용어로 나타내지 못하는 명제는 무의미하다며 배격하는 주장)를 제창하였다.

[*3] Moritz Schlick, 1882년~1936년, 독일의 철학자로 젊은 시절에는 칸트의 영향하에 있었으나, 현대 물리학의 연구를 통해 의미의 검증 이론檢證理論에 도달하여 실증주의적 경향의 철학을 신봉하기에 이르렀다.

[*4] Ludwig Josef Johann Wittgenstein, 1889년~1951년, 오스트리아 출생의 영국 철학자.

공유했다는 점에서, 그들이 마흐의 영향을 많이 받았다고 할 수 있다.

한편 비트겐슈타인의 경우에서도 알 수 있듯이 철학의 과제가 문제의 '분석' 에서 문제를 구성하는 '언어' 자체에 대한 관심으로 증폭되어 이어졌다는 것을 지적하지 않을 수 없다. 이러한 관심은 언어를 지배하는 규칙인 논리학에 큰 영향을 미쳐 기호논리학을 추진시켰고(이러한 움직임에는 빈 학파뿐만 아니라 폴란드 학파나 영국 학파 등이 독자적인 활동을 보여주었다), 이런 흐름은 수학의 기초론과 연결될 가능성이 있었다.

또, 노이라트가 특히 그랬던 것처럼 제반 과학의 전문화와 분화가 가져온 폐해를 의식하면, 모든 과학을 통일하는 데 중요한 역할을 할 '철학' 의 의미를 적극적으로 인정하게 되어 통일과학 운동으로 기울 가능성이 커진다.

결론적으로 말하자면, 이러한 철학의 세계가 20세기 과학으로부터 강렬한 자극을 받고 새로운 자각自覺을 통해 철학에 다시 한 번 깊은 뿌리를 내리게 된 것이다.

생명과 의식을 다루는 방법

데카르트는 생물기계론生物機械論과 인간의 심신이원론心身二元論에 관하여 설명할 때, 일반적인 생명현상에 대한 과학적 취급방법을 정하면서 한편으로는, 인간의 개인적인 심리가 이러한 과학적 방법에서 배제된다는 것을 시사한 바 있다. 데카르트가 말하는 '사유思惟' 는 이미 하나의 실체인 '연장延長' 과는 다르게, 필연적으로 객관적인 존재일 수 없다. 인체는 완전히 '연장' 의 영역으로 파악할 수 있지만(이것은 근대 이래 생리학의 태도다), 인간의 또 다른 측면인 '마음[心]'을 '연장'의 영역으로 파악해야 하는지, 아니면 그것과는 별개의 문제로 다루어야 하는지에 대한 근본 명제는 이후의 과학 속에서 다양한 형태로 전개되었다.

심리학의 역사는, 그 말 자체가 16세기 말까지 거슬러올라갈 정도로 오래 되었지만, 본질적으로는 항상 '마음'을 '연장'의 영역으로 파악할 것인가, 말 것인가라는 문제를 근본 명제로 해서 외줄타기를 해왔다. 19세기까지 심리학은 '베버-페히너의 법칙'*5처럼 감각의 자극을 수량적으로 처리하는 과학적인 방법을 취하면서도, 실제로는 그것이 신체 현상을 다루는 것인지, 마음의 현상을 다루는 것인지에 대해서는 보다 근본적인 연구 의지를 지니고 있지 않았던 것 같다.

생리학적 지식의 확대는 물론 당연한 일이긴 하지만, 놀랍게도 그 연구 영역이 인간의 뇌에까지 이르러, 소위 '대뇌생리학'이라 불리는 것, 즉 심리현상을 신체현상으로 완전히 환원해버리는 입장이 성공하기 시작했다. 그리하여 심리학과는 전혀 다른 분야이거나 다른 과학 분야에서 전개되는 것들을 자체 영역으로 삼으려 함으로써, 20세기 심리학은 중대한 전환점을 맞게 되었다.

*5 페히너는 베버의 법칙을 참고로 해서 "감각의 양은 그 감각이 일어나게 한 자극의 물리적인 양의 로그[對數]에 비례한다"라는 법칙을 제안했다. 이 가설에 의하면 자극의 강도를 더해감에 따라 감각의 증대율은 점차 약해지게 된다.

왓스니즘 __ 그 중 하나가 왓스니즘Watsonism의 전개다. 이전에 파블로프*6가 이른바 '조건반사'를 발표해서 인간과 동물 행동의 기계적 파악에 새로운 경지를 개척했다면, 미국의 심리학자인 왓슨*7은 이제까지의 심신이원론적 긴장을 심리학의 영역 안에서 분리하기 위해서 조건반사의 아이디어를 이용하고자 했다. 즉 왓슨은 '객관적'으로는 절대로 파악할 수 없는 '마음'을 심리학 안에서만 다루는 것을 거부하고, '마음(이 영역은 블랙박스black box로 남김)' 대신에 객관적으로 관측할 수 있는 자극과 반

*6 Ivan Petrovich Pavlov, 1849년~1936년, 러시아의 생리학자로 소화샘을 연구하여 침의 분비가 대뇌 작용에 의한 것임을 밝혔다.

*7 John Broadus Watson, 1878년~1958년, 미국의 심리학자로 행동주의를 주창했다.

응을 통해서 인간의 '마음'을 이해하려고 하는 극도로 급진적인 '행동주의'를 확립하였던 것이다.

이런 입장에 의하면, '마음'이 객관적인 문제일 경우 어떤 자극과 그 자극에 의한 인간의 반응 사이에는 그 어떤 관계를 유지시키는 무엇인가가 있다. 그러나 그 무엇인가가 객관에서 벗어나 있기 때문에 심리학은 결국 개체에 대한 자극과 그 개체에서 나타나는 반응과의 관계를 분석하는 데 만족할 수밖에 없게 된다. 왓슨의 행동주의는 나름대로 일관성을 지니고 있어서, 이후에 많은 발전적 변형을 이뤄냈고, 오늘날 '행동과학'의 원형이 되고 있다.

프로이트 ___ 한편 왓슨과는 전혀 다른 입장에서 심리학에 큰 충격을 주었던 것이 프로이트*8의 '정신분석'이었다. 프로이트도 초기에는 기계론적으로 인간의 마음을 파악할 수 있다고 하는 '뇌생리학'적인 접근에 관심을 갖고 있었지만, 최면요법이라는 임상 영역에 종사하면서 마음의 계층구조에 주목하여 인간의 통상적인 의식에는 나타나지 않는, 그러나 인간의 마음이나 행동을 지배하고 있는 '무의식'의 존재를 인정하는 사고방법을 분명히 했다. 이때가 바로 세기가 바뀔 무렵인 19세기 초엽이었다.

*8 Sigmund Freud, 1856년~1939년.

프로이트의 정신분석이 충격적이었던 것은 '무의식'이라고 하는, 더군다나 객관성이라곤 완전히 결여된, 심층 심리를 전제로 한 정신분석요법이 치료 영역에서 실제로 꽤 극적인 효과를 많이 거두었다는 사실이다. 또한 근대 사상에 일관되게 흐르고 있던 인간정신의 합리성에 대한 철저한 신뢰가 심층 심리에서는 삶 혹은 성 본능으로서의 에로스Eros와, 죽음 혹은 파괴 본능으로서의 타나토스Thanatos 사이의 갈등이라고 하는 극도로 '불합리' 하고 '비합리' 적인 세계로 환원됨으로써 인간정신의 붕괴가 암시되었기 때문이다.

예를 들어 프로이트의 정신분석과 비슷한 목소리를 낸 융[*9]은 심리현상의 합리적인 파악과 일반화에 의한 이론체계 구축을 단념하고, 개인적 '실존' 의 세계로 오히려 더 깊숙히 빠져들어가, 유일하게 현실적인 요법이 인정된 이른바 '분석심리학analytical psychology' 을 확립하였다. 인간의 개별적(비일반적), 비합리적인 존재양식에 주목한 융의 이론적 방향성은, 과학주의나 실증주의에 기초하여 인간을 파악하는 것에 대항하는 오늘날의 철학 이론인 '실존주의' 안에 훌륭하게 자리잡았다.

[*9] Carl Gustav Jung, 1875년~1961년.

분자생물학___ 한편 생명 전반에 대한 파악은 20세기에 들어서자 마음에 대한 것과는 다르게 과학의 세계로 급속히 편입되어 들어왔다. 데카르트적인 신체 현상에 대한 기계론은 20세기에 들어와서도 전체론[*10]이나 생기론의 집요한 공격을 받았다. 그러나 생체에 대한 화학적 분석방법이 발전하면서 확립된 '분자생물학' 은 생명현상의 가장 특징적인 부분인 대사와 증식, 혹은 면역기구 등을 기계론적 입장에서 차근차근 해명함으로써 당시의 생명관에 큰 충격을 주게 된다.

[*10] 이 세계를 서로 분리된 부분들의 집합이 아니라 하나로 통합되어 있는 전체로 보는 세계관.

유전자나 염색체에 관한 견해가 확립된 것은 거의 세기가 바뀔 무렵이다. 그런 한편, 이런 유전자의 물질적 해명과는 다른 차원에서 생체를 구성하는 단백질과 당, 지방 등이 생체 내에서 어떠한 변화를 일으키고 있는지와, 그러한 변화를 담당하는 효소계의 연구 등이 이뤄졌는데, 이것을 중심으로 한 생화학적 활동이 결합되어 탄생한 것이 바로 '분자생물학' 이다.

1935년에 생체의 한 종류로 생각되었던 바이러스의 일종인 '담배모자

이크병원체tobacco mosaic virus'가 스탠리[*11]에 의해 결정성의 핵단백으로 추출되었다. 스탠리의 발견으로 분자생물학은 단번에 새로운 세계로 발을 들여놓을 수 있게 되었다. 이윽고 1953년, 유전자의 본체인 DNA의 구조가 왓슨[*12]과 크릭[*13]에 의해, 이른바 이중나선 모양임이 밝혀졌다. 왓슨-크릭 모형은 생명현상에 대한 데카르트 이래의 기계론적 파악에 있어 가장 이상적인 모습으로 그 위치를 확립하게 된다.

물론 오늘날에도, 완전히 기계론적 접근으로 생명현상을 기술記述할 수 있다는 사고방식에 대해서는 여러 형태의 반론이 존재한다. 예를 들어 테야르 드 샤르댕[*14]이나 베르탈란피[*15] 같은 사람들의 발언을 들 수 있는데, 다음 장에서도 언급하겠지만, 베르탈란피의 '일반시스템론'은 기계론을 뛰어넘는 새로운 시각을 보여준다. 그러나 생명현상에 관한 데카르트 주의는 분자생물학(및 대뇌생리학)에 의해 오늘날에 와서야 점차 구체화되었다고 말할 수 있다. 그리고 이 분야(분자생물학 및 대뇌생리학)는 19세기 생물학, 화학, 물리학, 의학 분야의 벽을 넘어선 새로운 생명에 관한 학문의 재편성을 지향하고 있다.

유연한 과학의 출현

20세기 과학에 이은 현대과학의 새로운 특징 중 하나는 유연한 과학soft science이라는 점이다. 컴퓨터는 기계 부분인 하드웨어와 그것을 움직이기 위한 소프트웨어(프로그램)로 이루어져 있다. 여기서 말하는 유연한 과학은 이런 컴퓨터에 비유될 수 있다. 19세기를 지배한 근대 과학의 연구 대상은 늘 '물질'이었다. 이는 컴퓨터의 기계 부분에 해당된다.

[*11] Wendell Meredith Stanley, 1904년~1971년, 미국의 생화학자로 1946년에 노벨 화학상 수상.

[*12] James Dewey Watson, 1928년~, 미국의 분자생물학자로 1953년에 크릭과 공동연구로 DNA의 구조에 관하여 이중나선 모델을 발표하였으며, 1962년 크릭, 윌킨스와 함께 DNA의 분자구조 해명과 유전정보 전달에 관한 연구 업적으로 노벨 생리·의학상을 수상하였다.

[*13] Francis Harry Compton Crick, 1916년~, 영국의 분자생물학자로 X선을 사용해서 나선상단백질 분자구조를 연구하던 중 미국의 생물학자 왓슨과 윌킨스의 협력을 얻어 1953년 DNA의 이중나선구조를 발표하였다.

[*14] Pierre Teilhard de Chardin, 1881년~1955년, 프랑스의 신학자이자 고생물학자로 문화를 단순히 생물체에 유비해서 설명하는 정도를 넘어서서 무생물, 생물체, 인간, 인간문화, 그리고 그리스도까지를 일직선적 진화과정으로 보았다.

[*15] Ludwig von Bertalanffy, 1901년~1972년, 오스트리아의 이론생물학자로 시스템 이론의 창시자로 알려져 있다.

이미 언급했듯이 19세기에는 에너지나 장소 같은 물질 자체 외에, 물질과 물질 사이에서 무엇인가를 서로 교환하는 현상을 다루는 데 상당한 진전을 이루었다. 한편 20세기의 유연한 과학은 물질 자체나 물질간의 문제보다는 물질을 사상捨象한 '관계'만을 대상으로 한다. 이 점이 이전 시기의 과학과 뚜렷하게 차별되는 새로운 성격이다. 컴퓨터로 비유하자면 프로그램이 여기에 해당된다.

그 출발점은 섀넌*16을 비롯해 위너*17가 개발한 정보윤리와 사이버네틱스cybernetics 사고방식이다.

정보 이론___ 정보 이론은 전기통신 이론 중에서 정보 개념을 계량화하려는 필요성에 의해 탄생하였는데, 섀넌 등 몇몇 학자들은 수학적으로(간단한 확률 개념을 사용해서) 표현할 수 있는 측면을 이끌어내는 데 성공했다. 그것은 정보를 보내는 쪽과 받는 쪽이 물질적으로 무엇일까(인간인지, 기계인지, 자연물인지)와는 전혀 관계없이 단순히 정보의 이동 그 자체를 추상적으로 끄집어내는 데 중요한 포인트를 지니고 있었다.

그 후 1940년대 후반 제2차 세계대전에서 주로 '대공포화對空砲火의 자동화'라는 실천적 목적 속에서 인간-고사포라는 일종의 '인간-기계 시스템Man-Machine System'을 어떻게 효율적이고 합목적적으로 운용할 수 있을까 하는 문제가 심각하게 제기되는 동안, 정보의 이동 과정만을 추상적으로 이론화한 정보 이론과 인간-기계 시스템 전체의 합목적적인 기능이 결합되어 사이버네틱스가 탄생하게 되었다.

사이버네틱스___ 위너의 유명한 정의에 따르면, 사이버네틱스는 '통신과 제어의 이론'이라고 할 수 있지만, 앞서 언급한 대공포화용 인간-기

*16 Claude Elwood Shannon, 1916년~2001년, 수학자로 1940년대 미국의 벨 연구소에서 일하는 동안 현대 정보 이론의 기초를 닦았다.

*17 Norbert Wiener, 1894년~1964년, 미국의 수학자로 하버드 대학을 졸업한 후, 1934년에 매사추세츠 공과대학(M.I.T) 교수가 되었다. 신경생리학에서도 중요한 업적을 남겼는데, 1948년 인간 신경의 움직임을 기호로 나타내어, 이것을 '사이버네틱스'로 이름지었다.

계 시스템에 빼놓을 수 없는 요소가 첨가되어 있다. 그것은 바로 계산기다. 1945년에 미국 펜실베니아에서 제작된 "에니악ENIAC"은 소위 전자계산기의 시초인데, 이를 통해서도 알 수 있듯이 통신과 제어를 위한 정보처리 기계로서의 전자계산기에 관한 이론은 매우 중요한 의미를 지니고 있었다.

게다가 이 분야는 단순히 대공방어 시스템과 같은 단단하고 거대한 물건에만 한정된 영역이 아니다. 정보를 받는 쪽이나 보내는 쪽의 상태가 어떻든 상관없이 정보의 흐름이 있는 모든 곳에 적용이 가능하다. 예를 들어 '유전현상'은 유전정보의 이동과 제어로 작용할 수 있고, '예술' 역시 예술적인 정보의 이동이므로 상황에 따라서는 예술도 제어적으로 기능할 수 있다. 사이버네틱스는 원래부터 신경생리학, 전기통신 이론, 전자계산기 이론, 통계학, 수학적 확률론 등 과학, 수학, 의학, 공학에 이르는 많은 영역에 걸쳐 있고, 기성의 학문틀을 대폭적으로 깨는 새로운 관점을 가지고 수립된 것이다. 그런 까닭에 사이버네틱스의 적용 범위나 영향력은 매우 크고 넓다.

이러한 새로운 관점은 정보과학으로서 소위 '학문적'인 과학을 점차 완성시키고 있고, 그리하여 종래의 원자론적 세계관을 대신해서 모든 문제를 '관계'적으로 파악하는 시스템적 세계관이 큰 의미를 지니기 시작했다. 종래의 추상적인 전체론과는 다르게, 이 '시스템적 세계관'은 현상의 유동성을 어떤 것으로도 환원하지 않고 직접적으로 파악할 수 있는 가능성을 지녔다는 점에서, 확실히 가장 현대적인 과학 전선을 구성하고 있다.

요컨대 근대 과학은 물질-에너지의 단계를 넘어 물질을 사상한 '관계', 즉 '시스템'이라고 하는 유연한 과학 단계로 발을 들여놓고 있는 것이다.

CHAPTER XIII

[현대 문명과 과학]

현대 과학은 지금 대전환기를 맞고 있다. 그렇다면 과연 과학기술에 기반한 현대 문명은 어떤 방향으로 나아가야 하는가?

현재 과학기술은 사회 · 경제 · 정치 속에서 매우 큰 위치를 차지하고 있다. 그러나 또 한편으로는 과학기술이 중추적인 역할을 담당하는 현대 문명의 질質에 대해 끊임없이 따져묻고, 어떤 식으로든 방향 전환을 요구하는 목소리도 존재한다. 따라서 우리는 이러한 목소리가 나오게 된 배경은 무엇이고, 현대과학이 어느 정도로 전환을 요구받고 있는지 생각해볼 필요가 있다.

과학기술의 이데올로기

9장에서 기술했던 것처럼, 제1차 세계대전과 더불어 과학은 '과학국가', 보다 적절하게 표현하자면 '체제'로 편입되기 시작하였다. 이런 편입 과정은 제2차 세계대전에 의해 순식간에 진척되어, 현재에는 과학 · 산업 · 국가가 서로 밀접하게 결속, 거의 일체화되고 있다. 물론 여기서 말하는 '국가'에서 군사가 차지하고 있는 비율이 크다는 것은 두말할 나위가 없다.

과학동원科學動員 ___ 전쟁의 당사자였던 나라들이 모두 총력을 기울여 싸웠던 제2차 세계대전에서는 각 나라마다 대규모의 과학동원을 실시하였다. 국가는 병기의 강화·발명 및 생산력 증대에 과학기술력을 최대한 이용하였다. 그렇게 탄생된 레이더는 전쟁 국면을 바꾸는 데 결정적인 역할을 했고, 원자폭탄은 히로시마·나가사키를 파괴해 몇십 만 명의 생명을 앗아갔을 뿐만 아니라, 전후의 국제정치 동향을 좌지우지할 정도로 영향을 끼쳤다.

또 과학동원에 의해 실용화된 페니실린penicillin은 많은 부상병의 생명을 구해 병력 손실을 막았고, 전후 다양하게 개발된 항생물질의 앞길을 개척했다. 가장 효과적인 작전행동을 과학적으로 찾아내기 위해 고안한 오퍼레이션스 리서치*1는 전후 산업과 행정에 광범위하게 응용되었다.

물론 과학동원의 성과는 위에 열거한 것에 그치지 않는다. 크고 작은 기술적 발명과 개량이 이루어져 아주 새로운 병기체계를 탄생시켰고, 전쟁 수행 방법도 바꿔버렸다. 또한 산업기술에도 큰 영향을 끼쳐, 전후 수많은 기술혁신의 출발점이 되었다.

과학기술 정책의 강화 ___ 대규모 과학동원이 이뤄진 제2차 세계대전이 끝난 후 각국 정부는 과학의 목표를 군사적인 분야에서 기술혁신을 통한 경제력 강화로 바꾸어 설정하는 등 과학기술 진흥에 지속적인 노력을 기울였다. 그 일환으로 국립연구소를 만들고, 대학과 회사 연구기관에 연구비를 보조해주거나 연구계약을 맺기도 하였다. 또한 국가가 나서서 이

*1 operations research ; 운용상의 문제들을 해결하기 위하여 수학에서 채택된 방법들을 상용하는 응용연구.

공계 고등교육기관을 설립하거나 지원하였고, 과학기술 관련 행정을 따로 담당하는 관리도 생겨났다. 과학기술이 장려되면서 새로운 직업이 창출된 것이다.

국가적 사업으로서의 과학 ___ 이처럼 국가가 과학기술에 공을 들이자 여기에 활기를 얻은 대학이 팽창했고, 산업계도 덩달아 과학연구 및 개발에 막대한 자금과 인원을 투입했다. 과학자의 수나 연구비용 또한 2차대전 때보다 수십 배 증가했다. 때문에, 이제 과학연구는 과학자 개인의 흥미에서 출발하는 자유로운 지적 활동이라고 말할 수 없게 되었다. 과학연구는 국가적 사업이 되어버린 것이다.

과학기술주의 ___ 이와 같은 과학환경을 만들고 정당화한 것은 '과학기술주의' 라고 하는 일종의 이데올로기다. 또한 역으로 이것이 과학환경에 의해 생겨나고 강화되었다고도 할 수 있다. 한마디로 말해 과학기술주의란, 과학연구야말로 부와 힘의 원천이며, 과학에 의거하면 무슨 문제든 해결할 수 있다고 생각하는 것이다. 이러한 이데올로기를 지탱하는 과학자는 정부나 산업계 내에 중용되어 발언력을 증가시켰다. 또한 매스컴을 통해 과학자의 권위가 일반 대중에게 침투했다. 과학자는 시대의 총아寵兒가 되었고, 덕분에 과학 전문분야 이외의 사항에 있어서도, 과학자의 발언을 신뢰할 수밖에 없게 되었다.

그러나 과학기술주의는 어떤 상황의 한쪽 측면만을 지나치게 단순한 방식으로 확장한 사고였다고 말할 수 있다. 확실히 근대 과학은 인식방법이나 기술개발의 기초에서나 커다란 중요성을 스스로 실증해왔다. 또한 근대 과학은 고유의 이해관계가 전제되기 때문에 특히 이해관계에 부합되는 대상이나 상황에 대해서는 더 큰 위력을 발휘한다. 근대 과학이 본질적이지 않은 방향으로 엇나가 있는 동안, 합리적으로 다루기에 적절하지 않다는 명목으로 소홀하게 다루어진 것들이 적지 않다. 그리고 과학이 사회 구석구석까지 침투하면서, 과학의 조직망에서 흘러나온 것들이 사실은 무시할 수 없는 것임을 알게 되었다. 핵 병기 · 생화학 병기에 의한 인류전멸의 위협, 무차별적인 공업생산 확대에 따른 환경파괴는 단면적인 과학기술주의의 결말이 얼마나 위험한가를 보여주고 있다. 이것은 근대 과학의 성격과 특질에 대해 전체적으로 반성할 필요가 있음을 알려준다.

'현대' 는 또 다른 문명 전환기

이 책의 서두에서도 언급하였듯이 이제까지 인류는 인류혁명, 농업혁명, 도시혁명, 철학혁명, 과학혁명이라는 다섯 단계의 큰 변혁기를 거쳐 오늘날에 이르렀다. 현대는 17세기 '과학혁명' 이래의 생활방식에서 다시 커다란 전환점을 맞아 여섯 번째 단계의 변혁기에 와 있다.

지금까지 다섯 단계의 변혁기도 각각 한 단계 전前 변혁기의 유산 위에서 탄생했던 것처럼, 오늘날의 변혁기도 '과학혁명' 의 유산을 받아들이고 그 불충분한 점을 더 깊이 파고들어, 근대 과학기술이 초래한 마이너스 요소를 극복하는 새로운 사고방식과 태도를 형성해나갈 것이다.

사고를 바꾸기 위한 논점들

양量에서 질質로 ___ 17세기 이래 근대 과학의 여러 전제 안에서 오늘날 사고의 개혁이 이뤄져야 한다고 생각되는 제반 논점에 대해서 간단히 기술하자면, 첫 번째로 '양적 증대의 파괴'를 거론할 수 있겠다. 통계적으로 보면 17세기 이래 과학지식과 기술이 지수함수指數函數적으로 급격한 성장을 이루었고, 과학의 성과가 15년 만에 두 배가 될 정도로 엄청난 속도로 발달해왔다. 그러나 과학의 양적 증대만을 중시했을 뿐 질적 문제는 거론되지 않았다. "지수함수적 증대"라는 것은 일반적으로, 언젠가는 일종의 포화상태에 이르러 정체되는 것을 말하는데, 오늘날 과학기술의 발전도 지수함수적 증대에 있음을 간파할 수 있다. 이를 통해 과학의 양이 아닌 질이 문제가 되는 시기가 도래했음을 알게 된다.

요소주의의 반성 ___ 오늘날 논의되는 두 번째 논점은 '요소주의*2에 대한 반성'이다. 17세기 데카르트 이래, 사물을 요소로 분해하여 그 요소의 성질을 조합해서 전체를 보려고 하는 '분석가산주의'가 근대 과학의 방법적 핵심이 되었고, 그것은 나름대로 큰 성공을 거두었다. 그런데 이 방법은 자신이 다룰 수 없는 부분에 대해서는 간과해버리는 결과를 초래했다. 그래서 최근에는 전체구조, 체제화, 종합, 시스템이라고 하는 사고체계가 대두되고 있다. 사이버네틱스와 구조주의, 시스템 이론 등 이른바 복잡계複雜系도, 모두 이런 방향을 지향하는 새로운 사상이라고 말할 수 있다. 최근 등장하는 새로운 사상은 결코 요소를 무시하지는 않지만, 요소에만 매몰되는 환원주의를 부정하고, 요소간 관계의 중요성을 간파해서 전체의 중요한 특질을 파악하려고 하는 사고체계를 갖고 있다. 현대 과학 사

*2 要素主義 ; 전체로서의 대상을 설명할 때, 전체를 구성하는 부분(요소)의 산술적인 합으로 설명하려는 태도.

상의 저류에는 이렇듯 종래의 요소주의에 대한 반성이 흐르고 있는데, 이런 흐름은 앞으로 점점 더 강화될 것이다.

결정론의 몰락___ 세 번째 논점은 '결정론의 몰락'에 관한 것이다. 결정론도 17세기 '과학혁명'의 산물로, 미래는 현재의 초기 조건에 의해 영구히 결정된다고 하는 사고체계다. 뉴턴 역학에 나타나는 것처럼 사회현상을 파악할 때에도 이것이 적용되어 마르크스의 사적 유물론과 같은 결정론적 사고를 탄생시켰다.

그러나 21세기 초, 양자역학 속의 불확정성 원리가 발견되어, 과학방법론에 관해서도 고전역학적 결정이 재검토되어야만 하는 상황이 도래하였다. 이것을 필두로 과학인식의 올바른 자세에 대한 반성이 이루어져, 단순히 자연현상뿐만 아니라 사회현상이나 경제현상을 파악하는 데도 점점 결정론적 사고가 사라지게 되었다. 그리고 과학적 지식이라는 것도, 그것을 만들어낸 인간의 주체적인 영위와 관계를 맺고 있어서, 이제 우리에게 미래란 미리 결정되어 있는 것이 아닌, 우리들이 조작할 수 있는 가변적인 것이라는 사고체계로 이행되어가고 있다. 이러한 사고체계의 이행이야말로 새로운 사건이라 할 만하다.

서구 중심주의의 종말___ 네 번째는 '서구 중심주의의 몰락'이라는 논점을 들 수 있는데 '과학혁명' 이후 이 시대를 이끌어온 것은 서구 세계임을 인정하지 않을 수 없다. '서구 우위'의 기원은 바로 '과학혁명'에 있다. '과학혁명' 이후 발달된 과학기술은 보편적인 성질을 갖게 되었고 필연적으로 확산될 수밖에 없었다. 그리고 지금은 서구 이외의 세계에서도 과학기술을 소화 흡수하여, 그것이 다시 서구세계로 침투해가는 상황까지 생겨나고 있다.

독점적 위치를 점하고 있었던 서구의 과학기술은 현대에 들어오면서 그 지위를 상실하였고, 따라서 세계는 다원적인 구조를 갖게 되었다. 그런데 서구의 과학기술은 오늘날 다양한 문제에 봉착하고 있다. 이때 서구 이외의 다른 지역에서 형성된 과학적 전통이나 기술의 존재방법이 재검토되고 그 장단점이 비교됨으로써 새로운 과학 · 기술 형성을 향한 발걸음을 내딛기 시작했다. 이를 진전시키기 위해서는 서구 과학사뿐만 아니라 다양한 문명권의 과학 · 기술의 역사를 재평가할 필요가 있다.

'정보혁명' 에서 '환경혁명' 으로 ___ 앞으로 21세기에는 '과학혁명', '산업혁명' 이래 물질과 에너지 산출을 유일한 목표로 삼았던 '공업문명' 의 시대에서 '탈공업화' 의 시대로 들어설 것이다. 즉 물질과 에너지 산출에서 지식의 산출을 주로 하는 사회로 이행한다는 것이다. 현대라는 문명 전환기를 특징짓는 것은 탈공업화, 이른바 '정보혁명' 이다. 이것은 '과학혁명' 의 세 번째 단계이자 '산업혁명' 을 잇는 것으로 파악되는데, 이를테면 물질과 에너지의 산출로부터 정보의 산출과 제어로 이행해가면서 그 본질이 끊임없이 이어지고 있는 것이다.

현대라는 전환기는 이전과는 다른 큰 문제를 안고 있다. 과학혁명, 산업혁명, 정보혁명을 관통해온 근대 문명 자체가 지금은 반성을 강요받고 있는 것이다. 한마디로 말해서 그것은 지구의 환경문제에 관한 반성이다. 현대의 환경문제에 직면하게 되면 과학기술도, 그 근간을 이뤄왔던 자연관도, 그 자연관에 기초한 문명의 존재방식도 크게 변할 수밖에 없다. 그런 의미에서 오늘날 문명의 전환을 규정하는 근저에 바로 '환경문제' 가 있는 것이다.

그러면 이제, '환경혁명'을 위해 수행해야 할 변화를, 앞서 언급한 과학기술, 자연관, 문명관이라는 세 분야로 나누어 살펴보도록 하자.

환경혁명의 시대를 위하여

과학기술의 변혁 ___ 먼저, 과학기술의 존재방식이 변해야만 한다. 17세기의 '과학혁명' 이래 과학은 자신에게 유리한 방향으로 나아가, 차츰 폐쇄적인 체계를 형성해갔다. 그러나 핵 병기의 제조나 환경파괴로 인해 과학기술이 항상 옳은 것은 아니고, 인간과 지구에 대해서 양면성을 가지고 있음을 누구나 명백히 알게 되었다. 이렇게 되자 과학기술이 자폐적인 '지식을 위한 지식', '기술을 위한 기술'에 머물지 않고, 과연 궁극적으로 무엇을 위해 존재해야 하는가에 관한, 즉 과학기술과 인간 혹은 지구와의 관계를 심각하게 자각해야만 했다.

어원을 살펴보더라도 '과학science'은 '지식scientia'에서 출발했지만, 오늘날의 과학은 단순히 '안다scio'는 것뿐만 아니라, 과학지식이 인간과 지구의 생존과 어느 정도 관련이 있을까를 충분히 '분별하는sapio' 예지sapientia로 변화해가지 않으면 안 되게 되었다. 과학기술은 현재와 같이 갇혀 있는 자존적 체계가 아닌, 항상 인간의 삶과 지구의 존립에 깊이 관여하는 '생존을 위한 과학기술', '지구를 위한 과학기술'이라는 확실한 목적의식을 지녀야만 하게 된 것이다.

세계관의 변혁 ___ 두 번째로 근대 과학기술의 근저에 존재하는 자연관과 세계관이 변화해야 한다. 근대의 자연관 · 세계관은 본질적으로 17세기 '과학혁명' 이후 데카르트의 기계론적 세계관에 의거하고 있다고 해도 무방하다. 여기서는 세계가 '죽은 기계' 로 여겨지고 생명을 지닌 것은 모두 제거되어, 한결같이 기하학적 '연장' 으로 환원된다. 그리하여 타율적 · 인과적 · 요소주의적인 결정론적 세계를 만들어왔다. 또한 그 세계를 인식하는 자아는 오로지 '내 생각' 의 순수 사유로 환원된다.

그러나 인간의 사유 근저에는 '내 감정' 이라는 감정이 존재하며, 이것의 바탕에는 '내 생명' 이라고 하는 생명이 존재한다. 최근 자기조직계 이론이 가리키는 것처럼, 세계도 환경과의 상호작용하에서 전체적으로 자신을 스스로 형성 · 발전하는 생명적인 것이다. 따라서 세계는 기계가 아니라, 오히려 '바이오 세계Bio-world' 라고 불릴 만한 존재다. '사유' 와 '연장' 사이에서, '생명' 을 탈락시켜온 근대의 기계론적 세계관은 '인간과 지구의 공생共生' 을 실현시키려는 현 시점에서 최대의 인식론적 질곡이 되고 있다.

'과학혁명' 이후 근대 과학에 또 하나의 사상적 기반이 되어온 것은 프란시스 베이컨의 '자연지배' 이념이다. 베이컨은 "아는 것이 힘이다" 라고 주장하며, 새로운 과학지식을 통해 자연을 이용하고 정복하여 자연 위에 '인간의 왕국' 을 만들려고 했다. 이런 시도는 상당 부분 성공해왔지만, 오늘날 '인간의 왕국' 에 계속적으로 착취를 당해온 자연은 이제 무너져내리려 하고 있다. 베이컨은 자연을 신에 의해 인간과는 별개로 창조된 제3자로서, 즉 인간의 이질적인 대립자로서 파악했고, 그래서 자연을 밖에서 조작하여 지배하려고 했다. 그러나 실상 인간은 자연과 대립적으로 존재하기는커녕 오히려 자연의 자기조직적 발전의 한 단계에 지나지 않는다.

그런 의미에서 인간은 자연의 일부이고, 자연의 지배자가 아닌 '자연의 자식' 이라고 할 수 있다. 따라서 인간이라는 존재는 '우주의 자기조직계' 안에서 적합하게 살아가야 한다. 인간만이 우주의 자기조직계에서 벗어나 다른 시스템을 파괴하며 산다는 것은 결코 정당하다고 말할 수 없다. 인간과 생물은 물론이고, 지구와 우주도 살아 있다. 앞으로 우리는, 인간이 이러한 우주의 '살아 있는 세계'의 일부분이라고 하는 근본적인 인식에서 재출발해야만 할 것이다.

문명의 변혁___ 세 번째로 필요한 것은 문명 개념 그 자체를 바꾸는 것이다. 문화인류학자 레슬리 화이트*3는 "문명의 진보 정도는 일인당 에너지 소비량에 따라 결정된다"는 의미있는 말을 했다. 그러나 문명이라는 것은 단순히 인간이 소비하는 에너지량이나, 인간이 만들어내는 생산물량의 증대만으로 짐작할 수 있는 것이 아니다. 어떤 통계에 의하면, 1900년 이후 20세기에 들어서면서 인구는 3배가 되었지만, 에너지 소비량은 15배가 됐고, GDP는 21배가 되었다고 한다. 즉 에너지는 일인당 5배, GDP는 일인당 7배 이상 늘어난 것이다. 이러한 통계적 증가만큼 20세기 초기의 인간 생활은 그다지 나쁘지 않았다. 그러나 이러한 급속한 증대는 문명의 균형을 크게 깨뜨렸고, 환경파괴를 증가시키는 당연한 결과에 이르렀다.

따라서 문명을 개념화함에 있어서는 그것의 외적 확대뿐만 아니라, 좀 더 충실한 내적 의미를 포함시켜야 할 것이다. 원래 '문명Civilization'이라는 단어는 'civility'라고 하는 언어와 결합되어 있는데, 이는 단정함, 품위, 기풍氣風이라는 의미를 내포하고 있다. 그러나 현대문명은 'civility'의 의미를 거의 상실한 채, 외견상의 물적 욕망만이 비대해져가고 있다. 그 종착점은 끝도 없는 환경파괴로 이어져, 결국에는 인류의 붕괴를 가져오고야 말 것이다.

*3 Leslie Alvin White, 1900년~1975년, '문화결정론'과 '문화진화론'에 입각한 사회문화 현상에 대한 연구의 기초를 마련하는 데 심혈을 기울인 미국의 인류학자. 그의 이론을 요약하면, 사회과학이 사회문화 현상을 행위자 중심으로 설명하려는 '인간중심론'에서 탈피해야 한다는 것이다. 대표 저작으로는 《문화과학》, 《문화진화론》이 있다.

과학기술이 인간을 향상시키기 위한 것이 아니라, 인간의 끝없는 욕망을 실현시켜주는 공범자 역할로 전락할 가능성이 다분하다. 우리는 이제까지 자연의 개조와 세계의 개조에 대해서 누차 이야기해왔다. 그러나 오늘날 진정으로 필요한 것은 거대한 물적 욕망의 괴물이 되어버린 인간의 개조가 아닐까.

결국 우리들은 문명의 개념축을, 이제까지의 외적인 물질로부터 보다 내적이고 정신적인 것으로 이행시킴으로써, 인간의 삶의 방식과 문명의 존재방식을 크게 전환시켜야만 하는 시점에 도달했다.

EPILOGUE

[현대 문명과 과학]

지금까지 사상사 속에서 과학이 걸어온 길을 되짚어오면서, 오늘날의 과학과 과학에 의해 특징지어지는 현대 문명이 큰 전환기에 접어들고 있음을 확인했다. 그렇다면, 현재가 어떤 의미에서 전환기인지, 새로운 길은 어느 방향에서 찾아내야 하는지를 알아보기 위해 이 책에서 다룬 내용을 기초로 세 사람의 저자가 함께 토론하는 자리를 마련했다.

과학과 현대 문명의 미래는?

히로시게 ___ '현대 문명과 과학' 이 이 책의 마지막 테마였습니다. 현대 문명 속에서 과학기술이 매우 큰 위치를 점하고 있다는 것에 대해서는 이론異論의 여지가 없을 것입니다. 그런데 문제는, 이제까지는 현대 문명 속의 과학기술이라는 것이 항상 긍정적인 것으로, 즉 과학기술은 본래 좋은 것이어서 만약 과학기술에 의해 안 좋은 일이 발생해도 그것은 적용을 잘못하거나 악용한 것에 지나지 않는다는 식으로 취급해왔지만, 최근에 와서는 이러한 경향이 바뀌고 있다는 점입니다. 과학기술을 뒷받침해온 현대 문명의 부정적인 면이랄까, 부정적인 귀결이랄까 하는 것들이 다각적으로 지적받고 있는 상황이죠. '이대로는 안 된다', '현재의 방식을 계속해서는 안 된다' 고 하는 인식이 매우 확대되고 있다고 생각합니다만, 이러한 상황에 대해 우리가 어떻게 반응해야 하는지… 이러한 점을 구체적으로 논의했으면 합니다.

과학기술 문명에 부정적인 면이 있다는 건 이제 명백해졌습니다. 이에 대해서는 두 가지 대응 방법이 있다고 생각합니다. 첫 번째는, 이러한 문제가 생겨난 것은 과학과 기술의 미숙함 탓이고, 과학기술 연구가 부족하기 때문이라고 하는 관점에서 대응하는 것입니다. 즉 과학기술 문명에서 출현한 문제는 모두 과학의 연구, 소위 과학기술적인 대책으로 하나씩 해결해가면 된다는 식의 대응방법이 있다고 생각하는 것이죠. 이 견해는 한마디로 말해 "과학기술이 각각의 개별적인 측면에서는 나쁜 점이 있을지언정 근본적으로는 이 문제 역시 과학기술로 해결할 수밖에 없다"는 입장이라고 생각합니다.

그런데 최근 첫 번째 대응방법과는 정반대인 입장이 상당히 확대되고 있습니다. 그것은 과학 그 자체에 대한 전면적인 회의를 드러내거나 혹은 반발하는, '반과학주의'라고 말할 수 있습니다. 이것이 극단적으로 진행되면, 과학의 필요성은 간과한 채, 과학 자체를 없애버리면 된다거나 과학 이전의 전통적인 사고방식대로, 혹은 문화나 사회 형태로 돌아가면 된다는 태도를 지니게 됩니다.

과학기술 문명으로 인한 문제에 대한 대응방식이 이렇게 두 가지로 나타난다고 할 때, 저는 어느 쪽도 올바른 태도가 아니라고 생각합니다. 그렇다고 해서 저 또한 올바른 대응방법이 무엇이다라고 간단히 정의내릴 수는 없고, 또 지금 정답을 도출해내는 것이 오늘 논의의 목적도 아니라고 생각합니다. 다만, 올바른 쪽에 가깝게 유효한 해

현재 과학 분야 중에서 어떤 분야가 가장 중점적으로 연구되고 있을까요. 소위 어떤 문제가 중요한 문제로 취급되어 많은 자금과 인력이 투입되고 있을까요. 이러한 상황을 전쟁 용어를 빌려서 '전선배치'라고 표현할 수 있을 텐데, 현대 과학의 전선배치는 어떻게 결정되고 있을까요?
-히로시게 토오루

결 방향을 찾아내기 위해서, 어떻게든 억제하지 않으면 안 되는 몇 가지 문제를 지적할 수는 있을 것입니다. 이 점에 대해 여러 분과 이야기해보고 싶습니다. 그럼 우선 제가 생각하고 있는 점을 간단히 정리한 후 이야기를 시작하죠.

먼저, 과학은 결코 추상적인 존재가 아니기 때문에 이 사회 안에서 구체적인 모습을 형성하며 발전해왔습니다. 이 사회 속에서 다양하게 펼쳐지는 과학의 내용을 보더라도 그렇고, 소위 과학의 사회적 존재방식을 봐도 그렇듯이 과학은 역사적으로 변화를 거듭해왔습니다. 현재 과학의 상황은 앞에서도 언급했듯이 국가라든가, 소위 산업사회라고 하는 매우 크고 강력한 조직에 의해 운영되고 있습니다. 과학의 형태가 이렇게 변해온 것입니다.

그렇다면 현재 과학 분야 중에서 어떤 분야가 가장 중점적으로 연구되고 있을까요. 소위 어떤 문제가 중요한 문제로 취급되어 많은 자금과 인력이 투입되고 있을까요. 이러한 상황을 전쟁 용어를 빌려서 '전선배치'라고 표현할 수 있을 텐데, 현대 과학의 전선배치는 어떻게 결정되고 있을까요? 이것은 과학의 어떤 분야에 흥미를 지닌 과학자의 수가 우연히 많거나 적다고 해서 결정될 문제가 아닙니다. 결국 현대 과학을 조직하고 있는 국가나 산업이 과학 분야 중에 가장 많은 관심을 기울이는 분야에 따라 전선의 배치가 결정되고 있다고 할 수 있지요.

따라서 현대 과학의 전선배치는 결코 과학의 내적 원리 같은 것에 의해 독특하게 결정되는 것이 아니고, 오히려 과학을 조직하고 있는 국가나 산업이 무엇에 관심을 가지고 있는가에 아주 큰 영향을 받습니다. 따라서 첫 번째 문제는 현대 과학의 전선배치를 변화시킴으로써 과학 자체의 모습, 그 형태가 당연히 바뀔 수 있다는 것입니다. 오늘날 과학이 초래한 결과가 여러 가지 부정적인 면을 발생시키고 있다는 상황으로 과학의 전선배치를 바꿔간다면, 현대 과학의 부정적인 면을 극복할 가능성이 매우 커진다는 것을 먼저 확인해두지 않으면 안 된다고 생각합니다.

하지만 어떻게 해야 현대 과학의 전선배치가 바뀔 수 있을까 하는 점에 대해서는 실천적인 문제가 뒤따릅니다. 간단히 대답할 수 없는 문제지만, 현대 과학의 전선배치가 결코 운명적으로 결정되어 있는 것이 아니라는 점은 우리에게 용기를 줍니다.

지금까지 이야기한 것은 일단 17세기 이후의 근대 과학을 전제로 한 것입니다. 다음으로, 근대 과학이 절대적이어서 근대 과학 이외에는 자연과 지적인 관계를 맺을 방법이 더 이상 있을 수 없는 것인가 하는 문제가 남는다고 생각합니다. 이 문제의 대답이 "과학 이외에는 방법이 없다"라고 한다면, 현재 과학과 관련된 여러 가지 부정적인 면에서 탈피하기 위해서 과학을 정면으로 부정해버리는 것 이외에는 방법이 없을지도 모르지요. 그러나 우리는 그렇지는 않을 것이라고 생각합니다. 우리는 사상사 속에서 과학이 걸어온 길을 되짚어보면서 "과학 이외에는 아무것도 있을 수 없다"는 식으로 과학을 파악해선 안 된다는 생각을 했습니다.

우리는 사상사 속에서 과학이 걸어온 길을 되짚어보면서 "과학 이외에는 아무것도 있을 수 없다"는 식으로 과학을 파악해선 안 된다는 생각을 했습니다. -히로시게 토오루

단지, 여기서 문제는 과학이라는 것이 상당히 보편성을 지니고 있다는 점입니다. 즉 근대 과학은 유럽에서 태동했지만, 시간이나 장소에 상관없이 타당하지요. 즉, 장소와 시대가 멀리 떨어져 있어도 충분히 그것을 익히고 체득해서 능숙하게 사용할 수 있다는 점에서 과학에는 보편성이 존재한다는 것입니다. 이러한 보편성 때문에 근대 과학은 전세계로 침투할 수 있었던 것입니다. 이 점은 부정할 필요도 없고, 이후 과학의 문제를 생각한다면 무시해서도 안 됩니다. 그런데 과학의 보편성도 사실 어떤 전제라고 할까, 아니 전제라기보다는 근저에 존재하고 있는 것이라 할 수 있죠. 근대 과학에 전제되어 있는 약속이라 할 만한 것이 있고, 이런 약속에 기반한 보편성이 있기 때문에, 근대 과학의 기본적인 전제가 무엇일까라는 문제가 생기게 됩니다. 역시 그것도 유럽이라고 하는 지역적 · 문화적 배경과 근대사회라고 하는 시대적 배경에서 탄생되었다는 점에서 하나의 역사적 산물이라고 생각합니다.

근대 과학의 기본적인 전제가 뭔가 하면, 먼저 '주관=객관'이라는 도식입니다. 인간이 인식 주체로서 여기에 존재하고, 맞은 편에 존재하는 자연을 바라본다고 하는 '주관=객관' 도식의 문제, 그리고 요소주의라는 문제죠. 다시 말해 자연을 인식하려면 자연을 요소의 집합으로 생각하고 요소 하나하나를 파악함으로써 전체가 파악될 수 있다고 하는 입장입니다. 그리고 요소를 파악하는 또 다른 방법으로 수량주의數量主義를 들 수 있습니다. 즉 수량적으로 파악하는 것, 수량적으로 조작할 수 있다는 것을 전제로 하는 것이지요.

근대 과학의 이러한 전제들은 결코 누군가의 일시적인 감정에 의해 우연히 생겨난 것이 아니라 그 탄생의 필연성이 근대 역사 안에 존재했다고 생각합니다. 필연성이라고 말하는 것이 적당할지 잘 모르겠지만, 일단 이렇게 표현하겠습니다. 그리고 이러한 전제 위에 수립된 근대 과학에는 대단한 발전을 일궈낼 수 있었던 객관적 근거가 있었다고 생각합니다. 이 근거는 단순히 우리들이 주관적으로 마음에 들어해서가 아니라, 객관적으로 성공할 수 있었던 것이기에 존재했다고 생각합니다. 다만 그러한 전제를 계속 유지하며 다양하게 발전시켜온 20세기 후반 현재에 와서는 기존의 과학이 여러 방면에서 어떤 의미로든 벽에 부딪혀 있는 상황이 아닌가 생각해요.

예를 하나 들어볼까요. 근대 과학의 이념을 모범적으로 실현한 근대 과학의 모델이랄까, 소위 근대 과학 모델의 중심으로 발전해온 물리학의 정향진화론orthogenesis theory적 흐름의 하나로서, 소위 물질의 궁극 요소는 무엇일까, 물질의 궁극 요소는 어떤 성질을 지녔을까라는 문제를 계속 추적해온 방향이 있다는 것입니다. 이 방향은 이제까지 대단한 성공을 거두어왔는데, 분자와 원자로부터 전자를 발견하고 마침내 소립자라는 영역에까지 접근해가고 있습니다. 그런데 소립자론을 통해 대단히 많은 발견이 이루어져 확실히 이론적인 진보가 있었지만, 어쩐지 이제까지 해온 동일한 방법으로 과연 다시 소립자와 같은 의미 있는 발견이 이루어져 통일적인 이론을 확립할

분자와 원자로부터 전자를 발견하고, 소립자론을 통해 확실히 이론적인 진보가 있었지만, 어쩐지 이제까지 해온 동일한 방법으로 과연 다시 소립자와 같은 의미 있는 발견이 이루어져 통일적인 이론을 확립할 수 있을지는 회의적이며, 현재로선 별 진전이 없는 상태입니다. 더욱이 이러한 답보 상태가 1, 2년이 아니라 10, 20년이라는 단위로 제자리걸음을 하고 있습니다.
–히로시게 토오루

수 있을지는 회의적이며, 현재로선 별 진전이 없는 상태입니다. 더욱이 이러한 답보 상태가 1, 2년이 아니라 10, 20년이라는 단위로 제자리걸음을 하고 있습니다. 제멋대로 예언을 할 수는 없지만, 이제까지의 물리학 역사와 비교할 때 현재의 답보 상태는 상당히 심각한 것으로, 이런 진행방식으로 물리학을 더욱 발전시켜나갈 수 있을지 의문입니다. 물리학자들 사이에서도 이런 의문이 거론되기 시작한 것 같습니다.

최근에 어떤 글을 읽었는데, 한 물리학자가 이런 이야기를 했습니다. 소립자의 의문을 규명하려고, 각국에서 연이어 대형 가속기가 제작되거나 계획되었습니다. 이렇게 막대한 자금을 투입해서 엄청나게 큰 장치를 만드는 일은, 일종의 국가적 명예를 걸고 경쟁적으로 하는 측면이 있습니다. 그러나 이렇게 계속한다고 해도 뭔가 본질적인 해결 전망은 보이지 않는다고 할까요. 저조차 에너지를 한층 더 높이면 무언가 새로운 것이 발견되지 않을까 하는 막연한 예상 이외에는 뚜렷한 전망을 갖고 있지 못합니다.

이제 물리학에서 한 발짝 떨어져서, 생물학을 거론해보도록 하겠습니다. 생물학에서는 최근 10, 20년 사이에 분자생물학이 매우 획기적인 성과를 거두어서 눈부신 진보進步를 달성했습니다. 그러나 분자생물학도 이제까지의 방식으로는 여전히 남아 있는 생물학의 여러 문제를 해결할 수 없지 않나 하는 논의가 수년에 걸쳐 진행되어오고 있습니다.

예를 들어, 분자생물학의 개척자 중 한 사람인 스텐트[*1]는 그의 책 《진보의 종언》에서 분자생물학의 눈부신 진보의 시기는 이미 종언되었다고 말하고 있습니다. 더러는 신경계神經系에 관한 내용이지만, 어쩌면 생체의 전체적인 조절 기능이라고 할 수 있는 문제, 그러한 문제를 분자생물학이 취한 방식으로는 파악할 수 없는 것이 아닐까, 문제를 해결하기 위해 뭔가 다른 방향을 찾지 않으면 곤란하지 않을까, 하는 논의가 전개되고 있습니다.

위에서 언급한 내용들은 요소주의의 한계와 관련이 있죠. 이렇듯 과학 자체 내에서 근대 과학의 대전제가 된 방법이라든가 사고의 구조나 도식에 대한 반성을 하지 않는 것이 문제라고 생각합니다.

그리고 또 다른 문제는 이것입니다. 과학 발달로 인한 여러 가지 기술적인 성과와, 그것이 인간에 대해 갖는 의미가 여러 측면에서 반성되어온 결과, 과학연구의 목표는 과학적인 사실을 명백히하고 진리를 추구하는 것이며, 따라서 인간적인 가치로부터는 중립적이어야 한다는 사고방식이 흔들리기 시작했습니다. 과학은 그것이 사용될 때 가치판단이 개입되기 쉽기 때문에, 과학 자체는 그러한 가치판단으로부터 자유로워야 한다는 과학 윤리가 오랜 기간에 걸쳐 형성되고 받아들여져 왔습니다만, 도대체 이러한 과학의 가치중립성이 현재와 같은 상태로 괜찮은가 하는 의문은 계속해서 제기되고 있다고 생각해요.

[*1] Gunther Siegmund Stent, 1924년~ , 미국 분자생물학자로 DNA 분자모형에서 반보존적 복제방식을 처음으로 거론하였고, 그 후 고차신경계高次神經系를 연구하였다.

요즘 들어 과학기술의 부정적 측면이 상당히 자주 거론되고 있습니다. 하지만 과학기술에 대한 그러한 비판 속에는 오해 또한 적지 않다고 생각합니다. 과학기술의 부정적인 면을 강조하다 보면, 여러 가지 잘못된 전제에 기반해서 과학기술을 부정해버리는 경우가 더러 있습니다.
-무라카미 요우이치로

과학이 개인의 취미에 머물러 있는 동안에는 가치판단으로부터 자유롭기 때문에, 과학적 진리를 추구하는 것 자체가 훌륭한 일이라 생각해도 상관없을지 모르지만, 이미 과학은 우리들 생활 속에서 상당히 큰 가치를 점하고 있습니다. 그 결과 과학은 우리 인간 생활, 나아가 우리의 미래에 큰 영향을 끼치고 있지요. 과학의 중립성 문제도 근대 과학의 전제 중 하나라고 생각되는데, 이 전제 자체를 되짚어볼 필요가 있다고 생각합니다.

이 외에도 여러 가지 문제가 있을 수 있습니다만, 지금 거론한 문제만이라도 하나하나 짚고 넘어가야 '과학과 현대 문명의 미래는 어떻게 존재할까' 하는 문제를 해결할 수 있을 것입니다. 이제 제가 지적한 문제를 매개로 좀더 깊이 있는 토론이 이루어졌으면 합니다.

'과학기술' 만을 탓할 수는 없다

무라카미___ 우선 지적해두고 싶은 것은 요즘 들어 과학기술의 부정적 측면이 상당히 자주 거론되고 있다는 사실입니다. 하지만 과학기술에 대한 그러한 비판 속에는 오해 또한 적지 않다고 생각합니다. 과학기술의 부정적인 면을 강조하다 보면, 여러 가지 잘못된 전제에 기반해서 과학기술을 부정해버리는 경우가 더러 있습니다. 따라서 과학기술에 관한 본격적인 이야기를 하기 전에, 우선 이와 같은 과학기술 비판 속에 있는 오해들을 지적하고자 합니다.

이 문제에는 두 가지 측면이 있습니다. 첫 번째는 프로토 타입proto type의 과학 비판입니다. 반과학론에서는 인간이 보편적 · 일반적 · 추상적 개념으로 내세워지는 경우가 상당히 많다고 생각합니다. 이러한 경우의 예를 쉽게 들기란 어렵지만, 요약하자면 '인간 일반이 이런저런 상황에 처해 있다'는 식으로 그것을 자명한 전제로 상정하여 논의하는 경향이 강하다는 것이죠. 자연과의 관계를 예로 들어보겠습니다. 최근 자주 거론되는 표현으로 이런 게 있습니다. "투구벌레가 있고 개똥벌레가 있고, 그리고 숲이 있어서 매미가 울고, 고추잠자리가 무리 지어 하늘을 떠다닌다"고 하는 것이죠. 이것은 대단히 목가적인 인식, 즉 자연만이 인간의 유일한 휴식처라고 인식함으로써 결국 자연을 훼손하는 모든 행위는 나쁜 것이라는, 도식화되고 단선적인 사고방식을 보여줍니다. 이런 사고방식에는, 모든 인간은 목가적인 자연 안에서만 행복하다는 일반화 · 보편화 · 추상화된 가치관이 팽배해 있어서 결과적으로 자연을 훼손시킨 과학기술은 나쁘다고 하는 식이에요.

그런데 원래 자연은 그러한 가치관조차 갖고 있지 않았을 것입니다. 즉, 자연 그 자체에는 가치란 게 없어서 어떤 상태가 좋다 나쁘다 말할 수 없는 것이죠. 자연 속에 인간이 들어가서야 비로소 흔히들 얘기하는 가치관적 선악善惡의 개념이 나왔습니다.

"*자연은 그 자체로는 아무런 의미도 지니지 않은 소위 '베르트프라이하이트'로 존재합니다. 즉 인간이 제멋대로 추상적인 자연상을 설정하고는 그 틀에서 벗어나면 나쁘다고 말하는 식이 되어버렸습니다. 어떤 의미에서는 인간과 자연의 공생에서 필연적으로 발생할 수밖에 없는 문제에 대해서, 과학기술에만 그 죄를 전가해서는 안 됩니다.*" –무라카미 요우이치로

자연은 가뭄이 들고, 천둥이 치거나 혹은 대홍수가 일어나도 그 자체로는 아무런 의미도 지니지 않은 소위 '베르트프라이하이트'[*2]로 존재합니다. 인간적인 가치와는 무관하게 독립해 있던 것이, 인간의 개입에 의해 인간의 가치관에 따라 정의되기 시작한 것이죠.

인간의 개입이란 것 자체가 이미 자연 상태의 변화를 내포하고 있습니다. 문화culture라는 말의 어원은 분명히 '경작하다'라는 의미에서 파생된 것이므로, 인간이 개입하기 전의 자연을 가리키는 것이 아닙니다. 자연은 스스로 경작을 할 수 없기 때문이죠. 따라서 인간이 자연 속에서 살아가는 것 자체가 자연의 상태를 변화시킬 수밖에 없는 것이고, 게다가 문명civilization이라는 것도 어원적으로는 '도시화'이기 때문에, 경작해서 자연을 변화시키고(문화), 많은 인간이 살면서 자연을 바꿔나갈 수밖에 없었던 것입니다(문명). 자연이 변화해가는 동안에 자연의 변화방식에 대한 옳고 그름이라는 판단이 인간의 가치관에 투영되면서 처음으로 그 모습을 드러내게 됩니다. 즉, 인간이 제멋대로 추상적인 자연상을 설정하고는 그 틀에서 벗어나면 나쁘다고 말하는 식이 되어버렸습니다. 어떤 의미에서는 인간과 자연의 공생에서 필연적으로 발생할 수밖에 없는 문제에 대해서, 과학기술에만 그 죄를 전가해서는 안 됩니다. 왜냐 하면 인간이라는 존재 자체가 자연을 변화시키고 있고, 마찬가지로 변화된 자연도 하나의 자연에 지나지 않기 때문이죠.

[*2] wertfreiheit ; 가치관으로부터의 자유.

두 번째로, 자연과 더불어 생활하는 인간은 자연에 대해 항상 똑같은 작용을 가하고 항상 같은 생각을 해왔던 것이 아닙니다. 또 인간 자신도 자연의 일부이기 때문에 자연의 변화와 함께 인간 자신도 변하게 마련입니다. 그렇기 때문에 역사도 존재하고, 현재 우리가 연구하고 있는 '사상사' 도 존재할 수 있는 것이죠.

따라서 우리 후손들은 투구벌레가 있고, 고추잠자리가 날아다니는 자연의 모습이 결코 좋은 것만은 아니라고 생각할 수도 있죠. 그렇다면 현재 우리들이 고향을 그리듯 그리워하는 자연, 소위 파괴되지 않은 환경을 추구한다든가 환경보전을 역설하는 것은 역사적으로 매우 한정된 시점에서의 가치관인 겁니다. 어떤 역사적 시점을 고정시켜 사물과 자연을 바라보는 것은 아닐까요? 다시 말해 일정하게 짜맞춰진 좌표축 위에서만 사고하는 것은 아닐까요?

실례로, 최근 환경보전을 이유로 주택가에 약제 살포를 하지 않고 있어 모기나 파리를 비롯한 독나방의 유충 등이 대량 발생하여 곤란한 상태가 빚어지기도 했습니다. 물론 약제 살포를 하지 않자 고추잠자리의 수가 눈에 띄게 늘었지만, 그 반대의 나쁜 상황까지도 짊어지게 됐죠. 만약에 세월이 흘러 이젠 고추잠자리도 매미도 다 필요없으니까 모기와 독나방만은 어떻게든 처리해 달라고 말하는 시대가 와도 이상할 게 없는 거죠.

이런 의미에서 인간이란 참 이기적이고, 그들의 가치관 또한 시대에 따라 계속 변

"*반과학주의에 대해 제가 '의심스러움'을 느끼는 이유는 뚜렷하게 정리된 형태로 이론화되지 못한 견해들이 많기 때문입니다. 과학이란 어떤 것인지, 그것이 어떤 형태로 기능하고 어떠한 결과를 낳고 있는지를 명확히 지적하고 난 후 이런 점이 잘못되었다는 식으로 주장한 경우는 매우 적어 보여요.*–히로시게 토오루"

합니다. 그런데 인간의 본질은 제쳐두고 단지 과학기술만을 탓하는 반과학주의의 유행에 대해, 저는 왠지 '의심'이 듭니다만…….

히로시게 ___ 반과학주의에 대한 의심스러움은 저도 동감합니다. 제가 느끼는 '의심스러운 점'은 최근에 인기있는 반과학주의의 견해들을 살펴보면 더 분명해집니다. 한마디로 말해 뚜렷하게 정리된 형태로 이론화되지 못한 견해들이 많습니다. 과학이란 어떤 것인지, 그것이 어떤 형태로 기능하고 어떠한 결과를 낳고 있는지를 명확히 지적하고 난 후 이런 점이 잘못되었다는 식으로 주장한 경우는 매우 적어 보여요. 일종의 기분, 감정 표현으로 존재한다고 할까요. 이런 분위기가 확대된다는 사실 자체는 중요하지만, 반과학주의로부터 무언가를 헤아리거나, 비판하거나, 가장 긴요한 것을 얻어내기는 어려운 것 같습니다.

그들은 과학과 기술의 산물이라고 일컬어지는 것에 반감을 갖고 있는 것 같아요. 뭐랄까, 교과서에 적혀 있듯이 과학이 자기 성격에 안 맞는다고나 할까요. 그냥 마음에 들지 않는다는 식인 것이지요. 이런 생각이 '결국 과학만 아니면 무엇이든 좋다'는 거라면 주의하지 않을 수 없죠.

이렇게 아무리 노력해도 평가할 수 없는 점이 존재하기 때문에, 제 입장에서도 반과학주의를 어떻게 받아들이는 것이 가장 효과적인지 갈피를 잡기 힘든 상태입니다.

반과학주의의 입장을 좀더 명확히 보여주는 견해는 없습니까?

이토 __ 반과학주의가 현재의 자연을 변화시키면 안 된다라든가, 혹은 인간을 변화시키면 안 된다라는 이야기만 하고 있는 것은 아니라고 생각해요. 요컨대 한편에서는 약품에 의한 피해, 공해, 환경오염 등 여러 가지 문제점이 실제로 드러나고 있습니다. 그리고 그 문제점들이 인간의 생명을 위협하고 있지요. 물론 이게 우연하게 발생한 것이라면 괜찮겠지만, 사실은 전지구적으로 진행되고 있는 세계의 문제이지요. 따라서 인류의 생태학적 위기, 생존의 위기를 어렴풋이 느끼게 되고, 이러한 사실을 통해 지금까지 자연에 대항해온 인간의 존재방식이 어딘가 잘못된 것은 아닌가 하는 반성의 계기로 삼는다면 반과학운동이 올바른 방향으로 전개될 수 있으리라고 생각합니다.

하지만 중을 미워하니까 가사袈裟*3까지 미워한다는 식으로 단지 심정적으로 대응하는 것은 문제가 있다고 봅니다. 과학이란 것 자체가 마음에 안 들고 괘씸하니까 이제까지의 과학기술은 모두 때려부셔야 한다는 식의 반과학운동은 확실히 단선적인 사상이지요. 향수鄕愁에 기반한 심정주의로는 문제를 해결할 수 없을 뿐 아니라 오히려 역효과를 불러오게 됩니다. 예컨대 산업혁명 시기의 러다이트 운동 등에서 볼 수 있듯이, 하그리브스나 카트라이트가 만든 기계를 부숴버린다고 해서 산업혁명이 사라지진 않죠. 그래도 결국 산업혁명은 진행되었고, 러다이트 운동은 선향線香의 불꽃

*3 스님의 웃옷 위에, 왼쪽 어깨에서부터 오른쪽 겨느랑이 밑으로 걸치는 법복.

그런데 지금까지 반과학운동이 과학을 전면적으로 부정하지는 않았습니다. 그것은 불가능하죠. 또한 새삼스럽게 루소가 말한 것처럼 "자연으로 돌아가자"고 하는 것도 불가능합니다. 따라서 반과학조차도 이제까지의 과학 성과에 입각하고 있어요. 과학의 긍정적인 가치에 대해서는 충분히 평가한다는 말입니다. -이토 준타로

처럼 사라져버렸습니다. 마찬가지로 현대 과학기술의 사고방식에 어떤 부족함이 있는지, 어떻게 하면 그런 단점을 극복할 수 있는지에 대한 적극적인 전망은 결여한 채 현대 문명을 전면적으로 부정하기만 하는 반과학운동은 매우 관념적으로 들떠버린 것이라고 생각합니다. 따라서 반과학운동이 지닌 긍정적인 면과 부정적인 면을 제대로 구별해야겠죠.

무라카미___ 그렇습니다.

이토___ 그런데 지금까지의 반과학운동이 과학을 전면적으로 부정하지는 않았습니다. 그것은 불가능하죠. 또한 새삼스럽게 루소가 말한 것처럼 "자연으로 돌아가자"고 하는 것도 불가능합니다. 따라서 반과학조차도 이제까지의 과학 성과에 입각하고 있어요. 과학의 긍정적인 가치에 대해서는 충분히 평가한다는 말입니다.

그러나 그것으로는 부족하다는 인식을 갖고 과학이 양산한 여러 가지 부정적인 면을 매듭지음으로써, 지금까지의 과학방법, 사고방식, 목적을 근본적으로 다시 구성해 나갈 수 있는 사상과 태도를 적극적으로 만들어내는 것이 중요한 당면과제라고 할 수 있지요.

그렇게 하지 않고 과거의 유산을 사상적으로든 기술적으로든 모두 배척해버리는

반과학운동은 겉으로는 일면 위세등등해 보이지만 실은 매우 퇴영적이어서, 소극적인 태도를 견지할 수밖에 없을 것이라고 생각합니다.

상호보완이 필요하다

히로시게 ___ 방금 이토 씨의 이야기를 들으면서 떠오른 생각인데요. 이제까지의 과학을 평가함에 있어서 무엇이 부족했을까 하는 식으로 문제를 제기하는 경우 약간 이해하기 힘든 부분이 있어요. 과학은 그 강력한 성격 때문에 모든 영역에 침투하는 보편성을 갖고 있습니다. 현재 일본에도 이것이 지나칠 정도로 강력하게 침투해 있는 상황이고, 소위 제3세계 국가들 입장에서는 과학을 더욱더 받아들여서 자신들의 것으로 삼아야 한다는 생각이 당연시되고 있어요. 그것이 문제입니다.

이토 ___ 이른바 근대화 과정이죠.

히로시게 ___ 그렇다면 과학의 어떤 부분이 그토록 강력해서 보편성을 획득하는가에 주목해야 하지 않을까요. 좋은 점도 있지만 나쁜 점도 존재한다는 식의 병렬적인 사고방식이 아니라, 과학이 강력하고 보편적이 된 이유를 밝혀야 하는 것이죠. 그 '이

"간혹, 근대 과학은 서구적 사고의 산물이므로 역시 우리에겐 맞지 않는다라든가, 토속적인 것 속에 긍정적인 요소가 존재한다라는 주장을 듣게 됩니다. 하지만 토속적인 데에만 의지했던 것들 역시, 모두 근대 과학에 정복되어가고 있습니다. 그 이유를 파악하지 않는 한, 이러한 논의에는 늘 의심스러운 점이 따라다닐 것이라고 생각해요. -히로시게 토오루*"*

유' 속에 오늘날 우리가 인식하고 있는 문제의 근원이 존재하는 게 아닐까요.

그런 맥락에서 오늘 논의하는 이 문제야말로 근대 과학의 강력하고 보편적인 부분을 명백히하는 문제와 안팎으로 결부되어 있다고 생각합니다. 간혹, 근대 과학은 서구적 사고의 산물이므로 역시 우리에겐 맞지 않는다라든가, 토속적인 것 속에 긍정적인 요소가 존재한다라는 주장을 듣게 됩니다. 하지만 토속적인 데에만 의지했던 것들 역시, 모두 근대 과학에 정복되어가고 있습니다. 그 이유를 파악하지 않는 한, 이러한 논의에는 늘 의심스러운 점이 따라다닐 것이라고 생각해요.

무라카미__ 맞는 말씀입니다. 과거의 과학으로 다룰 수 없는 것이 무엇인가를 생각하기 시작한 것은 주로 20세기 들어서가 아닌가 합니다. 이를테면 자연을 합리성과 비합리성으로 구분해서, 과학은 합리성을 추구하며 합리성은 과학으로만 파악할 수 있다는 식의 생각이 그것이죠. 그런데 만약 비합리적인 면이 존재한다면, 이런 부분은 아직 남아 있다고 말할 수 있겠지요. 그런데 자연의 일부인 인간이 가진 합리성에 대한 추구, 다시 말해 인간을 합리적인 존재로 만들어가는 역할은 자연과학이 담당했던 것이고, 근대의 유럽 철학 또한 같은 상황이었죠.

현대의 사상적인 외관에 대해 이야기해볼까요. 예를 들어, 광기狂氣 같은 문제가 철학자에게는 아주 중요한 사상 중 하나이지요. 흔히들 이걸 "정신이상"이라고 부릅니다만, 이상과 정상의 차이가 수치에 따른 다수결의 문제라고 한다면, 철학자들은 다수에서 소외된 소수파 안에서 인간의 본질을 보고자 했습니다. 그것이 '광기' 라든가 '정신이상' 을 바라보는 유럽인의 태도였습니다.

이런 경우 분석심리학과 같은 종래의 과학방법에는 전혀 의존하지 않는 듯해요. 그래서 정신이상자가 정상화되는 방향에만 맞춰 효과적인 의료의 역할을 수행하는 분석심리학이 적어도 한 분야에서는 결실을 맺고 있었다는 걸 생각해보아야 합니다. 이런 현상에 대해서 지금까지와 마찬가지로 합리성의 추구라고 하는 자연과학 본래의 의미를 전제로 해서 바라보면, 이 분야에서는 아직까지 연구가 충분치 못했다고 하는 것이 타당한 것일까요? 아직까지 충분한 방법이 고안되지 못하고 있기 때문에 간혹 이런 비합리적인 방법이 성과를 거두고 있는 것일까요? 이도저도 아니라면, 무엇인가가 부족한 것이 아니라, 합리-비합리적인 두 가지의 방법이 상호보완적으로 작용해야 한다는 점이 이 논의에서 하나의 포인트가 된다고 생각합니다.

그래서 현재까지의 방법으로 한다면, 아까 히로시게 선생께서 정리해주셨듯이 주관과 객관, 요소주의, 수량관數量觀에 의한 조작 같은 것에 인간을 끼워 맞추게 되고, 분자생물학이나 대뇌생리학도 결국 이런 틀에 갇히게 됩니다. 또한 이러한 방법론에 근거한 약물요법, 물리요법 등 유효한 수단은 많이 있고, 경우에 따라서는 태아의 유전자를 조절하는 단계까지 가능해질 수도 있죠.

"이것 아니면 저것"이라는 식으로 어느 한쪽을 선택하는 것이 아니라 각각이 가진 의미를 제대로 파악하는 것이 중요하죠. 그렇다고 해서 이것이 소위 말하는 '개량'이라고는 생각지 않습니다. 저 역시 개량주의에는 문제가 있다고 생각하니까요. 상황에 따라 개량해나간다고 해서 문제가 해결되는 것은 아니기 때문이지요. -무라카미 요우이치로

하지만 저는 광기나 정신이상을 그런 방법론만으로 해결할 수 있다는 시각에는 좀 부정적입니다. 결국 종래의 방법과 그에 대한 상호보완적인 방법이 오늘날의 과학기술의 상황에 따라 반과학주의가 아닌 부분에서도 조금씩 생겨나고 있는 것이 아닐까 생각해요.

오늘 논의에서는 '정신의학'에 한정하여 이야기하고 있긴 합니다만, 지금까지의 과학방법을 되짚어간다는 의미가 있는 자리가 될 것 같습니다. 또한 아까 이토 선생께서 말씀하셨듯이, "이것 아니면 저것"이라는 식으로 어느 한쪽을 선택하는 것이 아니라 각각이 가진 의미를 제대로 파악하는 것이 중요하죠. 그렇다고 해서 이것이 소위 말하는 '개량'이라고는 생각지 않습니다. 저 역시 개량주의에는 문제가 있다고 생각하니까요. 상황에 따라 개량해나간다고 해서 문제가 해결되는 것은 아니기 때문이지요. 다만 상호보완적인 형태를 취하는 새로운 방법이 생겨날 수는 있지 않을까, 이미 몇몇 분야에서 그러한 방향성이 나타나고 있지 않은가, 생각할 뿐입니다.

과학의 모델이었던 물리학 방법론이 가진 한계, 그리고 분자생물학의 한계를 정확히 인식하면서도 계속해서 그런 방식으로 해나가는 부분과, 상호보완적인 형태로 새로운 방법론과 전제를 찾아가는 방향으로 나아가고 있다고 볼 수 있습니다. 물론 지나치게 낙관적인 견해는 위험할 수도 있지만, 실제로 그러한 모색이 이어지고 있고, 몇몇 분야에서는 그 싹이 조금씩 틔워져서 앞에서 말한 전선배치를 오히려 사상적인 측면에서부터 바꾸어가고 있지 않나 생각합니다.

이토 __ 그렇습니다. 사상사에선 이미 그런 방향으로 진행해가고 있습니다. 현대 과학의 존재방식 자체를 부정하는 것은 아니지만, 그러한 부정적인 입장에 대해 상호보완적으로 어떤 점을 고려하지 않으면 안 된다든지, 이런 점은 놓치고 있다든지 하는 몇몇 사실들은 이미 나와 있다고 생각합니다. 그 사실들을 저는 대략 세 가지 정도로 생각하고 있습니다.

첫째는, 히로시게 선생께서 처음에 말씀하셨던 '요소주의'의 문제입니다. 이 사상은 17세기 데카르트에 의해 시작되어, 이후 모든 과학자들을 지배했습니다. 이 이론이야말로 강력한 근대 과학을 만들어준 하나의 요인이었습니다. 부분 분석을 명확히 하지 않은 채 전체적인 '형상'만을 이야기하는 것은 어불성설이고, 따라서 요소를 확실히 분석해서 본질을 밝혀내고, 그 구성을 통해서 물질을 규명해나가는 것은 확실히 근대 과학의 유력한 수단입니다. 실제로도 기체분자운동론을 비롯한 다양한 물리학의 영역에서 혁혁한 성과를 거두었지요. 뿐만 아니라 생리학에서는 페르웜[*4]의 세포생리학, 심리학에서는 분트[*5]의 감각심리학에까지 파급되어 여기서도 요소주의적인 연구결과가 발표되었죠. 그러나 요소주의에도 분명 한계가 존재하기 때문에 요소를 분석해서 통합하기만 하면 된다는 것보다는 그 요소의 시스템, 요소의 상호 관련이라

[*4] Max Verworn, 1862년~1921년, 독일의 생리학자.

[*5] Wilhelm Wundt, 1832년~1920년, 독일의 심리학자 · 철학자로 당시까지의 감각생리학과 영국 연상파聯想派의 심리학을 종합하여 실험 심리학을 확립하였다.

사상사에선 이미 그런 방향으로 진행해가고 있습니다. 현대 과학의 존재방식 자체를 부정하는 것은 아니지만, 그러한 부정적인 입장에 대해 상호보완적으로 어떤 점을 고려하지 않으면 안 된다든지, 이런 점은 놓치고 있다든지 하는 몇몇 사실들은 이미 나와 있다고 생각합니다.
–이토 준타로

는 전체적인 배치configuration에 따른 형태를 생각하지 않으면 안 된다고 하는 사고가 다양한 과학 영역에 출현하게 되었다고 생각합니다.

그런데 전체적인 시스템에서의 문제는 그 시스템의 요소간 상호작용이나 전자기적인 상호작용과 같은 것에 한정되어 있었다는 것이죠. 오늘날 시스템을 이해하는 데 가장 중요한 상호작용은 정보적인 것으로, 분자유전학뿐만 아니라 생물의 미묘한 활동도 대부분 이에 기반하고 있기 때문에 물질적 상호작용만으로 사고하는 것은 부족합니다. 그러한 정보적 연관을 피드백 시스템을 중심으로 더욱더 확실히 보여주는 것이 '사이버네틱스'라고 생각합니다. 따라서 사이버네틱스 기계론으로 일컬어지더라도, 만일 기계론이 요소주의적인 것이라고 한다면 그것은 기계론이 아니라 시스템 학문인 것이죠.

그리고 '구조주의'도 이와 같은 방식으로 이야기할 수 있다고 생각합니다. 구조주의에서는 요소에만 주목하는 것은 잘못되었다고 말하고 있습니다. 이는 전체적인 연관을 중시해야 한다는 이야기로 레비스트로스[*6]가 주장한 것이지요. 그는 게슈탈트 심리학[*7]의 영향을 많이 받았으며, 구조주의가 현대 사상의 한 흐름으로 자리잡은 것도 지금까지 이야기한 이러한 상황을 인식했기 때문입니다.

두 번째는 최근 유행하고 있는 방법인 '시스템 과학'을 들 수 있습니다. 예를 들어 '일반시스템론'이 베르탈란피를 필두로 한 여러 학자들에 의해 제창되어 연구되고

[*6] Claude Levi-Strauss, 1908년~1991년, 프랑스의 인류학자. 대표 저작으로는《친족의 기본구조》과《슬픈 열대》등이 있다.
[*7] 심리학의 전통에서 주류파였던 연합주의聯合主義의 요소관要素觀에 대립하여 심리학의 전체관全體觀 · 형태성形態性을 중시하는 입장의 심리학설.

있습니다. 이 이론은 지금까지의 연구대상에서 거의 제외되었던 시스템 자체를 문제 삼고 있습니다. 그래서 요소주의로 충분히 파악할 수 없었던 부분을 시스템적 연관을 통해 사고함으로써 기계, 생체, 사회, 경제 등 각 계통에서 보다 명확히 했지요.

또 한 가지, 관계가 없어 보이면서 관계가 있는 것이 '변증법' 입니다. 이것 역시 루카치*8 등의 해석에 의하면 전체적인 연관을 중요시합니다. 변증법은 하나의 광범위한 이데올로기에 머물러 있기는 하지만, 요소주의에 대한 반성이 존재합니다.

히로시게___ 반기계주의이기 때문이죠. 변증법은 원래 반기계론입니다.

이토___ 그래요. 그런 이유로, 현대의 다양한 과학 사상의 저류에는 낡은 요소주의를 극복하려는 공통적인 움직임이 있다고 말할 수 있는 것입니다.

전체와 부분, 그 연관성의 판별

무라카미___ 지금까지의 논의에서 나온 내용들은 모두 이해가 가고 근본적으로 동의합니다만, 일반시스템론에 있어서는 미심쩍은 부분이 있습니다. 뭐냐 하면, 일반시스템론이 이전의 방법을 상호 보충하는 새로운 흐름이 되기 위해 여전히 무언가가 필요

*8 György Lucács, 1885년~1971년, 헝가리의 마르크스 주의 철학자 · 문학사가文學史家로 대표 저작으로는 《젊은 헤겔》과 《이성의 파괴》 등이 있다.

> *시스템이라는 말 속에 이미 상호연관이 전제되어 있겠지만, 이런 상호연관은 어떤 것과 어떤 것의 연관을 가리킵니다. 여기서 '어떤 것' 이란 요소를 말하는 것이죠. 결국 요소주의가 무엇이건 간에 여기서도 그것이 우선적인 전제라는 데서 출발하고 있는 것이에요.* -무라카미 요우이치로

하지 않은가 하는 점입니다. 시스템이라는 말 속에 이미 상호연관이 전제되어 있겠지만, 이런 상호연관은 어떤 것과 어떤 것의 연관을 가리킵니다. 여기서 '어떤 것' 이란 요소를 말하는 것이죠. 결국 요소주의가 무엇이건 간에 여기서도 그것이 우선적인 전제라는 데서 출발하고 있는 것이에요. 따라서 일반시스템론에 도대체 무엇이 새롭게 첨가되었느냐를 제기하는 요소주의자의 반론은 확실히 힘을 지니고 있다고 생각합니다. 자기들의 소재를 사용해서, 자기들이 하고 있는 작업의 레벨을 단지 한 단계 높인 것에 지나지 않는다고 생각지 않겠어요? 레벨마다 질적인 차이가 발생하는 것은 당연한 이야기일 테고, 과연 무엇이 새롭게 첨가되었는지에 대한 반론도 존재할 수 있습니다. 결국 요소 사이의 상호연관도 요소 자체가 내재하고 있는 성질이라는 것이죠. 다시 말해, 요소 자체가 상호연관 자체 혹은 상호연관이란 기능을 담당하고 있는 것입니다.

이토___ 그러나 전체적인 연관에서는 요소로 환원할 수 없죠.

무라카미___ "환원 불가능"이라는 말씀은 맞습니다. 따라서 환원 불가능한 것과 요소에 의존하는 것 사이에 존재하는 차이를 확실히 해두지 않으면 안 될 것 같습니다. 앞에서 제가 부정적인 시각으로 말했지만, 개인적으로 저는 시스템론에 상당히 흥미

가 있어서 사실 연구해보고 싶은 분야입니다. 그러나 거듭 이야기하지만 어떤 방향으로 진행하더라도 환원 불가능한 것과 요소에 의존하는 것 사이의 차이를 확실히 해두지 않으면 안 되리라 생각합니다.

이토 __ 분명히 전체는 '요소의 연관'입니다. 따라서 요소를 확실히 분석해서 틀어쥐어야만 합니다. 전체를 거론할 경우에 요소를 완전히 무시해버리면 매우 위험하다고 생각합니다. 요소를 완전히 무시한 전체는 드리슈*9의 생기론처럼 '신비적인 전체'로 흐르게 됩니다.

또 한편으로는 요소에 앞선 전체, 요소에 앞선 시스템의 특성이 존재하죠. 이것은 구조주의가 상당히 강조한 것으로, 요소가 이해될 수 있는 것은 전체를 전제로 했기 때문이라는 것이지요. 예컨대 개별 요소가 가진 행동의 특징을 살피다 보니 그것이 전체의 배치 속에서만 이해될 수 있었다는 겁니다. 이것을 뒤집어 생각하면, 결국 전체가 요소를 규정하고 있다는 것이지요. 요소가 전체에 의존하고 있다고 해도 무방하구요. 하지만 이러한 생각도 역시 전체와 부분의 관계를 지니고 있다는 사실을 간과해서는 안 됩니다.

무라카미 __ 그렇군요. 단지 일반론으로만 말하자면, 아무리 생각해도 시스템이란

*9 Hans Adolf Eduard Driesch, 1867년~1907년, 실험발생학 연구의 선구자인 독일의 동물학자이자 철학자. 그는 발생연구를 하면서 기계론적 생명론에 의문을 갖게 되었고, 동적 목적론을 도입하여 엔텔리히Entelechie 인자의 존재를 가정한 신생기론新生氣論을 제창하였다.

저도 심정적 시스템론에는 반대합니다. 종래의 사고방식에 무엇이 진정으로 장점이 될까 하는 시점으로 바라보지 않으면 안 된다고 생각해요. -이토 준타로

것은 새로운 방향이어서, 이 말을 사용하면 종래와는 다른 발상을 할 수 있을 것 같다는 극도로 도식적인 생각 때문에 심정적인 시스템론이 현재 횡행하고 있습니다. 이런 점을 아류 시스템론자들은 반성해야 할 것입니다.

이토__ 저도 심정적 시스템론에는 반대합니다. 종래의 사고방식에 무엇이 진정으로 장점이 될까 하는 시점으로 바라보지 않으면 안 된다고 생각해요.

과학인식론과 과학사회학

이토__ 그럼 이제, 과학의 새로운 사고방식 중 두 번째인 '과학의 성장속도'에 관해 생각해보겠습니다. 이 부분에 대한 연구는 미국과 러시아에서도 진행되고 있는데요. 예를 들어, 프라이스*10 등이 과학지식의 성장속도를 통계적으로 살펴보았는데, 대략 17세기경부터 과학이 급속도로 발전하기 시작했습니다. 대체로 수평적인 발전을 거듭해 오다가, 어느 한 시점에서 수직적인 발전으로 이행한 것입니다. 수직 방향으로 이행한 곡선을 양적인 측면에서 자세하게 분석해보면, '익스포넨셜 커브exponential curve' 임을 알 수 있습니다. 즉 17세기 이후에는 지수함수적으로 발전하고 있다는 것입니다. 대단히 무서운 성장속도인 것이죠. 과학잡지의 수, 과학자의 인구, 여타의 다양한 발명 · 발견

*10 Derek John de Solla Price, 1922년~1983년, 영국 출신의 과학사학자.

의 양 등을 보더라도 지수함수적으로 엄청난 증가를 나타내고 있습니다. 게다가 15년 만에 그 이전의 발전속도보다 두 배나 빠른 속도로 발전하고 있습니다. 결국 15년 전 이래 지금까지의 과학 발전은 17세기 이후의 과학 발전의 양을 능가할 정도로 엄청난 것이어서, 이것이 이런 상태로 지속되리라고는 생각할 수 없습니다.

이러한 성장속도를 유지하자면 매우 기묘한 상황이 발생하게 되거든요. 예컨대 백년도 채 안 되어서 과학자의 인구가 인류 전체의 인구보다 많아지게 되는 거죠. 실제로는 그런 일이 발생할 수 없기 때문에 결국 그렇게 되기 전에 성장속도가 서서히 떨어질 거라고 예상합니다. 일반적으로 지수함수적인 성장에는 포화점이 존재하는데요. 그래서 어느 한계 지점에 도달하면 성장속도가 변곡점을 맞이하게 되어 S자 형태로 구부러집니다. 과학기술의 발전은 서서히 그런 변곡점의 위치에 걸쳐 있는 것이 아닐까요.

방금 거론했던 과학의 성장속도를 계산한 것은 모두 양적인 시점에서였습니다. 예를 들어 과학잡지의 수로 계산한다고 할 때, 각각이 장단점을 갖고 있을 텐데도 모두 같은 한 종류로 계산한 것이죠. 과학자의 인구, 논문의 수를 계산하는 경우도 마찬가지입니다.

과학 성장속도의 양적 증대가 변곡점을 맞이한 시점에서, 처음으로 과학의 질質이 문제가 된 것은 아닐까요. 질이란 단지 논문 수를 늘리면 된다든가, 혹은 어떤 지식이

15년 전 이래 지금까지의 과학 발전은 17세기 이후의 과학 발전의 양을 능가할 정도로 엄청난 것이어서, 이것이 이런 상태로 지속되리라고는 생각할 수 없습니다. 이러한 성장속도를 유지하자면 매우 기묘한 상황이 발생하게 되거든요. 예컨대 백 년도 채 안 되어서 과학자의 인구가 인류 전체의 인구보다 많아지게 되는 거죠. –이토 준타로

라도 새로우면 된다든가가 아니라, 인간에게 적합하게, 즉 인간의 존재방식에 적절히 조화되느냐에 따라 결정된다고 생각합니다. 오로지 양적 증대만을 생각해온 과학발전의 사고방식이 이쯤에서 전환되지 않으면 안 되는 터닝 포인트에 접어들었다고 말할 수 있습니다.

이제 세 번째로 거론하지 않으면 안 되는 새로운 경향에 대해 살펴보겠습니다. 이것은 과학의 존재방식을 객관적으로 분석하는 것이라기보다는 과학에 대한 사고방식이 변화된 것이라고 생각합니다. 조금 전에 히로시게 선생이 말씀하셨던 주관-객관의 문제와도 관련된 것이죠. 이제까지의 과학은, 객관적인 진리로서 인간으로부터 독립해 있는 것, 인간의 다양한 가치 척도로부터도 완전히 독립해서 발전한 것이라는 사고방식이 늘 존재해왔습니다. 하지만 최근에는 과학이 인간적 요소를 배제한 채 독립적으로 발전해왔다는 식의 가치중립價値中立적인 사고방식은 상당히 많이 변화했습니다.

여기서 '변화'라는 건 말하자면 이런 의미죠. 과학의 진리는 인간과 관계없이 자연 자체 속에 존재한다, 그래서 인간이 그것을 발견해나가고, 궁극적으로는 그 자체로 존재하는 진리를 향해 나아간다, 과거에는 이렇게 생각하는 측면이 많았어요. 하지만 이젠 달라졌죠. 과학의 발생 자체가 일정한 시대와 문화적 환경의 산물이기 때문에 이미 어떤 시대, 어떤 사회구성원들의 에토스에 의존하고 있다는 것입니다. 이 점은 막스 베버도 오래 전부터 지적해왔다고 생각합니다만, 근대 과학이라고 하는, 오늘날

보편적으로 통용되는 강력한 지식의 성립 역시 하나의 특수한 역사적 조건에 제약을 받고 있고 그 시대를 살고 있는 인간의 지적 상태와 관계가 있기 때문에 과학을 인간으로부터 분리해서 그 자체로 존재하는 절대적인 것으로 생각할 수는 없다는 것입니다. 즉, 인간이 일정한 시대의 지적 · 사회적 조건하에서 만들어낸, 인간의 입장에선 매우 상대적인 것이라는 사고방식을 받아들인 것입니다. 따라서 인간은 과학이 인간으로부터 독립해서 스스로 비대해지는 것에 대해서도 절대 수수방관하지 않을 것입니다. 현대 과학 또한 인간의 삶에 있어 상대적인 것이라고 한다면, 당연히 그것을 절대적인 것으로서 물신화物神化하지 않고 더 넓은 지평에서 다양한 가능성을 비교해보는 방향으로 변화하게 될 것입니다.

결국 과학의 자리는 인간의 삶 속에 있게 되는 것입니다. 과학 혹은 과학적인 진리란 이제 인간과 따로 떨어져 움직이는 거대한 기계가 아니라, 인간의 지적 · 사회적 관심과 떼려야 뗄 수 없는 것이 되어버린 것입니다.

여기에 관해서는 두 가지 사고 방향이 존재하는데요. 그 한 가지는 인식론적인 연구인 '과학인식론' 이고, 다른 한 가지는 사회학적인 방향인 '과학사회학' 입니다.

먼저 인식론적인 방향에 대해 말하자면, 과학이란 인간의 인식에 일종의 특수한 방향을 부여하는 것이라는 견해입니다. 예컨대 이것은 현상학자인 후설*11이 말년에 쓴 중요한 저작인 《유럽 학문의 위기와 선험적 현상학》에서 과학을 하나의 '이념화' 라

*11 Edmund Husserl, 1859년~1938년, 독일의 철학자.

"결국 과학의 자리는 인간의 삶 속에 있게 되는 것입니다. 과학 혹은 과학적인 진리란 이제 인간과 따로 떨어져 움직이는 거대한 기계가 아니라, 인간의 지적 · 사회적 관심과 떼려야 뗄 수 없는 것이 되어버린 겁니다. 여기에 관해서는 두 가지 사고 방향이 존재하는데요. 그 한 가지는 인식론적 연구인 '과학인식론'이고, 다른 한 가지는 사회학적 방향인 '과학사회학'입니다."
-이토 준타로

고 말하고 있는 것과 일맥상통합니다. 과학은 인간이 추상적으로 이념화한 것이라는 뜻인데, 그런 추상적 이념이 출현하기 전에 '생의 세계'라는 것이 존재합니다. 본래 과학은 생의 지평으로부터 출발하지만, 과학에서 이념화가 진행되면 생의 지반地盤으로부터 분리되어 생의 세계를 압박하는 역전이 일어나는 것입니다. 그 지점에서 유럽 학문의 위기가 잉태되기 시작했다는 것이 후설의 생각이었고, 그래서 그는 인간이 추상적으로 이념화한 과학을 다시 '생의 세계'로 되돌려 생각하자고 요구한 것입니다.

그리고 《과학혁명의 구조》라는 책을 펴낸 미국의 과학사학자이자 철학자인 토마스 쿤*12을 거론할 수 있겠지요. 쿤에 의하면 과학은 반드시 자신의 내재적 원리로 발전하는 것이 아니라 인간이 과학을 연구하는 패러다임에 의존하고 있다고 생각합니다. 이 패러다임 속에는 지금까지 연구된 기성 이론의 짜임새와 그곳에 적용된 과학방법, 그 당시의 지적 환경이 존재합니다. 이 내용들이 패러다임과 상관을 맺고 있는 거죠. 패러다임이란 결코 자연 속에 내재되어 있는 객관적인 것이 아닙니다. 때로는 인간의 지적 관심의 존재방식이나 사회적인 상황에 많은 영향을 받지요. 그래서 과학의 연구 방향은 그 시대의 과학자 집단의 기호와 경향에 지배될 수밖에 없는 것입니다.

이러한 과학 이해의 방향은 핸슨*13의 《과학적 발견의 패턴》을 통해서도 알 수 있습니다. 결국 과학적 인식은 인간의 지적 인식틀과 밀접한 관련을 맺으면서 인간의 지적 짜임새에 의해 과학적 진리가 만들어지고 변화해간다는 관점을 매우 확실하게 드

*12 Thomas Kuhn, 1922년~1996년.
*13 Norwood Russel Hanson, 1924년~1967년.

러내고 있습니다. 이런 방식으로 과학을 이해하는 것은 이제까지의 과학 개념과는 매우 다릅니다. '인간적 요소는 배제시킨 채 그 자체로 존재하는 객관적이고 몰가치적인 것이 바로 과학이다' 라는 사고방식에서 상당히 벗어나 있다는 것이죠. 이것이 바로 '과학인식론' 의 새로운 동향입니다.

그럼 이제, '과학사회학' 에 대해 이야기해보지요. '과학사회학' 은 미국의 머턴*14이 막스 베버의 테제를 계승해서 17세기 영국의 과학, 즉 '과학혁명' 과 프로테스탄티즘 에토스의 관계를 명확히 한 후에 벤데이비드*15의 《과학자의 사회적 역할》, 스토러*16의 《과학의 사회적 시스템》, 라베츠*17의 《과학적 지식의 사회적 문제》 등과 함께 과학발전이란 그 당시의 과학자집단의 운동과 관계 있는 것이라고 파악하는 사고방식입니다. 이 사고방식 역시 과학의 인간적 요소, 즉 과학은 곧 인간집단이 만들어온 것이라는 측면을 상당히 중시했습니다. 이들은 과학이 인간으로부터 유리되어 있지 않으며, 인간의 지적 관심이나 가치관과는 별개로 스스로의 방식대로 운동하는 것도 아니라고 생각했지요. 이로써 과학은 인간의 행위에 의해 다시금 인간의 곁으로 돌아오게 되었습니다.

하지만 이렇게 과학이 인간의 의도에 의해 존재하게 된 이상, 인간은 과학의 장래에 대해 책임의식을 가져야 합니다. 과학은 인간이 어찌할 수 없는 초월적인 것이 아니라 인간의 입장에 따라 매우 가변적이며, 인간이 다양하게 변화시킬 수 있는 부드

*14 Robert King Merton, 1910년~ , 미국의 사회학자로 과학사회학과 사회구조 연구에 큰 공헌을 했다.
*15 Joseph Ben-David, 1920년~1986년, 과학사회학의 주창자이자 주요 이론가.
*16 Norman W. Storer, 미국의 사회학자.
*17 Jerome R. Ravets, 영국에 거주하고 있으며 'Research Methods Consultancy' 의 책임자로 있다.

인식론적 접근과 사회학적 접근, 그리고 문화인류학적 접근을 포함한, 기존의 학문틀에서 벗어난 방법, 소위 학제적인 방법으로 '과학사회학'을 시도하는 프로젝트팀이 최근 유럽에서 꽤 많이 결성되었다는 이야기가 자주 들립니다. -무라카미 요우이치로

러운 것이라는 식으로 사고방식이 바뀌어온 것이라고 할 수 있습니다. 이런 문제를 철학적인 측면에서는 주관-객관의 문제와 연결시켜 말할 수 있죠.

무라카미 __ 방금 하신 말씀에는 전적으로 동의합니다. 특히 마지막 문제를 인식론의 문제와 사회적인 문제로 나누어주셨는데요. 저는 얼마 전에도 비교적 젊은, 물론 젊다고 해도 대학원에서 조교를 하고 있는 사람들입니다만, 두세 명의 유럽인 연구자들과 대화를 나눈 적이 있습니다. 그들에게서, 현재 유럽의 젊은 연구자들이 '과학사회학'에 강한 지배를 받고 있다는 얘기를 들었어요. 저 자신도 예감했던 이야기라 이 주제는 꽤 큰 의미를 지닌다고 생각하는데요. 방금 말씀하신 인식론적 접근과 사회학적 접근, 그리고 문화인류학적 접근을 포함한, 기존의 학문틀에서 벗어난 방법, 소위 학제적인 방법으로 '과학사회학'을 시도하는 프로젝트팀이 최근 유럽에서 꽤 많이 결성되었다는 이야기가 자주 들립니다.

만약 과학이 자연 속에 내재해 있는 진리를 밝혀내는 행위라고 하면, 과학사회학적인 접근을 하는 것은 넌센스가 되어버리고, 과학은 단지 자연을 관찰하는 데 머무르고 말죠. 그러나 이런 경향이 강하게 대두되는 것은, 과학이 단지 자연 속에 내재된 진리를 밝혀내는 게 아니라는 전제의 확고함을 반증하는 증거라고 생각해요. 여기에 우리가 과학을 탐구할 때의 커다란 단서가 있을 것 같아요.

그리고 이것은 정말로 개인적인 해석입니다만, 방법론으로서 주관(인간)과 객관(자연) 같은 사고방식 자체가, 이런 새로운 도식 속에서 제기되고 있는 것은 아닐까요. 결국 과학 자체가 주관과 객관의 문제를 내포하고 있다는 점, 그리고 우리가 환경 속에 포함된 하나의 개인이라고 하는 발상 속에는, 과학에서 생각만큼 명쾌한 결론을 이끌어내기 어렵다는 사실을 보여주는 게 아닐까요.

이것은 말하자면 18세기까지의 공리공식과 같은 것인데요. 이 좌담회 초반에 히로시게 선생께서 말씀하셨듯이 이런 공리공식이 여러 면에서 제기되고 있습니다. 물리학 안에서 거론되는 '관측의 문제'가 이런 문제와 어떻게 연결되는가에 대해서, 그것을 너무 쉽게 연결시키는 경향이 있는 것 같고, 또 가볍게 말할 수 없는 부분도 있습니다.

심리학적인 차원에서 의식이나 심리라는 것이 개인에게 내재해 있는 것인가 아닌가, 또한 뒤르켐*[18]이 말하는 집단의식이라는 것이 과연 개개인이 갖고 있는 의식의 총합으로 파악될 수 있는 것일까, 하는 점을 생각해보면 반드시 개인과 환경이란 이분법 안에서 생각할 수는 없을 것 같습니다. 이러한 반성, 즉 의식이라고 하는 것 자체도 결국 개인이면서 동시에 환경, 결국 일종의 사회공간으로서 존재하고 있다는 자각, 개인이라고 하는 것은 사회공간의 특이점이란 발상이 조금씩 제시되고 있어요.

이런 흐름 또한 인식방법 자체에 대한 새로운 접근이며, 과학 분야 전반에도 조금씩 스며들고 있는 것 같아요. 이런 입장에서는, 가치 문제 또한 일정한 사회공간이 갖

*[18] Émile Durkheim, 1858년~1917년, 프랑스의 사회학자.

> *자연과학은 객관화의 방향으로 강한 드라이브가 걸려 있어서 객관의 세계는 계속 넓게 확장되고 있는 반면에, 주관은 실제로 주관이라는 단어에 갇혀서 결과적으로는 이 양자가 객관의 세계로 묘사되는 상황에 놓여 있는 것 같아요. 결국 과학 발전의 역사란 것은, 주관의 영역을 삼켜 주관을 객관의 세계로 흡수하는 과정이었다고 생각합니다만, 현재는 이런 도식 자체가 문제가 되어버렸지요. –무라카미 요우이치로*

는 하나의 지향성, 즉 방향성에 의해 지배받지요. 따라서 그 속의 특이점인 개인이 그러한 지향성을 갖는 것은 당연히 '중립' 으로 불리지만, 일단 그 공간으로부터 벗어나면 이것 역시 하나의 방향이며, 결코 보편적이지 않음을 알 수 있어요. 그렇기 때문에, 조금 다르게 표현하면, 자연과학은 객관화의 방향으로 강한 드라이브가 걸려 있어서 객관의 세계는 계속 넓게 확장되고 있는 반면에, 주관은 실제로 주관이라는 단어에 갇혀서 결과적으로는 이 양자가 객관의 세계로 묘사되는 상황에 놓여 있는 것 같아요. 결국 과학 발전의 역사란 것은, 주관의 영역을 삼켜 주관을 객관의 세계로 흡수하는 과정이었다고 생각합니다만, 현재는 이런 도식 자체가 문제가 되어버렸지요.

즉 이토 선생이 말씀하신 "터닝 포인트에 접고들고 있는 듯한 예감"이란 이런 게 아닐까요? 다시 말해, 주관과 객관 사이의 문제는 객관이 주관을 삼켜버린 데 있기 때문에, 그렇지 않은 방법을 모색하려는 것이죠.

과학의 본질적인 발전이란 무엇인가?

히로시게___ 마치 오늘 좌담회를 정리하는 듯한 말씀이었습니다. 이토 선생과 무라카미 선생이 말씀하신 과학에 대한 새로운 견해, 즉 과학에서 진리는 자연 자체에 처음부터 내재되어 있던 것을 인간이 발견해낸 것이 아니라, 인간과 지극히 상대적인 관계를 맺고 있다는 점은 저도 과학사 연구를 통해서 진작부터 강하게 느껴왔습니다. 과학의 새로운 방향을 개척하려면 아무래도 이쪽 방면에서 길을 찾아야 한다고 생각합니다. 굳이 덧붙일 말은 없지만, 앞서의 말씀에서 제가 한 가지 깨달은 점이 있습니다.

이토 선생이 아까 '과학의 양적 발전의 가치' 가 지수함수적으로 증대한다는 점을 지적하셨습니다. 지수함수 곡선에 따라 현 상태대로 계속 증가하면, 예컨대 과학자의 수가 전 인류의 수보다도 많아지게 되어 어느 시점에 다다르면 포화 상태가 된다고 하셨습니다. 정말 재미있는 사실은, '과학자의 수' 나 '발표된 과학 논문의 수' 와 같은 것, 즉 양적으로 계산할 수 있는 것으로 과학 발전을 바라보면 어디에서나 지수함수적 성장을 목격할 수 있다는 점입니다. 그런데 어느 특정한 분야를 파고들어 그 역사를 자세히 살펴보면, 결코 지수함수적인 발전을 이루고 있지 않은 것 같아요.

지금으로부터 약 100년 전에서 50년 전까지 있었던 일만 살펴봐도, 그 사이에 엄청난 대발견이 이어졌어요. 전혀 새로운 연구 영역이 탄생하여, 사물을 보는 관점에 새로운 지평이 열렸습니다. 한편 20세기가 되자 뚜렷한 양적 증가도 나타납니다. 그러나 질적으로 보면 의외로 침체되어 있습니다. 사실 저도 최근에서야 깨달은 것인데요. 잘 알려진 것처럼 물리학에서의 새로운 움직임은 19세기부터 시작되었습니다. 그것은 헤르츠의 전자파 발견이 이루어진 때와 비슷한 시기라고 생각되는데, 역학이 전부였던 상황에서 전자적인 전자장 등 새로운 것이 출현한 것입니다. 그리고 X선, 전

양자역학 성립 이후부터 1960년까지, 그리고 그 이후부터 현재까지, 대략 반세기 동안 물리학에서 얼마만큼 본질적인 발전이 있었는가를 생각해보면 그다지 별볼일 없었어요. 1900년을 전후한 시기와는 아예 비교조차 불가능하죠. 그러나 '기술적 응용' 이라는 측면에서는 엄청난 성장을 이루었어요. 따라서 인간의 지적 세계 확장이라는 의미에서의 발전은 현재도 여전히 포화상태인 것이죠. -히로시게 토오루

자, 방사능이 잇따라 발견되어 상대성 이론이 탄생했습니다. 양자의 존재는 양자역학을 출현시켰고, 양자역학이야말로 20세기 물리학을 대변하는 큰 특징이 되었지요. 그 기간은 단지 35년에 불과합니다. 양자역학이 출현한 시점으로부터 계산하자면 1960년에 일어난 일이죠.

현재의 시점에서 따져보면, 그 시점에서 10년 이상의 시간이 지나버렸어요. 그런데 양자역학 성립 이후부터 1960년까지, 그리고 그 이후부터 현재까지, 대략 반세기 동안 물리학에서 얼마만큼 본질적인 발전이 있었는가를 생각해보면 그다지 별볼일 없었어요. 1900년을 전후한 시기와는 아예 비교조차 불가능하죠. 그러나 '기술적 응용' 이라는 측면에서는 엄청난 성장을 이루었어요.

따라서 인간의 지적 세계 확장이라는 의미에서의 발전은 현재도 여전히 포화상태인 것이죠. 한편 이토 선생과 무라카미 선생이 말씀하신 것처럼 과학을 파악하는 방법이 새롭게 바뀌고 있습니다. 이런 의미에서, 바야흐로 우리들은 확실한 터닝 포인트에 접어들고 있는 게 아닌가 하는 말씀을 전하면서 이 자리를 정리하겠습니다.

[1975년~2002년의 과학을 개관하며]

이 책의 초판은 1975년에 나왔고, 1996년에 개정신판이 나왔다. 개정신판이 나온 지 벌써 7년, 과학은 급속히 새로운 영역을 개척해가고 있다. 새로 출간하는 2002년 판에서는 수학, 물리학, 그리고 생명과학의 영역에서 거둬들인 몇 개의 성과를 추가하였다. 여기서는 그 사상적 의의를 고찰해두고자 한다.

[수학]

지난 27년간 수학의 커다란 문제들 중 몇 가지가 증명되었다. 예를 들어, 1976년 일리노이 대학교의 하켄*1과 아펠*2에 의해 '사색四色 문제'*3가 증명되었고, 1994년 프린스턴 대학교의 와일스*4에 의해 '페르마의 대정리'가 증명되었다. 후자가 전형적인 수학적 증명이었던 데 비해 전자는 그와 상당한 차이를 보였다. 왜냐 하면 전자는 컴퓨터에 의한 증명이었기 때문이다. 이 무렵, 인간의 순수한 사고에 의하지 않은 것은 수학적 증명이라고 할 수 없다는 반대 의견이 나왔다. 아울러 이러한 결과는 뛰어난 통찰에 의한 것이 아니라 단지 기술에 의존한 것, 영감이 아니라 인내로 얻어낸 것이라는 평가도 나왔다. 그리하여 이 증명은 다시 '수학적 증명이란 무엇인가'라는 문제를 제기하는 계기가 되었다.

1978년, 미국의 수학자이자 논리학자인 괴델*5이 프린스턴에서 사망했다. 이 사반

*1 Wolfgang Haken, 1928년~.
*2 Kenneth Appel, 1932년~.
*3 세계지도를 그릴 때 이웃나라를 구분해주려면 최소한 네 가지 색깔이 있어야 한다는 이론.
*4 Andrew Wiles, 1953년~.
*5 Kurt Gödel, 1906년~1978년, 그는 모든 것이 한계가 있는 한 모순 없는 수학이론은 불완전함을 밝혔다.

세기 동안 괴델이 이룬 성과는 다양한 영역에서 채택되었고, 20세기의 수학 · 논리학에서 가장 심원한 지적 혁명이었다는 평가를 받았다. 1930년~1931년에 걸쳐, 괴델은 힐베르트의 수학적 기법을 사용해 힐베르트의 형식주의 프로그램이 실행 불가능한 것임을 보여주는 두 개의 정리, 즉 완전성 정리와 불완전성 정리를 확립했다.

괴델의 불완전성 정리에 대응하는 결과를, 앨런 튜링*6은 만능계산기의 '정지문제'를 결정불능으로써 증명하였다. 그러나 1980년대 후반, 체이틴*7이 보다 간결한 방법으로 프로그램의 '정지확률'을 랜덤random으로 새롭게 증명해냈다. 그는 이 결론을 토대로 산술에 관한 부정방정식의 해답이 랜덤임을 나타냈으며, 고전물리학이나 양자역학뿐 아닌 순수수학에서 수론의 핵심 부분에도 랜덤니스randomness가 존재하고 있으며, 이는 실험적 연구로만 확인할 수 있다고 밝혔다.

[우주론]

우주론 연구자들도 눈부신 성과를 이루어냈다. 1981년에 도쿄 대학교의 사토 카츠히코*8와 MIT 교수인 구스*9는 독자적으로 우주팽창 이론을 발표했으며, 뜨거운 빅뱅 모델로는 설명할 수 없었던 '지평선 문제'나 '평탄성 문제'를 합리적으로 설명하는 길을 열었다. 이와 같은 팽창 메커니즘에 대한 논리적 고찰로부터 '우주 다중발생'의 가능성이 열렸으며, 우리의 우주관도 크게 바뀌었다. 즉, 우리의 우주는 무수한 우주 가운데 하나라는 우주관—어디까지나 논리적 가능성일 뿐이지만—이 제시된 것이다.

우주에 대한 초기의 논리적 연구는 더욱 진전했으며, 우주생성이라는 가장 근원적

*6 Alan Mathison Turing, 1912년~1954년, 영국의 수학자 · 물리학자. 계산기가 어디까지 논리적으로 작동 가능할까에 대하여 처음으로 지적인 실험을 한 학자로 유명하다. 평생 독신으로 지내다가 음독자살로 생을 마쳤다.

*7 Gregory Chaitin, 컴퓨터 과학자이자 수학자인 그는 뉴욕 IBM의 왓슨 연구소에서 일하고 있으며, 1960년대 중반에 알고리드믹 정보이론(AIT)을 창안했다.

*8 佐藤勝彦 ; 1945년~ , 우주론, 우주물리학으로 인플레이션 우주론을 제창했다.

*9 Alan Harvey Guth ; 우주팽창 이론을 개척해 빅뱅의 메커니즘을 심도 있게 이해할 수 있는 방법을 제시했다.

인 문제를 밝히고자 하는 연구도 이어졌다. 1982년 빌렌킨[*10]이 〈무로부터의 우주생성〉을 발표했으며, 1983년 스티븐 호킹[*11]은 하틀[*12]과 공동으로 〈우주의 무경계 가설〉[*13]을 발표했다. 이는 시공時空 발생 이전의 양자우주에 관한 연구성과이다. 무로부터의 우주생성은 무의 상태로부터 양자역학의 터널 효과에 의해 우주가 생겨났다는 것을 논한 것이다. 그리고 이 연구결과 역시 "우주는 다중으로 발생한다"는 것을 드러내주었는데, 즉 우주는 이중의 의미로 다중발생한다는 것이었다. 또한 무경계 가설에 의하면 우리의 우주는 닫힌 우주이고, 이 우주는 먼 미래에는 수축하게 되어 큰 위기를 맞게 될 것이라고 예측하고 있다. 아직까지는 이론에 불과한 이야기이지만, 그들의 가설에 따르면 우리의 우주는 무로부터 발생하여 점점 소멸해가고 있고, 이 생성과 소멸의 프로세스는 수없이 많은 우주에서 행해지고 있는 것이다.

우주론은 이미 다양한 이론적 성과를 거두었다. 그런데 1990년대에 들어서면서 다시 관측의 시대로 돌입했다고들 말한다. 1990년에 미국이 쏘아올린 '허블 우주망원경'은 1993년 말에 우주비행사에 의해 수리되어 명료한 영상을 지상에 보낼 수 있게 되었다. 같은 해인 1990년, 하버드 스미스소니언 천체물리연구센터의 연구 교수인 마거릿 겔러와 후크라 등은 3억 광년이나 되는 크기의 시트 상태의 은하 분포 '그레이트 월'[*14]과 은하가 거의 존재하지 않는 '보이드'[*15]의 존재를 밝혀냈다. 1992년에 미국이 쏘아올린 우주배경복사[*16] 탐사위성(COBE)의 관측에 의해 우주배경복사의 흔들림이 발견되었다. 이 흔들림의 존재는 팽창이론을 지지하는 것이면서 다크 매터Dark Matter(암흑 물질)가 이 우주에 대량 존재한다는 것을 의미하는 것이었다. 1996년에는 지하 1000미터의 순수한 물이 주입된 우주선宇宙線 관측장치 슈퍼카미오칸데[*17]가 관측을

[*10] Alexander Vilenkin, 1949년~, 현재 미국 터프츠 대학교의 물리학과 교수로 재직중이며, 우주론과 양자장 이론을 연구중이다.

[*11] Stephen William Hawking, 1942년~, 영국의 우주물리학자로 '특이점特異點 정리', '블랙홀 증발', '양자우주론量子宇宙論' 등 현대 물리학계에 세 가지 혁명적 이론을 제시하였다.

[*12] James Hartle, 현재 캘리포니아 주립대학교의 산타바바라 분교에서 강의하고 있으며, 중력파와 블랙홀의 이해에 중요한 공헌을 했다.

[*13] 시공간이 유한하지만 경계는 없다는 주장으로서, 호킹의 후반기 우주론의 주요 골자.

[*14] Great Wall ; 거대한 장벽.

[*15] Void ; 은하가 없는 지역을 부르는 말로 은하 규모보다 작은 빛을 내는 천체가 존재한다.

[*16] 1948년에 미국의 물리학자 알퍼Ralph Asher Alpher(1921년~)와 허먼Robert Herman(1914년~)은 빅뱅 당시 나온 복사는 우주가 팽창하면서 냉각되었을 것이기 때문에 현재 남아 있는 복사의 잔해는 절대온도로 약 5K 정도 될 것이라고 예측했다. 이들의 예측은 1965년에 벨 연구소의 연구원들에 의해 확인되었다.

[*17] 일본 쓰쿠바 시의 250킬로미터 떨어진 지하관측 검출기.

시작, 뉴트리노론[*18] 연구에서 눈부신 성과를 이루어냈다. 또한 하와이 섬 마우나 화산 산정에서는 1996년부터 직경 10미터의 켁 망원경[*19]이, 1999년부터는 직경 8.2미터의 묘성昴星 망원경이 설치되어 관측을 시작하고 있다.

2001년에는 허블 우주망원경이 1997년에 찍은 초신성[*20]의 관측 데이터 분석을 통해 우주의 팽창이 가속화되고 있다고 보고하였다. 관측 데이터를 합리적으로 설명하는 데에는 아인슈타인 방정식의 우주항이 있는 편이 자연스러웠다고 한다. 이 우주항은 정적 우주상宇宙像을 얻기 위해서 아인슈타인이 도입했는데, 나중에는 '최대의 실패'로 평가받았다. 이 우주항에 상당하는 에너지는 다크 에너지dark energy로 불리면서, 많은 주목을 받고 있다. 그렇다면 관측적 관점에 입각한 우주의 표준이론은 이 이론으로 새롭게 바뀌는 것일까.

소립자론 분야에서는 1994년 4월에 페르민 국립 가속기 연구소에서 톱쿼크top quark가 발견되었던 것을 언급하지 않을 수 없다. 이미 1964년에 겔만[*21]과 츠바이크[*22]가 독자적으로 발표했던 쿼크 이론에 의해 쿼크가 존재할 것이라고 예상하고 있었다. 6개의 쿼크 가운데 5개는 발견되었으나, 마지막 한 개가 좀처럼 발견되지 않았다. 배로[*23]는 플라톤식의 접근은 1970년대 후반 이후의 소립자 물리학에서 그 정점에 달했다고 진술, 소립자 물리학 연구방법의 사상적 배경을 다음과 같이 지적하고 있다. 즉, 플라톤적 자연인식의 전통에서는 공간이나 시간을 지배하고 있는 자연법칙의 탐구를 보존량의 탐구로 발전시켰으며, 나아가 어떤 종류의 대칭성이 보존된다고 하는 '게이지 이론'으로 발전시켰다는 것이다. 그러나 무엇보다 이 방법에 의한 소립자 물리학의 성과는 새로운 입자의 발견임에 틀림없다.

[*18] neutrino theory ; 중성미립자론.

[*19] 이 망원경은 W. M. Keck 재단으로부터 1억 4000만 달러를 기부 받아 하와이 마우나케아 봉(약 4200미터) 정상에 세워진 쌍둥이 망원경(켁I은 1993년 5월, 켁II는 1996년 10월).

[*20] SUPERNOVA ; 신성(NOVA)은 이제껏 보이지 않다가 새로 나타났기 때문에 붙여진 이름이고 초(SUPER)가 붙은 이유는 그 밝기가 엄청나기 때문에 붙는 이름이다. 한마디로 초신성은 '폭발하는 별' 이란 뜻이다.

[*21] Murray Gell-Mann, 1929년~, 미국의 이론물리학자로 〈소립자의 분류와 상호작용에 관한 발견〉으로 1969년 노벨 물리학상 수상.

[*22] George Zweig, 미국의 물리학자(1937년~).

[*23] John D. Barrow, 1952년~.

1998년에 뉴트리노의 유한질량의 증거가 나타난 사실도 중요하다. 이것에 의해 뉴트리노의 질량을 제로로 해서 만들었던 종래의 소립자 표준이론은 갱신되지 않으면 안 되었다－특히, 뉴트리노론의 진행방향은 왼쪽 스핀[*24]만을 갖고 있기 때문에 왼쪽 스핀을 갖지 않는다고 여겨졌던 반전성parity 비보손非boson 붕괴를 하게 되었다. 게다가 우주론에서도 다크 매터의 연구가 진전되고 있으며, 우주의 미래에 대한 논의, 즉 우리의 우주는 열려진 우주인가, 닫혀진 우주인가 하는 논의도 새로운 국면을 맞고 있다. 또, 뉴트리노 질량에 대한 정밀 측정, 특히 우주 임계밀도에서 뉴트리노가 어느 정도 점유하고 있는가 하는 문제 등도 해명되고 있다.

중력 이외의 세 가지 힘, 즉 전자기력, 약력弱力, 강력强力을 통일한다고 하는 대통일이론GUT의 사고방식은 1974년 글래쇼[*25]가 모델화시켰던 것을 받아들이면서 시작됐다. 1976년에는 페르미온 입자fermion와 보손 입자boson 사이의 대칭성을 가정한 초대칭성을 도입한 초중력이론이 등장했으나, 무한대가 속출하여 실패로 끝났다.

1983년에는 유럽 원자핵공동연구소(CERN)의 루비아[*26]팀이 W입자와 Z입자를 발견했고, 와인버그－살람의 전약이론[*27]을 실험적으로 증명했으며, 전자기력과 약력을 통일했다. 이러한 성과로 루비아는 다음 해, 노벨상을 받았다.

1984년, 소립자론과 우주론 양쪽 분야에 깊은 관계를 맺는 초끈이론이 쉬바르츠[*28]와 마이클 그린[*29]에 의해서 발표되었다. 초끈이론은 초중력이론을 대신할 유망한 이론으로 받아들여졌다. 초끈이론은 강력을 설명하기 위해 만들어진 끈이론이 초대칭성을 도입, 우주의 이론으로서 다시 태어난 것으로, 여기서 모든 소립자는 초현初弦을 전파하는 파동으로 기술되고 있다. 초끈이론은 일반상대성이론과 양자역학을 함께

[*24] spin ; 소립자를 비롯한 원자적 입자의 기본 성질을 나타내는 물리량.

[*25] Sheldon Lee Glashow, 1932년~ , 미국의 이론물리학자로 약력과 일렉트로마그네티즘의 통일을 설명하기 위한 약전하이론의 기초를 구성하는 데 노력을 기울였다.

[*26] Carlo Rubbia, 1934년~, 이탈리아의 물리학자.

[*27] 전기양자역학이란 빛과 물질이 어떻게 상호 작용을 하며 어떻게 존재하는가를 이해하는 이론인데, 1967년 미국의 와인버그－살람Weinberg－Salam 교수는 이 이론을 더욱 발전시켜 방사선 동위 원소에서 방출되는 알파 및 베타선을 이해하는 데까지 연장시키는 전약이론을 제창하였다.

[*28] John Schwarz, 미국의 이론물리학자로 초끈이론의 공동 창안자 중 한 사람이며 현재 칼텍CalTech의 교수로 활동중이다.

[*29] Michael Green, 현재 영국 케임브리지 대학교의 이론물리학 교수로 활동중이다.

설명할 수 있고, 이것에 의해 시공 탄생 시점의 우주도 파악될 수 있다고 해서, '만물 이론theory of everything'이라 부르며 기대를 거는 사람들도 있다. 옛부터 만물의 궁극은 입자라고 생각되어왔는데 만물이론에서는 이 입자가 끈으로 바뀌게 된다. 그러나 초끈이론의 이론적인 개척은 극히 곤란한 상태에 다다랐으며, 또한 직접적인 실험 검증도 불가능하다고 생각되고 있다. 이론의 개척에 있어서는 '논리의 훌륭함이 진리의 목표'라는 생각으로 논리적 완결성을 추구하고 있고, 실험적 측면에 있어서는 어떤 이론을 채용했을 때 예상되는 현상을 실험이나 관측에 의해 포착해 이것을 간접적으로 검증할 수 있는 가능성을 모색하고 있다.

우주론이나 소립자론은 궁극의 물리학이론이나 궁극의 소립자의 탐구, 결국 단순성單純性을 탐구하는 연구를 크게 진전시켰다. 또한, 현재 시점에서 지난 27년을 돌이켜보면, 복잡성 연구에 있어서도 커다란 진전이 이루어졌다고 생각한다. 일례로, 수학과 컴퓨터의 결합을 통해 복잡계를 다루는 카오스 이론이 탄생되었으며, 결정성과 예측성이 항상 연관되는 것은 아니라는 중대한 결론에 다다랐다.

우주론이나 소립자론은 이렇듯 급속하게 거대과학화되었다. 이와 달리 1986년의 고온 초전도 현상*30의 개발은 대학교 연구실에서 쉽게 그 재료를 조정할 수 있으며, 게다가 연구자의 감각과 방법이 충분히 살아날 여지가 남아 있었다. 게다가 고온 기록은 계속해서 갱신되고 있었다. 과학이 거대과학화를 강화시키고 있던 시기에, 이와 같은 기초 연구가 소규모로 진행되고 있었다는 것은 무척 흥미로운 일이다.

*30 물질에 따라 전기저항의 값이 크게 달라진다. 그런데 어느 온도 이하에서는 전기저항이 없어지는 물질이 1911년 네덜란드의 과학자 오네스(Heike Kamerligh Onnes, 1853년~1926년)에 의하여 발견되었다. 오네스는 수온을 액체 헬륨으로 냉각시키면서 전기저항을 측정하여 약 -269℃에서 전기저항이 0이 되는 현상을 발견하였는데, 이것을 초전도 현상이라고 부르고 이런 성질을 나타내는 물질을 초전도체라고 하였다. 초전도체로 만든 전선을 써서 송전을 한다면 전기저항에 의한 열손실이 없이 송전되므로 지금보다 에너지 손실을 줄일 수 있다. 그러나 초전도체는 -269℃까지 극저온으로 내려야 만들 수 있다는 어려움과 액체 헬륨의 값이 비싸기 때문에 많은 과학자들은 보다 높은 온도에서 초전도 현상을 나타내는 고온 초전도체를 발견하기 위해 노력을 기울이고 있다.

[생명과학]

생명과학의 발전 역시 혁명적이었다. 1973년 코헨*31과 보이어*32에 의해 DNA 재조합 기술이 확립되었으며, 1980년대 후반에 폴리메라아제 연쇄반응법(PCR)이라고 하는 기술이 개발되어 생물의 DNA를 해석할 수 있는 길이 열렸다.

1974년 폴 베르크*33를 선두로 한 과학자들이 다른 종간의 유전자 재조합에 관한 부분에 경종을 울렸으며, 전미全美 과학아카데미는 문제점이 밝혀질 때까지 특정 연구를 금지한다고 하는 가이드 라인을 정리했다. 이것은 과학자가 자신의 손으로 과학연구를 동결한다는 결단을 내린 것으로, 과학 역사상 처음 일어난 대사건이었다. 그 후, 연구는 안전성을 확인해가면서 개방되어 '바이오테크놀로지'라는 새로운 과학기술 영역이 열렸다. 바이오테크놀로지는 곧바로 의학 · 약학, 농업 · 축산, 공업 · 광업의 모든 분야로 침투해 들어갔다. 생명과학의 경우, 테크놀로지의 발전과 기초 연구는 밀접하게 일체화되어 있었으며, '새로운 지식은 새로운 기술을 생산하고 새로운 기술은 다시금 새로운 지식을 갖게 한다'는 특징을 갖는다.

그간에 이룬 생명과학의 최대 성과는 무엇보다도 '인간게놈 프로젝트'의 성공일 것이다. 인간게놈 염기배열의 해독작업은 1980년대 후반 미국에서 시작되었다. 수많은 국가의 연구자들이 이 연구에 참가 의사를 밝혔으며, 1990년에 국제 공적 기관(국제 인간게놈 염기배열 결정 컨소시엄)의 '인간게놈 프로젝트'가 정식으로 발족되었다. 15년간 인간게놈의 30억 염기대*34를 모두 해독한다는 목표로 시작했는데, 그 계획이 벌써 달성되어 2000년 6월 '인간게놈 개요판'을 성공시켰으며 2003년에 완전판이 완성될

*31 Stanley Cohen, 1922년~, 미국의 생화학자로 1962년에 상피세포성장인자Epidermal Growth Factor를 생쥐의 침샘에서 처음 발견했으며, 이 공로로 1986년에 노벨 의학상을 수상했다.

*32 Herbert W. Boyer, 미국의 학자로 바이오테크놀로지 영역의 개척자 중의 한 사람으로 1977년 인간의 유전자를 대장균에 삽입하는 데 성공했다.

*33 Paul Berg, 1926년~, 미국의 생화학자.

*34 유전자의 길이를 셈하는 단위로 DNA 한 짝을 한 염기로 셈하고 있다.

예정이다.

인간을 게놈 레벨로 이해하려는 이 계획에 대해서는 당초 찬반 양론을 비롯해 여러 의견이 분분했다. 생명체에 대한 기초 연구부터 의학에까지 이르는 다양한 혜택을 들며 찬성하는 사람들도 있고, 이것이야말로 "현대 과학에 의해 스스로를 안다"는 명제를 추구하는 것이라는 근본적 의의를 들어 찬성하는 사람들도 있다. 반면 반대 의견도 다양한데, 특히 결함유전자를 가진 인간에 대한 배척으로 이어질 가능성 때문에 의구심을 품은 이들도 있다.

실제로 게놈 프로젝트의 전개과정에서 다양한 사회 문제가 구체적으로 나타났다. 유전자 특허의 문제, 프라이버시 확보나 알 권리와 모를 권리 등을 포함한 생명윤리나 법률의 문제 등 그 현실적 중요성은 계속해서 증대되고 있다. 일례를 들자면, 1998년에 아이슬란드에서 성립된 '국민 건강 데이터베이스 법'이 있다. 이것은 모든 아이슬란드 국민의 건강 의료 데이터를 입력한 데이터베이스를 구축한다는 법률이다. 그런데 그 데이터베이스를 구축하는 과정에서 그 사업을 정부로부터 위탁받은 사기업 제코드제네틱스 사가 단독으로 진행하여, 그 담보로 데이터의 독점적인 판매권을 부여받았다. 이것과 유사한 프로젝트가 에스토니아*[35], 스웨덴, 뉴펀들랜드*[36] 등에서도 기획되고 있다. 인간의 DNA에 쓰여진 정보가 디지털화되어, 국가의 위탁을 받은 사기업이 그 관리, 운용을 맡는다고 하는 이러한 사태에 대해서는 불안과 위험을 느끼지 않을 수 없다.

포스트게놈 연구도 이미 시작되고 있다. 그 첫 번째는 유전자의 기능 해석, 두 번째는 단백질의 입체구조 해석, 그리고 세 번째는 SNP(일염기다형) 해석이다. 이것을

*35 발트 3국 중 가장 북쪽으로 위치하고 있는 나라로, 인종은 다른 발트민족과는 달리 핀란드 계열의 우그르핀족에 속하며 소련에서 독립한 이후 북유럽과의 활발한 교역활동을 하고 있으며, 동유럽 국가 중 최초로 유럽연합 가입을 목전에 두고 있는 나라.

*36 뉴펀들랜드 섬은 세계에서 10번째로 큰 섬으로, 1949년에 10번째로 캐나다 연방에 포함되었다.

위한 기초 연구는 유전자 검사에 입각한 예방 의료나 유전자 치료, SNP 해석에 입각한 주문형 의료에 적용되고 있고, 제약에서는 게놈 신약 개발 등의 응용연구에 직결되고 있다. 게놈 연구는 인간게놈의 해독만으로는 성립될 수 없다. 다양한 생물종의 게놈을 해독하고 비교 연구하는 '비교게놈'의 성립이 필요한 것이다. DNA 레벨에서의 비교 연구에 의해서 생명의 기원과 진화라고 하는 장대한 연구의 기초가 이루어지게 될 것이다.

유전자 치료는 인류를 괴롭혀왔던 유전병을 치료하는 길을 열어, 불치병으로 고통받던 사람들에게 기쁜 소식을 전해줄 것이라는 기대와 함께 시작되었다. 1990년 미국 국립보건원(NIH)의 프렌치 앤더슨*37 등에 의해 단인자성 유전병*38인 ADA결핍증*39에 대한 세계 최초의 유전자 치료가 행해졌으며, 그 이후에도 계속적으로 실시되고 있다. 또한 일본에서도 1995년에 홋카이도 대학교에서 최초의 유전자 치료가 행해져 유전자 치료의 새로운 시대가 열렸다. 그러나 몇 개의 성공 사례가 있을 뿐, 현재의 유전자 치료는 아직 임상적 연구 단계에 머물러 있다.

다음으로, 세포 레벨의 생명조작 기술의 진전을 들 수 있겠다. 1996년에 영국의 로슬린 연구소에서 복제양 '돌리'가 탄생했다. 먼저 돌리 탄생의 프로세스를 살펴보자. 한편에서는 한 암컷양으로부터 완전히 분화한 체세포[乳腺細胞]를 추출, 그것을 혈청기아배양법*40에 의해 세포 주기를 G0기*41에 맞추고, 분화세포의 전능성全能性을 회복시켜둔다. 다른 한편에서는 암컷양으로부터 미수정란을 추출한 후, 핵을 제거한다. 그리고 그 미수정란에 기아배양한 체세포를 이식, 전압을 가해서 세포융합을 일으켜 활성화시킨다. 그 활성화한 수정란을 대리모의 자궁에 이식하는 것에 의해 돌리 탄생을

*37 French Anderson.

*38 언청이, 선천성 심장병, 무뇌아 같은 선천성 기형과 간질, 정신병, 우울증, 류머티즘성 관절염, 위궤양 등 성인성 질환처럼 그 형질이 모두 유전되지 않고 끊어지기도 하며, 그 다음 세대 혹은 몇 세대를 걸러서 나타나기도 하는 유전병.

*39 면역 조직을 폐쇄시키는 희귀하고 치유가 불가능한 치명적 유전병의 일종.

*40 세계 최초의 복제양 돌리를 만들어낸 영국 스코틀랜드 에든버러의 로슬린 연구소 연구진이 생명복제 분야에서 처음으로 특허권을 인정받은 방법.

*41 세포분열 즉 유전자 활성이 중지된 시기.

실현시킨 것이다. 여기에는 종래의 생물학 상식을 뒤엎는 새로운 발견, 즉 체세포핵의 전능성을 다시 획득하는 것이 포함되어 있다. 돌리는 277회 행해졌던 것 중에 단 한 번 성공한 예라는 사실도 빼놓을 수 없다.*42

돌리의 성공을 기반으로, 인간 클론 개체의 작성 가능성이 논의되었다. 당초 영국은 인간 클론의 연구를 규제했으나, 2000년부터 2001년에 걸쳐 영국 의회에서 심의를 거듭한 끝에, 연구가 가능해졌다. 물론 인간배胚 및 핵이식 기술로서의 클론 연구에 한정한 것이지만, 논리적 문제를 고려하여 클론 기술이 가진 잠재적 유용성을 중시해 연구를 실시했다. 이를 통해 의료에 한정했던 인간배의 핵이식 기술 연구와 인간배를 사용한 ES세포*43의 연구가 이뤄질 수 있게 되었다.

1998년, 위스콘신 대학교의 연구단체가 체외수정의 잉여배를 사용해서 ES세포를 만들어냈으며, 2000년 중국의 한 연구단체가 인간의 체세포를 핵을 제거한 난세포에 이식해서 ES세포를 만들어냈다. ES세포는 모든 부위의 세포의 근원이 되는 미분화 세포이기 때문에, 적절한 발생을 유도하기만 한다면 모든 장기를 만들어내는 것도 조만간 꿈이 아닌 현실이 될 수 있다고 여겨지고 있다. 하지만 이것은 아주 미묘한 문제를 포함하고 있다. 왜냐 하면 발생 유도에 의한 장기생산 기술은 어쩔 수 없이 그 연장선상에 클론 개체의 생산을 포함하고 있기 때문이다.

이제, 인간 생식세포의 조작기술, 즉 생식기술의 개발에 대해서 일련의 사건을 예로 들어 그 급속한 전개 상황을 되짚어보도록 하자. 1970년 영국의 스텝토*44가 체외수정법에 의한 불임치료를 개시했고, 1976년에는 미국의 변호사 킨*45이 세계 최초의 대리모 계약을 성사시켰다. 1978년에는 세계 최초의 체외수정아가 탄생했으며, 1982년

*42 복제양 돌리는 2003년 2월 14일 복제된 지 6년 만에 진행성 폐질환으로 안락사되었다고 발표되었다. 일반 양의 평균 수명이 11~12세인 것에 비교하면 복제 양은 그 절반을 산 것이다.

*43 배성간 세포 ; 인간의 어떠한 장기로도 분화 · 성장할 수 있어 '만능세포'라고도 불리며, 이식용의 세포나 장기를 대량생산하는 등의 응용이 기대되고 있다.

*44 Patrick Steptoe, 1913년~1988년, 산부인과 전문의.

*45 Noel Keane, 1938년~1996년.

에는 오스트레일리아의 모나슈 대학교에서 행해진, 부인 아닌 여성의 난자와 남편의 정자를 수정시켜 그 수정란을 부인에게 이식해 임신시키는 실험을 계기로 인공수정법이 발효되었다. 1983년에는 오스트레일리아에서 대리모가 아이의 양도를 거부하는 일이 발생했고, 1984년에는 오스트레일리아에서 최초의 냉동수정란에 의한 체외수정아가 탄생하였다. 또한, 미국 불임학회가 배우자 아닌 사람들간의 체외수정, 수정란 이식을 승인하였다. 1987년, 대리출산 계약에 의해 출산한 아이의 양도를 거부했던 '베이비 M 사건' 에 의하면, 아이에 대한 친권은 정자 제공자이자 출산 의뢰자인 아버지에게 속한다는 것으로 판결되었다. 1989년에는 일본 최초의 체외수정아가 탄생했고 이후 다양한 기술개량이 이어졌다. 예를 들면 현미顯微 수정, AIA(Assisted Induced Activation method), 미수정란 동결, 정모세포나 난모세포의 체외배양 등 기술의 선택과 조합의 가능성이 확대되고 있다.

생식기술의 진보는 인류가 그 동안 성과 결혼에 의해 구축해온 인간관계를 위기로 몰아넣는 것은 아닐까 하는 의구심을 갖게 만들었다. 예를 들어, 어머니가 난자의 어머니, 자궁의 어머니, 양육의 어머니로 나뉘는 일이 벌어진 것이다. 또한 난자, 정자의 제공자를 선택할 수 있게 되자, 모든 부모들이 '보다 좋은 아이를 가졌으면' 하는 마음 속의 바람을 표출시켜 대리모 계약이나 정자은행의 이용에 의한 생명의 상품화를 가져올 수 있게 되었다. 즉, 부모가 좋아하는 자질을 직접 선택하는 일이 일상적인 차원에서도 가능해진 것이다. 아울러 인공수정이나 체외수정에 의해 태어난 아이가 자신의 부친을 알 권리에 대한 문제라든가 근친혼을 방지하기 위해 정자 제공자의 정보를 관리해야 하는 등의 현실적 문제들이 생겨나고 있다. 이렇듯 인간을 대상으로 한 생식기술의 발전은 여러 가지 윤리 · 도덕적 문제를 계속해서 만들어내고 있다.

이 외에도 과학 분야에서 새로이 제기되는 문제들은 많다. 예를 들어, 미토콘드리아 DNA의 분석에 의한 인류의 모계 계통을 밝히는 분자인류학, 지구환경 위기와 싸우고 있는 환경과학 · 지구과학 · 다양한 화상법을 구사해서 침습浸濕할 수 없는 뇌를 살아 있는 상태 그대로 연구할 수 있게 한 뇌과학, 컴퓨터를 시작으로 오늘날 과학연구의 가능성을 크게 열어온 정보과학 등등 다뤄야 할 주제들은 너무나 많지만 안타깝게도 지면이 부족하다.

사반세기 동안의 과학의 진보를 되짚어보면, 자연에 대한 우리의 이해 정도가 크게 확대되었으며, 사상적으로도 우주관, 물질관, 생명관, 그리고 인간관의 전환을 요구할 정도로 근본적인 문제 제기가 많이 행해졌음을 알 수 있다.

마지막으로 그간의 과학 진전으로 인한 가장 큰 문제점을 하나 지적하고자 한다. 오늘날 인류는 약 40억 년에 걸쳐서 구축해온 생명계의 존재방식을 과학기술로 계속 개혁시키고 있다. 인간은 자신을 포함한 생명계 전체의 진화를 떠맡은 것이다. 그러나 인간은 생명계를 변화시킬 지식은 손에 넣었지만, 그것을 어떻게 사용해 어떤 방향으로 변화시키면 좋을지는 알지 못하고 있다. 다만 상징적으로 나타나고 있는 것은, 현대 과학은 지식과 기술의 탐구를 기반으로 하여 이것들을 살릴 수 있는 예지를 필요로 하고 있다는 점이다.

2002년 1월

타라키 노리오[*46]

[*46] 일본 레이타쿠 대학교 국제경영학부 과학론 · 현대 과학사상 분야 교수.

• 옮긴이의 글

이 책의 제목은 '사상사 속의 과학'이다. 그 동안 한국에 소개된 여러 종류의 과학사 관련 책들이 대체로 '과학사'나 '과학의 역사'라는 타이틀을 달고 있는데, 이런 타이틀의 미묘한 어감 차이가 이 책과 여타의 과학사를 단적으로 구분 짓는 특징이 되고 있다. 다시 말해, 이 책의 두드러진 장점은 단순한 과학사적科學史的 지식의 전달보다는 사상사思想史라는 메타적 관점을 통해 과학사 자체를 상대화하여 바라보고 있다는 점이다. 이 때문에 과학이란 대상의 역사적 전개 과정을 살피려는 목적보다는 보다 거시적인 맥락에서 과학을 반성적으로 재음미하려는 의도에 초점이 맞추어져 있다. 즉 '해설'보다는 '해석'에 무게가 실려 있다는 것이다.

이런 점은, 이 책의 초판본이 1974년부터 1975년까지, 무려 76회에 걸쳐 방송되었던 NHK 대학 '철학' 강좌(과학사 강좌가 아니라)의 교재였다는 점에서도 명확히 드러나며, 이런 방식의 접근이 가능했던 것은, 이 책의 저자들이 분과학문分科學門의 벽을 뛰어넘어 인류문명사 전체의 맥락에서 과학사를 조망할 수 있는 통찰력의 소유자들이기 때문이다.

특히, 현재 인류가 직면한 생태계 교란이나 환경파괴 문제 같은 첨예한 문제들이나, 그 동안 우리의 정신을 지배해온 산업사회적 상상력은 결국 과학기술의 문제와 직결된다. 따라서 이와 같은 문제들이나 이미 낡아버린 상상력에 대한 비판적인 통찰 없이, 인류는 보다 바람직하고 인간적인 미래상을 그릴 수 없다. 이와 같은 현재적 상황을 고려하면, 이 책의 저자들이 전제하고 있는 반성적 태도의 가치는 보다 선명하게 부각된다. 이 책의 저자들처럼 전前근대와 근대 과학을 탈근대적인 지평에서 상대화하여 바라보지 않고서는 미래에 대한 성찰은 불가능하기 때문이다. 더군다나 '근대성'과 관련된 논의가 지식사회의 최대의 화두가 되고 있는 현재의 상황과, 그럼에도 불구하고 우리 사회의 근대성 논의가 인문 · 사회과학이란 한정된 범위에 갇혀 있는 점을 고려하면, 이 책의 가치는 더더욱 소중하게 느껴진다. 왜냐 하면 '과학기술이란 우리에게 과연 무엇인가'라는 물음이 빠진 근대성 논의는 주인공이 빠진 연극처럼 공허하기 때문이다.

그 외에도, 비록 보론의 형태이기는 하지만, 1970년대부터 1990년대 중반까지의 과학 발전에 대한 논의가 삽입되어 있어, 고대부터 최첨단의 과학 논의까지 일목요연하게 정리해볼 수 있다는 점도 이 책의 장점이다. 현재 한국에 소개된 서양의 과학사 관련 책들이, 대체로 1960년대 혹은 1970년대 무렵에 출간된 책들이 주종을 이루고 있는 점을 생각하면 꽤나 반가운 일이다. 한편, 과학의 외연을 서양의 근대적 학문으로 좁혀서 이해할 때, 이런 좁은 의미의 과학에 대한 일본 학계의 스칼라십 수준을 엿볼 수 있다는 점도 색다른 재미를 준다. 최근 들어서 근대 서양 학문의 수입 및 토착화 과정에 대해 적어도 한 · 중 · 일 세 나라의 사상적 연쇄에 대한 심층적인 조망, 다시 말해 일국적一國的 시각의 탈피라고 하는 문제 제기가 확산되고 있는 상황을 고려하며 이 책을 읽는다면, 저자들의 논의의 행간을 통해서 과학사적 지식 이상의 함축을 읽어낼 수도 있으리라 보인다.

이 책의 저자 중 한 사람인 이토 준타로는 과학사, 과학철학, 비교문명학이 전문 분야로, 도쿄 대학 교수였다. 현재는 레이타쿠 대학 교수 겸 같은 대학의 비교문명 센터 소장이다. 일본 과학사학회 회장을 역임했고, 1997년에서부터 1999년까지 국제 고등연구소의 특별위원으로 '과학의 문화적 기반' 이라는 프로젝트를 진행하기도 했다. 《그리스인의 수학》 같은 개별 과학에 대한 연구서뿐만 아니라 《비교문명과 일본》, 《문명과 자연》, 《초원의 사상 · 숲의 철학》과 같은 철학책에 이르기까지 인류문명에 대한 심도 있는 연구 성과를 생산해내고 있다.

무라카미 요우이치로는, 과학사, 과학철학, 과학기술론이 전문 연구 분야로, 역시 도쿄 대학 교수였다. 현재는 국제 기독교 대학 교수이다. 과학방법론에 대한 관심이 많아서 핸슨의 《과학적 발견의 패턴》이나 라카토슈(Imre Lakatos, 1922년~1974년, 헝가리계 영국 과학철학자) 의 《방법의 옹호》 같은 책을 번역했으며, 이토 준타로와 공동으로

《강좌 과학사》 시리즈도 책임 편집했다. 과학사가의 입장에서 사회적 상황 변화에 대해 적극적으로 발언하는 편이어서, 논쟁을 일으킬 만한 사회적 테마를 가지고 현재 일본 지식사회의 최고 지식인들−예를 들면, 가라타니 고진, 나카자와 신이치, 나카무라 유지로, 이마무라 히토시 등−과 많은 대담을 펼쳤다.

히로시게 토오루는 교토 대학 물리학과를 졸업한 니혼 대학 교수였다. 《원자모형》, 《역학》 같은 물리학 관련 저서에서부터 《과학의 사회사》나 《전후 일본의 과학운동》 같은 과학사 관련 저서에 이르기까지 폭넓은 시야를 보여주었으나, 1975년에 사망했다.

남도현

[과학 사상사 연표]

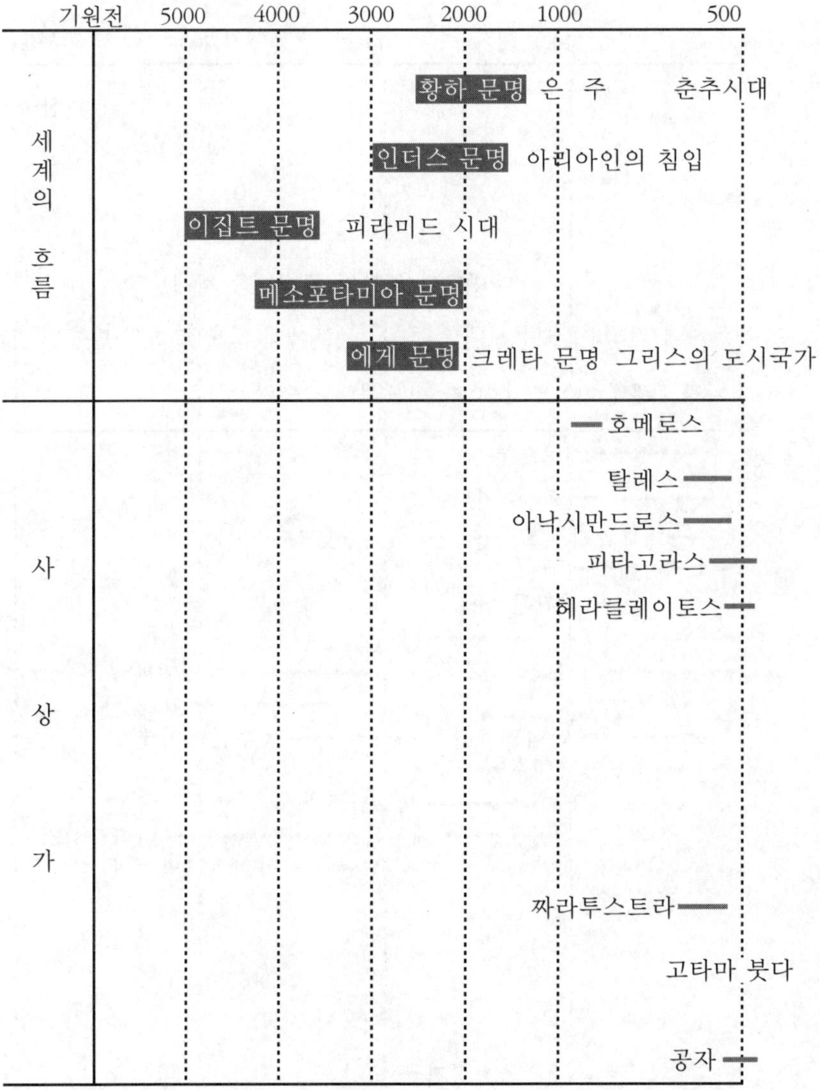

기원전
5000
4000
3000
2000
1000
500
세계의 흐름
황하 문명
은
주
춘추시대
인더스 문명
아리아인의 침입
이집트 문명
피라미드 시대
메소포타미아 문명
에게 문명
크레타 문명
그리스의 도시국가
사상가
호메로스
탈레스
아낙시만드로스
피타고라스
헤라클레이토스
짜라투스트라
고타마 붓다
공자

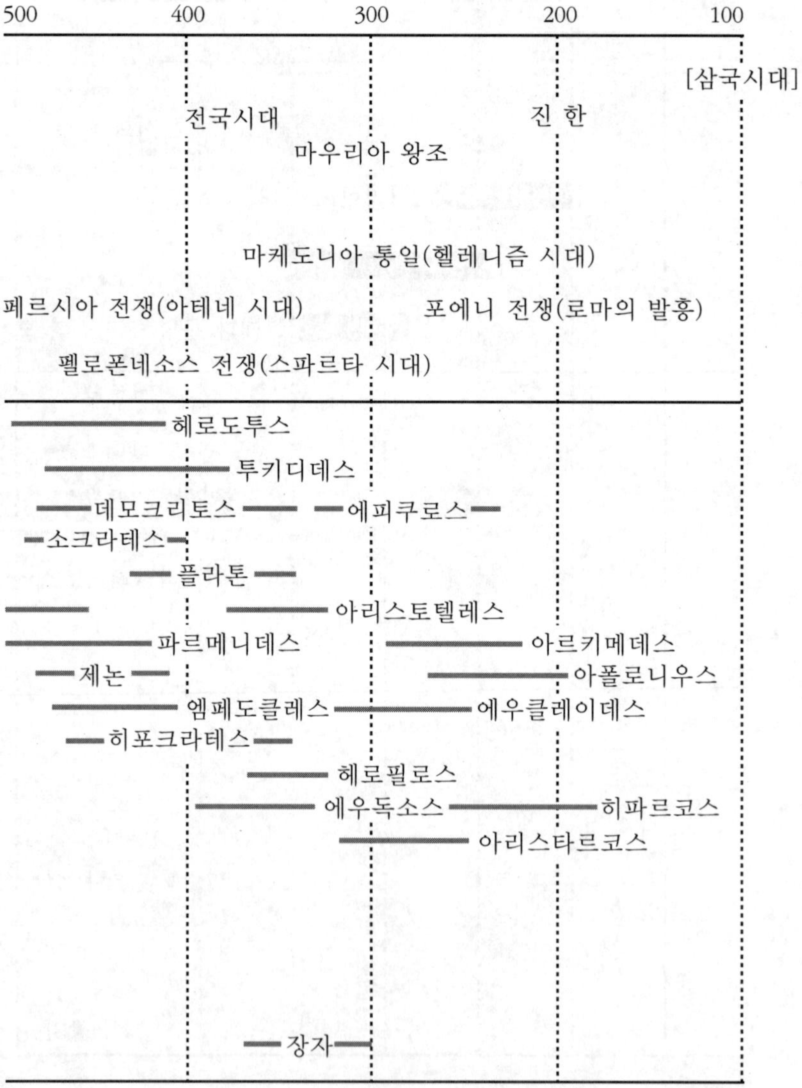
500
400
300
200
100
[삼국시대]
전국시대
진 한
마우리아 왕조
마케도니아 통일(헬레니즘 시대)
페르시아 전쟁(아테네 시대)
포에니 전쟁(로마의 발흥)
펠로폰네소스 전쟁(스파르타 시대)
헤로도투스
투키디데스
데모크리토스
에피쿠로스
소크라테스
플라톤
아리스토텔레스
파르메니데스
아르키메데스
제논
아폴로니우스
엠페도클레스
에우클레이데스
히포크라테스
헤로필로스
에우독소스
히파르코스
아리스타르코스
장자

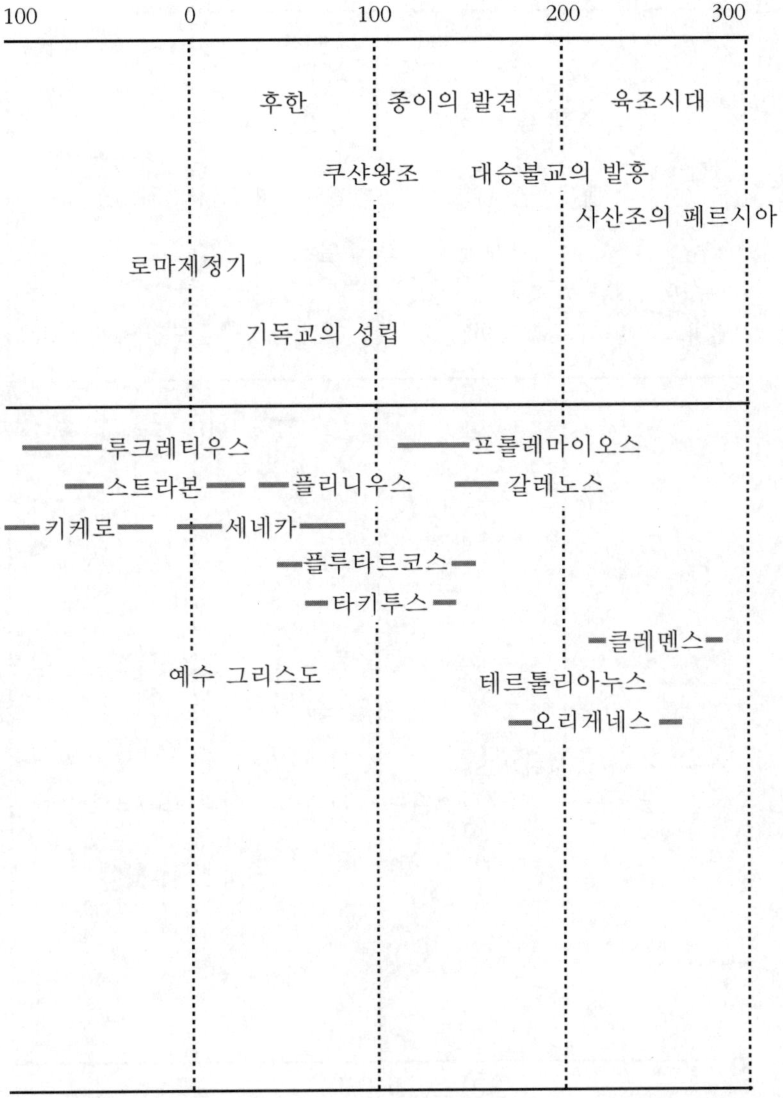
100
0
100
200
300
후한
종이의 발견
육조시대
쿠샨왕조
대승불교의 발흥
사산조의 페르시아
로마제정기
기독교의 성립
루크레티우스
프톨레마이오스
스트라본
플리니우스
갈레노스
키케로
세네카
플루타르코스
타키투스
클레멘스
예수 그리스도
테르툴리아누스
오리게네스

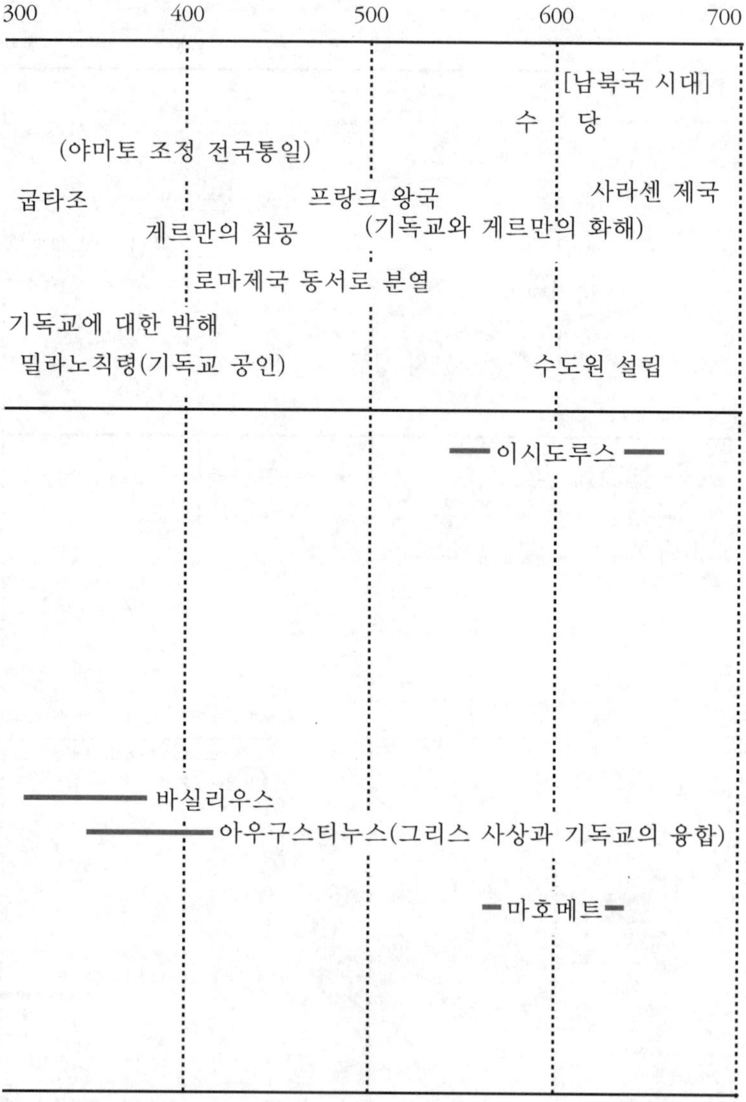
300
400
500
600
700
[남북국 시대]
수
당
(야마토 조정 전국통일)
굽타조
프랑크 왕국
사라센 제국
게르만의 침공
(기독교와 게르만의 화해)
로마제국 동서로 분열
기독교에 대한 박해
밀라노칙령(기독교 공인)
수도원 설립
이시도루스
바실리우스
아우구스티누스(그리스 사상과 기독교의 융합)
마호메트

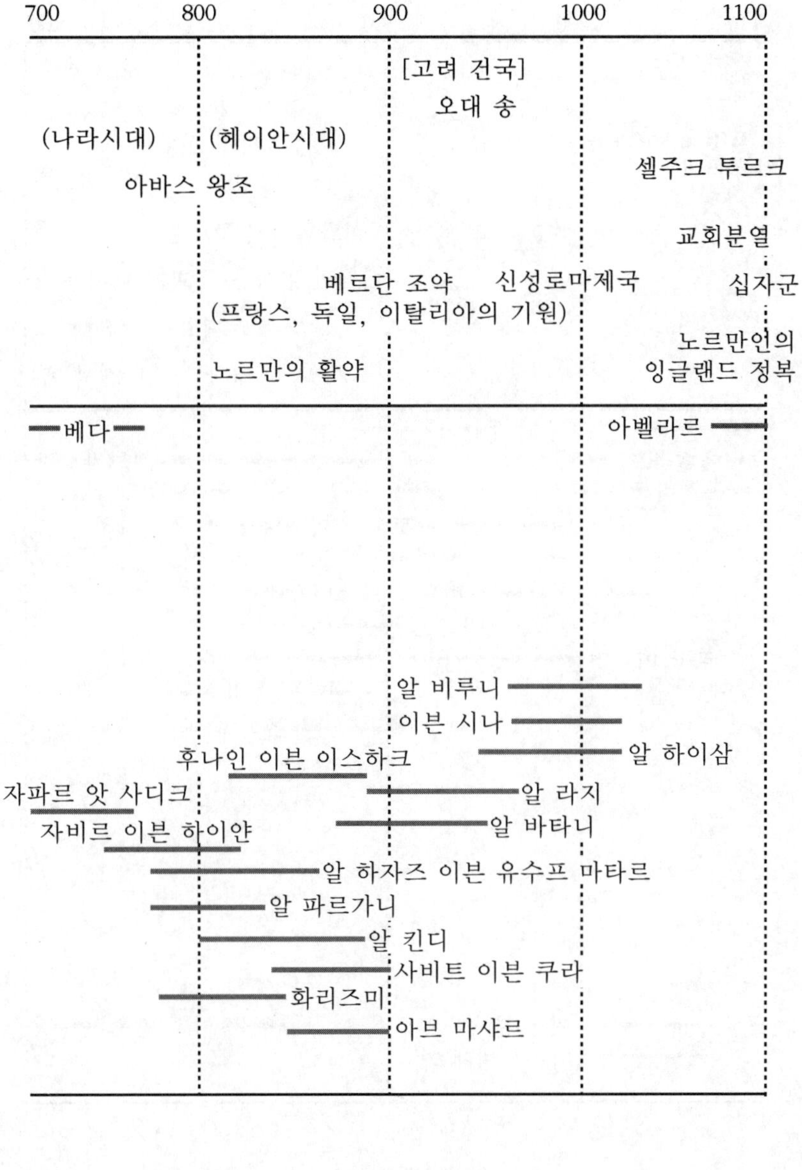
700
800
900
1000
1100
[고려 건국]
오대 송
(나라시대)
(헤이안시대)
셀주크 투르크
아바스 왕조
교회분열
베르단 조약
신성로마제국
십자군
(프랑스, 독일, 이탈리아의 기원)
노르만인의
잉글랜드 정복
노르만의 활약
베다
아벨라르
알 비루니
이븐 시나
알 하이삼
후나인 이븐 이스하크
자파르 앗 사디크
알 라지
알 바타니
자비르 이븐 하이얀
알 하자즈 이븐 유수프 마타르
알 파르가니
알 킨디
사비트 이븐 쿠라
화리즈미
아브 마샤르

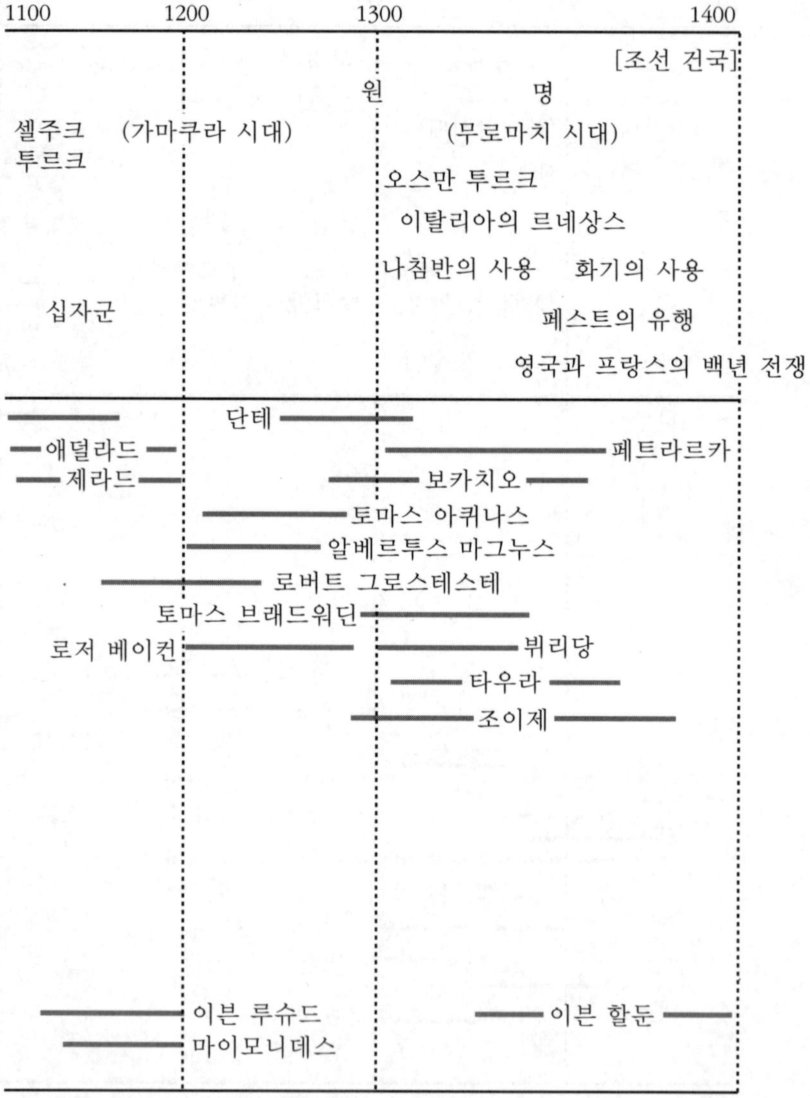
1100
1200
1300
1400
[조선 건국]
원
명
셀주크 투르크
(가마쿠라 시대)
(무로마치 시대)
오스만 투르크
이탈리아의 르네상스
나침반의 사용
화기의 사용
십자군
페스트의 유행
영국과 프랑스의 백년 전쟁
단테
애덜라드
페트라르카
제라드
보카치오
토마스 아퀴나스
알베르투스 마그누스
로버트 그로스테스테
토마스 브래드워딘
로저 베이컨
뷔리당
타우라
조이제
이븐 루슈드
이븐 할둔
마이모니데스

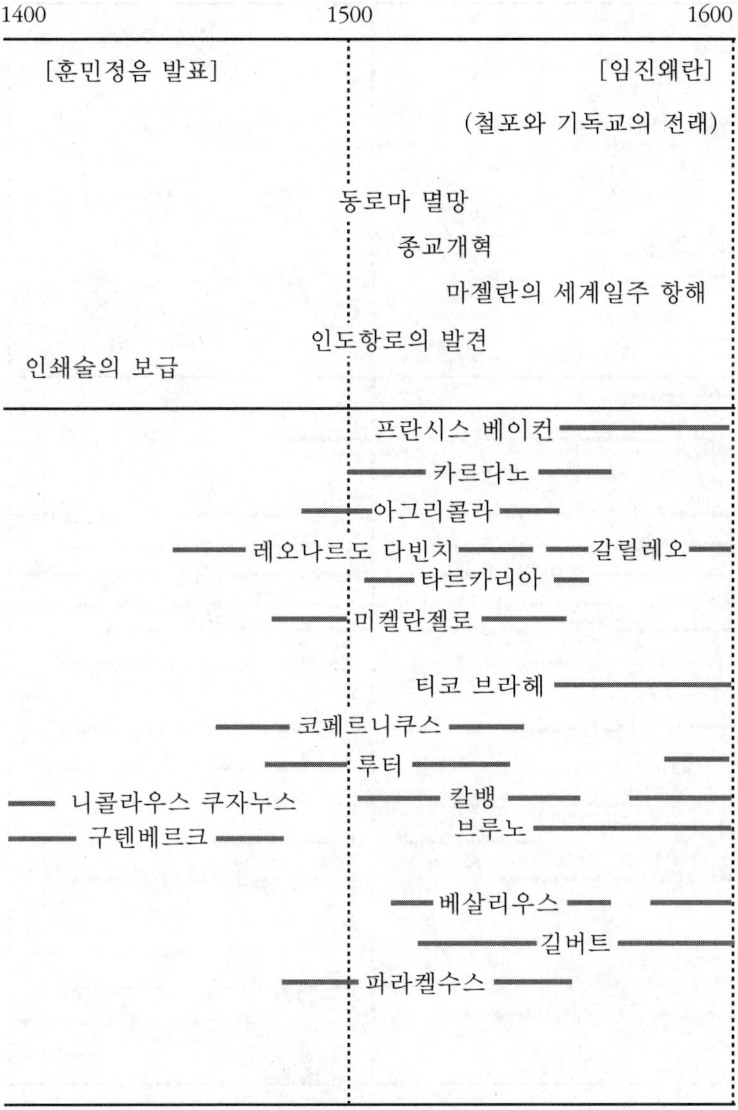
1400
1500
1600
[훈민정음 발표]
[임진왜란]
(철포와 기독교의 전래)
동로마 멸망
종교개혁
마젤란의 세계일주 항해
인도항로의 발견
인쇄술의 보급
프란시스 베이컨
카르다노
아그리콜라
레오나르도 다빈치
갈릴레오
타르카리아
미켈란젤로
티코 브라헤
코페르니쿠스
루터
니콜라우스 쿠자누스
칼뱅
브루노
구텐베르크
베살리우스
길버트
파라켈수스

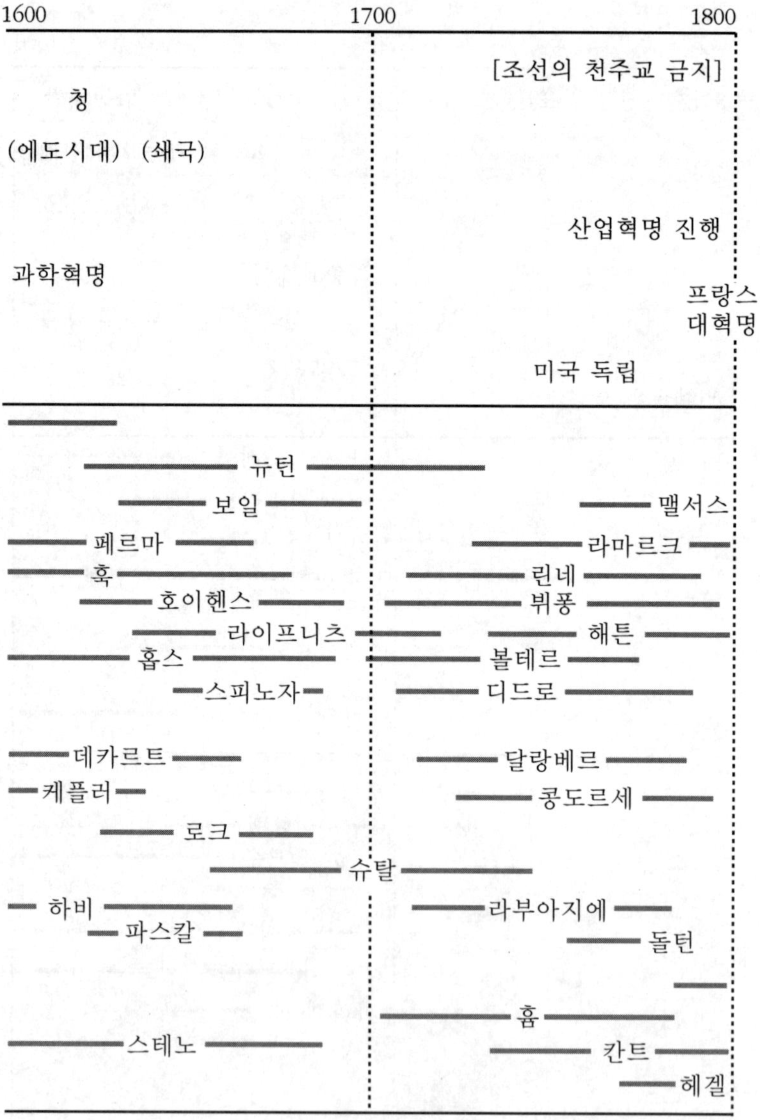
1600
1700
1800
[조선의 천주교 금지]
청
(에도시대) (쇄국)
산업혁명 진행
과학혁명
프랑스 대혁명
미국 독립
뉴턴
보일
맬서스
페르마
라마르크
훅
린네
호이헨스
뷔퐁
라이프니츠
해튼
홉스
볼테르
스피노자
디드로
데카르트
달랑베르
케플러
콩도르세
로크
슈탈
하비
라부아지에
파스칼
돌턴
흄
스테노
칸트
헤겔

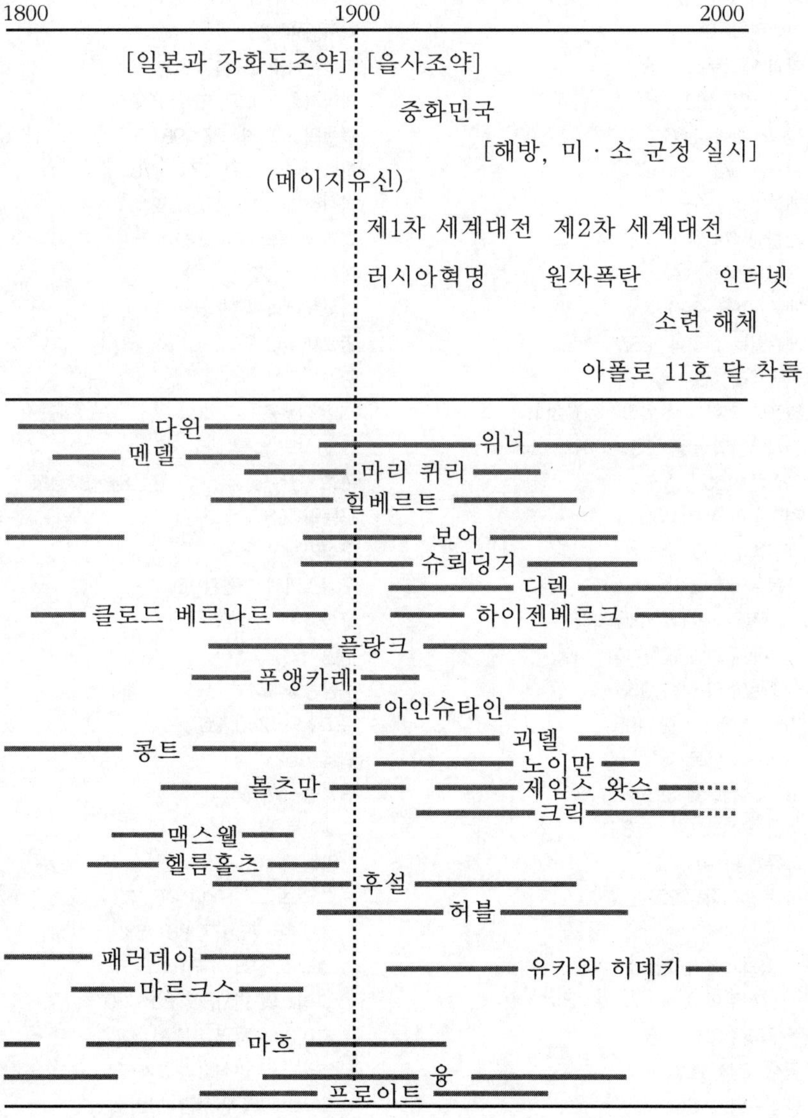
1800
1900
2000
[일본과 강화도조약]
[을사조약]
중화민국
[해방, 미 · 소 군정 실시]
(메이지유신)
제1차 세계대전
제2차 세계대전
러시아혁명
원자폭탄
인터넷
소련 해체
아폴로 11호 달 착륙
다윈
위너
멘델
마리 퀴리
힐베르트
보어
슈뢰딩거
디랙
클로드 베르나르
하이젠베르크
플랑크
푸앵카레
아인슈타인
괴델
콩트
노이만
볼츠만
제임스 왓슨
크릭
맥스웰
헬름홀츠
후설
허블
패러데이
유카와 히데키
마르크스
마흐
융
프로이트

[용어 찾아보기]

[인물 찾아보기]